BIOTECNOLOGIA II

» APLICAÇÕES E TECNOLOGIAS

B616 Biotecnologia II : aplicações e tecnologias / Organizadora, Alessandra Nejar Bruno. – Porto Alegre : Artmed, 2017.
x, 227 p. : il. ; 25 cm.

ISBN 978-85-8271-384-6

1. Biotecnologia. I. Bruno, Alessandra Nejar.

CDU 606

Catalogação na publicação: Poliana Sanchez de Araujo – CRB 10/2094

ALESSANDRA NEJAR BRUNO
Organizadora

BIOTECNOLOGIA II

APLICAÇÕES E TECNOLOGIAS

artmed

2017

Gerente editorial: *Letícia Bispo*

Colaboraram nesta edição:

Editora: *Denise Weber Nowaczyk*

Processamento pedagógico: *Laura Ávila de Souza*

Capa e projeto gráfico: *Paola Manica*

Imagem da capa: *enotmaks/iStock/Thinkstock e Mervana/iStock/Thinkstock*

Editoração: *Kaéle Finalizando Ideias*

A série Tekne engloba publicações voltadas à educação profissional e tecnológica.

Av. Jerônimo de Ornelas, 670 – Santana
90040-340 – Porto Alegre – RS
Fone: (51) 3027-7000 Fax: (51) 3027-7070

SÃO PAULO
Rua Doutor Cesário Mota Jr., 63 – Vila Buarque
01221-020 – São Paulo – SP
Fone: (11) 3221-9033

SAC 0800 703-3444 – www.grupoa.com.br

IMPRESSO NO BRASIL
PRINTED IN BRAZIL

Os autores

Alessandra Nejar Bruno (Org.)

Graduada em Biologia pela Universidade Federal do Rio Grande do Sul (UFRGS). Mestre e Doutora em Bioquímica (UFRGS). Pós-doutora em Imunogenética (UFRGS). Professora do Instituto Federal de Educação, Ciência e Tecnologia do Rio Grande do Sul, Campus Porto Alegre (IFRS).

Benjamin Dias Osorio Filho

Graduado em Agronomia pela Universidade Federal de Santa Maria (UFSM). Mestre em Ciência do Solo (UFSM). Doutor em Ciência do Solo (UFRGS). Professor da Universidade Estadual do Rio Grande do Sul (UERGS).

Cintia Pinheiro dos Santos

Graduada em Ciências Biológicas pela Pontifícia Universidade Católica do Rio Grande do Sul (PUCRS). Mestre em Ecologia (UFRGS). Doutora em Ciências Ambientais (UFRGS). Professora da Escola Técnica Marechal Mascarenhas de Moraes (ETEM Mascarenhas de Moraes).

Claucia Fernanda Volken de Souza

Graduada em Química Industrial e em Licenciatura em Química (UFRGS). Mestre em Microbiologia Agrícola e do Ambiente (UFRGS). Doutora em Biologia Celular e Molecular (UFRGS). Professora do Centro Universitário UNIVATES.

Diego Hepp

Graduado em Ciências Biológicas pela Universidade Luterana do Brasil (ULBRA). Mestre em Diagnóstico Genético e Molecular (ULBRA). Doutor em Ciências: Genética e Biologia Molecular (UFRGS). Técnico de laboratório do Instituto Federal de Educação, Ciência e Tecnologia do Rio Grande do Sul, Campus Porto Alegre (IFRS).

Francine Ferreira Cassana

Graduada em Ciências Biológicas pela Universidade Federal de Pelotas (UFPel). Mestre em Ciências (UFPel). Doutora em Botânica (UFRGS). Professora do Instituto Federal de Educação, Ciência e Tecnologia Sul-rio-grandense (IFSul).

Giandra Volpato

Graduada em Engenharia de Alimentos pela Universidade Federal do Rio Grande (FURG). Mestre em Engenharia de Alimentos (UFSC). Doutora em Engenharia Química (UFRGS). Professora do Instituto Federal de Educação, Ciência e Tecnologia do Rio Grande do Sul (IFRS).

Juliana Schmitt de Nonohay

Graduada em Ciências Biológicas (UFRGS). Mestre em Genética e Biologia Molecular (UFRGS). Doutora em Ciências: Genética e Biologia Molecular (UFRGS). Professora do Instituto Federal de Educação, Ciência e Tecnologia do Rio Grande do Sul, Campus Porto Alegre (IFRS).

Júlio Xandro Heck

Graduado em Química Industrial de Alimentos pela Universidade Regional do Noroeste do Estado do Rio Grande do Sul (UNIJUI). Mestre em Microbiologia Agrícola e do Ambiente (UFRGS). Doutor em Biologia Celular e Molecular (UFRGS). Pós-doutor em Biotecnologia. Professor do Instituto Federal de Educação, Ciência e Tecnologia do Rio Grande do Sul (IFRS).

Karin Tallini

Graduada em Ciências Biológicas pela Universidade do Vale do Rio dos Sinos (UNISINOS). Mestre em Bioquímica e Doutora em Ecologia (UFRGS). Professora do Instituto Federal de Educação, Ciência e Tecnologia do Rio Grande do Sul, Campus Porto Alegre (IFRS).

Paulo Artur Konzen Xavier de Mello e Silva

Graduado em Ciências Biológicas (UFRGS). Mestre em Genética e Biologia Molecular (UFRGS). Doutor em Fitotecnia (USP/ESALQ). Professor do Instituto Federal de Educação, Ciência e Tecnologia do Rio Grande do Sul (IFRS).

Rodrigo Juliani Siqueira Dalmolin

Graduado em Ciências Biológicas (UFRGS). Mestre em Bioquímica (UFRGS). Doutor em Bioquímica (UFRGS). Professor do Departamento de Bioquímica e do Programa de Pós-graduação em Bioinformática da Universidade Federal do Rio Grande do Norte (UFRN).

Rosana Matos de Morais

Graduada em Ciências Biológicas pela Universidade Federal de Santa Maria (UFSM). Mestre em Biologia Animal (UFRGS). Doutora em Fitotecnia (UFRGS). Pesquisadora da Fundação Estadual de Pesquisa Agropecuária (FEPAGRO).

Sabrina Letícia Couto da Silva

Graduada em Estatística (UFRGS). Mestre em Epidemiologia (UFRGS). Professora do Instituto Federal de Educação, Ciência e Tecnologia do Rio Grande do Sul (IFRS).

Simone Soares Echeveste

Graduada em Estatística (UFRGS). Mestre em Administração (UFRGS). Professora nas universidades ULBRA e UNISINOS.

Vera Lúcia Milani Martins

Graduada em Estatística (UFRGS). Licenciada pela Universidade de Caxias do Sul (UCS). Mestre em Engenharia de Produção (UFRGS). Doutora em Engenharia de Produção (UFRGS). Professora do Instituto Federal de Educação, Ciência e Tecnologia do Rio Grande do Sul (IFRS).

Apresentação

O Instituto Federal de Educação, Ciência e Tecnologia do Rio Grande do Sul (IFRS), em parceria com as editoras do Grupo A Educação, apresenta mais um livro especialmente desenvolvido para atender aos **eixos tecnológicos definidos pelo Ministério da Educação**, os quais estruturam a educação profissional técnica e tecnológica no Brasil.

A **Série Tekne**, projeto do Grupo A para esses segmentos de ensino, se inscreve em um cenário privilegiado, no qual as políticas nacionais para a educação profissional técnica e tecnológica estão sendo valorizadas, tendo em vista a ênfase na educação científica e humanística articulada às situações concretas das novas expressões produtivas locais e regionais, as quais demandam a criação de novos espaços e ferramentas culturais, sociais e educacionais.

O Grupo A, assim, alia sua experiência e seu amplo reconhecimento no mercado editorial à qualidade de ensino, pesquisa e extensão de uma instituição pública federal voltada ao desenvolvimento da ciência, inovação, tecnologia e cultura. O conjunto de obras que compõem a coleção produzida em **parceria com o IFRS** é parte de uma proposta de apoio educacional que busca ir além da compreensão da educação profissional e tecnológica como instrumentalizadora de pessoas para ocupações determinadas pelo mercado. O fundamento que permeia a construção de cada livro tem como princípio a noção de uma educação científica, investigativa e analítica, contextualizada em situações reais do mundo do trabalho.

Cada obra desta coleção apresenta capítulos desenvolvidos por professores e pesquisadores do IFRS cujo conhecimento científico e experiência docente vêm contribuir para uma formação profissional mais abrangente e flexível. Os resultados desse trabalho representam, portanto, um valioso apoio didático para os docentes da educação técnica e tecnológica, uma vez que a coleção foi construída com base em **linguagem pedagógica e projeto gráfico inovadores**. Por sua vez, os estudantes terão a oportunidade de interagir de forma dinâmica com textos que possibilitarão a compreensão teórico-científica e sua relação com a prática laboral.

Por fim, destacamos que a Série Tekne representa uma nova possibilidade de sistematização e produção do conhecimento nos espaços educativos, que contribuirá de forma decisiva para a supressão da lacuna do campo editorial na área específica da educação profissional técnica e tecnológica.

Trata-se, portanto, do começo de um caminho que pretende levar à criação de infinitas possibilidades de formação profissional crítica com vistas aos avanços necessários às relações educacionais e de trabalho.

Clarice Monteiro Escott

Maria Cristina Caminha de Castilhos França

Coordenadoras da coleção Tekne/IFRS

Sumário

Juliana Schmitt de Nonohay

Diego Hepp

CAPÍTULO 1

Técnicas e análises de biologia molecular

A biologia molecular é a área da biotecnologia que surgiu a partir da dedução da estrutura tridimensional da molécula de ácido desoxirribonucléico (DNA) e envolve diversos princípios e técnicas que permitem analisar o material genético dos organismos. O desenvolvimento da biologia molecular permitiu diversas aplicações, como o diagnóstico de doenças genéticas e patologias, o melhoramento genético animal e vegetal, e a genética forense. Neste capítulo, estão descritas as principais técnicas de biologia molecular utilizadas na obtenção, manipulação e análise de DNA, bem como os principais tipos de análises realizadas no diagnóstico de doenças, na determinação de paternidade e no auxílio à elucidação de crimes.

OBJETIVOS DE APRENDIZAGEM

- Conhecer as técnicas de extração, quantificação, amplificação e sequenciamento de DNA.
- Compreender as análises moleculares no diagnóstico de doenças, determinação de paternidade e auxílio na elucidação de crimes.

>> Técnicas de biologia molecular

As técnicas de biologia molecular são aquelas que utilizam os ácidos nucleicos – ácido desoxirribonucleico (DNA) ou ácido ribonucleico (RNA) – provenientes de amostras biológicas como matéria-prima para a realização dos mais variados procedimentos. O material genético dos organismos está localizado no interior da célula, disperso no citoplasma, no caso dos procariotos, ou no núcleo e em organelas específicas (mitocôndrias e cloroplastos) nos eucariotos. Para a realização das análises moleculares com eficiência é necessária a separação dos ácidos nucleicos do restante dos constituintes das células, utilizando técnicas de extração de DNA ou RNA.

Você encontra mais informações sobre material genético no Capítulo 6 do livro *Biotecnologia I*. +

>> Extração de DNA e RNA

Existem vários protocolos de extração de DNA e RNA descritos na literatura, e a escolha do mais adequado deve levar em consideração a molécula desejada (DNA e/ou RNA), o tipo de amostra, o grau de pureza e o rendimento desejado, além da disponibilidade de recursos para a sua realização. O conhecimento a respeito das características dos organismos envolvidos, como suas especificidades e a localização das moléculas de ácidos nucleicos, é importante para o planejamento dos procedimentos a serem utilizados, visando às aplicações específicas posteriores. A seguir, são descritas e ilustradas (Fig. 1.1) as principais etapas das extrações de ácidos nucleicos.

Preparação das amostras

As amostras podem ser obtidas por meio de diferentes procedimentos, como punção de vasos sanguíneos, biópsias, esfregaços, cultivos microbiológicos ou fragmentos de tecidos, de acordo com o organismo envolvido. As amostras também podem ser obtidas a partir de folhas, insetos ou larvas, por exemplo. O acondicionamento adequado das amostras após a coleta é essencial para a sua preservação até o momento da extração. O DNA apresenta estabilidade maior, enquanto o RNA é rapidamente degradado após a coleta. Isso pode ser evitado por meio do congelamento das amostras em nitrogênio líquido ou do uso de reagentes conservantes.

Amostras líquidas, como sangue, urina ou líquor, geralmente são centrifugadas para a separação de células nucleadas, no precipitado, ou de partículas virais, no sobrenadante. Já os tecidos sólidos, como folhas, músculos ou pedaços de outros órgãos, precisam passar por uma etapa de quebra das estruturas rígidas, com o objetivo de aumentar a superfície de contato para a ação dos reagentes nas etapas seguintes. A quebra pode ser realizada por picotagem, utilizando tesouras, ou por maceração, muitas vezes utilizando almofariz e pistilo associados ao congelamento das amostras com nitrogênio líquido. As amostras de pequeno tamanho podem ser maceradas utilizado um bastão de vidro em um tubo de fundo cônico de 1,5 ou 2 mL contendo a solução tampão de extração (também denominada solução tampão de lise).

O acondicionamento adequado das amostras após a coleta é essencial para a sua preservação até o momento da extração. Além disso, todo o material utilizado no procedimento deve ser esterilizado, a fim de evitar a contaminação do DNA ou RNA.

Lise celular

A lise celular envolve o rompimento das células e deve ser realizada em soluções tamponadas, geralmente contendo um detergente e os reagentes tris-hidroximetil aminometano (Tris), cloreto de sódio (NaCl) e ácido etileno diamino tetra-acético (EDTA).

O detergente atua sobre os lipídeos, promovendo o rompimento das membranas e a liberação do conteúdo celular. Diferentes tipos de detergentes são utilizados, como o dodecil sulfato de sódio (SDS), tween-20, triton X-100, sarcosil e brometo de cetil-trimetilamônio (CTAB), sendo que cada um apresenta especificidades e aplicações distintas. O CTAB, por exemplo, também é utilizado para a separação dos polissacarídeos dos ácidos nucleicos, mediante centrifugação.

O reagente Tris mantém o pH da solução tampão de lise estável (próximo a 8,0), evitando que o DNA, ao ser liberado, sofra o ataque das enzimas desoxirribonucleases (DNases) endógenas que o degradam, as quais atuam em pH ótimo de 7,8. A adição do **agente quelante** EDTA também auxilia na inibição da ação das DNases por se ligar aos cofatores Ca^{+2} e Mg^{+2} da enzima DNase. O NaCl contribui rompendo ligações iônicas das cadeias peptídicas, auxiliando na desnaturação das proteínas e adicionalmente promove a aglomeração das moléculas de DNA.

Agentes quelantes são substâncias capazes de formar complexos com íons metálicos. O EDTA é um quelante que possui aplicações em diversas áreas, como nas indústrias alimentícia, química e cosmética, na agricultura e também na saúde, atuando como anticoagulante.

Muitas vezes adiciona-se a enzima proteinase K ao tampão de lise para a digestão de proteínas, o que auxilia na lise das células e na separação dos constituintes celulares (etapa a seguir). Agentes antioxidantes, como β-mercaptoetanol, PVP (polivinilpirrolodona) e BSA (albumina do soro bovino), também podem ser acrescidos à solução de extração. O B-mercaptoetanol evita a oxidação dos ácidos nucleicos pelo contato com compostos fenólicos presentes especialmente em tecidos vegetais.

Separação dos constituintes celulares

Após a lise das membranas, os ácidos nucleicos são liberados na solução aquosa juntamente com outros constituintes celulares dos quais devem ser isolados. Para esse fim, são utilizados solventes orgânicos, como o fenol ou clorofórmio, que desnaturam proteínas. Nessa etapa, após a centrifugação, o DNA permanecerá solúvel na fase aquosa (sobrenadante), a qual é transferida para um novo tubo, separando os ácidos nucleicos de proteínas e demais constituintes celulares presentes na interfase e fase orgânica (Fig. 1.1). A repetição dessa etapa pode elevar a pureza, entretanto pode resultar em perdas de DNA.

Precipitação do DNA

Em condições de baixa temperatura e elevada concentração salina (devido ao NaCl presente no tampão de lise), a adição de etanol absoluto, isopropanol ou soluções acetatos de amônio ou sódio resulta na precipitação do DNA, o que forma em solução um aglomerado de filamentos esbranquiçados que podem ser "pescados" com um bastão de vidro ou concentrados no fundo do tubo por centrifugação.

Alguns *kits* de extração de DNA comerciais utilizam membranas porosas com alta afinidade para os ácidos nucleicos visando a sua separação por meio da filtragem da solução de interesse. Em elevada concentração salina, os ácidos nucleicos ficam retidos na membrana enquanto os contaminantes são descartados no filtrado. O DNA é então liberado da membrana por meio da utilização de uma solução de baixa concentração salina.

Lavagem e ressuspensão do DNA

Geralmente a lavagem do DNA é realizada com etanol 70% para a remoção dos sais, detergentes e de outras impurezas. Após a secagem por evaporação, o DNA é solubilizado preferencialmente em solução tampão TE (**T**ris-HCl e **E**DTA). O DNA também pode ser ressuspendido em água ultrapura, Fig. 1.1.

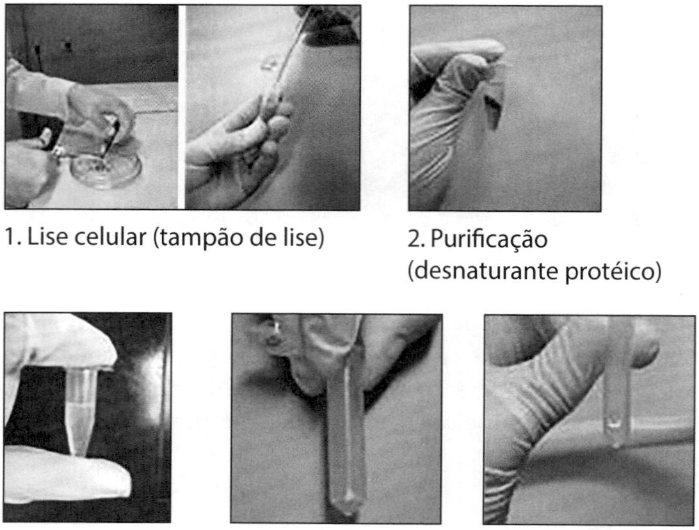

1. Lise celular (tampão de lise)
2. Purificação (desnaturante protéico)
3. Precipitação DNA (etanol absoluto)
4. Lavagem do DNA (etanol 70%)
5. Ressuspensão (TE)

Figura 1.1 >> Principais etapas da técnica de extração de DNA.
Fonte: Os autores.

No site do Grupo A (loja.grupoa.com.br) estão disponíveis exemplos de protocolos de extração de DNA e a composição das soluções utilizadas nas extrações.

AGORA É A SUA VEZ

Associe as soluções de 1 a 5 a suas respectivas funções nas extrações de DNA:

1. Etanol absoluto ou isopropanol gelado ou soluções acetatos
2. Etanol 70%
3. Solução clorofórmio-álcool isoamílico (ou fenol-clorofórmio)
4. Tampão de lise/extração (Tris, EDTA, CTAB e NaCl)
5. Tampão TE (Tris e EDTA)

( ) Ressuspensão de DNA (colocar DNA em solução)

( ) Desnaturação/remoção de proteínas

( ) Lavagem de DNA

( ) Precipitação de DNA

( ) Rompimento das membranas celulares e extração de DNA das células

>> Determinação da concentração e qualidade do DNA

Após a realização da extração do DNA, muitas vezes é importante conhecer qual foi o rendimento do procedimento antes de utilizá-lo nas análises seguintes. A concentração das amostras de DNA geralmente é avaliada por dois métodos: espectrofotometria e eletroforese.

Espectrofotometria

A quantificação de DNA por espectrofotometria é realizada por medição da quantidade de luz absorvida pelo DNA em solução no comprimento de onda de 260 nm (Fig. 1.2). Quanto maior for a absorção de luz nesse comprimento de onda, maior a concentração de DNA na solução. Assim, sabendo que o valor de absorbância (A) de 1,0 corresponde a uma concentração de 50 μg de DNA (fita dupla) por mililitro (mL), é possível calcular a concentração do DNA obtido das amostras. Muitas vezes, em razão do volume das cubetas de espectrofotômetros ser maior que o obtido nas extrações, é necessário diluir as amostras de DNA 100 ou 200 vezes para a realização da medição, o que deve ser levado em consideração no cálculo da concentração. Aparelhos específicos para a medição da concentração de DNA utilizam apenas 1 μL de amostra evitando a necessidade do fator de diluição.

Figura 1.2 >> Leitura da absorbância da amostra no comprimento de luz de 260 nm.
Fonte: Os autores.

O cálculo da concentração do DNA nas amostras é realizado utilizando a seguinte fórmula:

$$\text{Concentração DNA (ng/uL)} = A_{260nm} \times \text{F.D.} \times 50$$

Sendo:

A_{260nm} = absorbância da amostra no comprimento de luz de 260 nm

F.D. = fator de diluição

A espectrofotometria também é utilizada para a avaliação da qualidade das amostras de DNA, obtida pela razão entre os valores de absorbâncias medidos nos comprimentos de onda de 260 nm e 280 nm. Valores entre 1,4 e 2,0 indicam pureza adequada das extrações de DNA, enquanto valores abaixo de 1,4 podem significar a presença de proteínas ou outros contaminantes.

$$\text{Pureza DNA} = A_{260nm} / A_{280nm}$$

AGORA É A SUA VEZ

Calcule a quantidade de DNA extraído e o índice de pureza das amostras 1 e 2 analisadas por espectrofotometria. Qual amostra apresenta maior quantidade e qualidade de DNA?

Amostra 1:	DO 260 nm = 0,038
	DO 280 nm = 0,034
Amostra 2:	DO 260 nm = 0,065
	DO 280 nm = 0,035

Eletroforese

A eletroforese consiste em um método de separação de macromoléculas, como DNA, RNA e proteínas, por aplicação de corrente elétrica. As moléculas de DNA apresentam carga elétrica negativa em razão do grupo fosfato dos nucleotídeos e, portanto, quando submetidas a um campo elétrico, direcionam-se para o polo positivo. Quanto menor o tamanho da molécula de DNA, ou seja, a quantidade de nucleotídeos, mais rápido será o seu deslocamento e, portanto, maior será a distância percorrida. Moléculas de mesmo tamanho migram a mesma distância e se concentram em uma determinada região chamada de **banda**, independentemente da sequência de seus nucleotídeos.

A eletroforese pode ser realizada em capilar ou em gel. Ambas separam as moléculas por tamanho molecular, mas, na **eletroforese capilar**, a migração das amostras acontece em um capilar (tubo fino). Nessa técnica, as amostras são marcadas com radicais fluorescentes que, ao passarem por um feixe de *laser*, são registradas sob a forma de picos em um gráfico. A representação gráfica dos picos é denominada eletroferograma (ver Fig.1.8).

A **eletroforese em gel** pode ser realizada de forma horizontal ou vertical. Na forma **horizontal**, normalmente são utilizados géis de agarose e um recipiente (cuba) único, que apresenta os polos positivo e negativo e onde se adiciona solução tampão (Fig. 1.3). Já a eletroforese **vertical** é realizada com géis de poliacrilamida, e cada polo da cuba está em um recipiente com tampão em níveis separados (o negativo acima e o positivo abaixo), conectados pelo gel. Em ambas, a corrente elétrica atravessa o gel e induz a migração das moléculas de DNA (negativas) em direção ao polo positivo.

A eletroforese em gel horizontal ou vertical é empregada para diferentes propósitos, de acordo com o tamanho das moléculas que permite separar. Moléculas de DNA entre 100 e 1.000 nucleotídeos (pares de base = pb), por exemplo, são separadas adequadamente em géis de agarose de 1 a 2%, enquanto moléculas maiores, com tamanhos entre 1 a 30 milhares de bases (1.000 pb = 1 Kb), apresentam melhor distinção em géis de agarose de 0,5 a 0,8%. Os géis de poliacrilamida, por sua vez, permitem a diferenciação de moléculas com variações no tamanho de até 1 pb, apresentando sensibilidade maior em relação aos géis de agarose.

Assim, os fragmentos de DNA provenientes das extrações ou amplificações com diferença grande de comprimento são geralmente visualizados em géis de agarose horizontal, e as análises de microssatélites e sequenciamento de DNA são realizados em géis verticais de poliacrilamida.

Na eletroforese em gel as amostras de DNA são aplicadas com o auxílio de micropipetas em canaletas localizadas em uma das extremidades do gel. O gel fica imerso em uma solução tampão que permite a passagem da corrente elétrica, resultando na migração das moléculas ao longo do gel (Fig. 1.3). As soluções tampão mais utilizadas são a TBE (**T**ris, ácido **B**órico e **E**DTA) e a TAE (**T**ris, ácido **A**cético e **E**DTA), mesmas soluções em que é homogeneizada a agarose ou as acrilamidas para o preparo do gel. Após certo período de tempo de migração das amostras, a corrente elétrica é desligada, e o gel é retirado da cuba para avaliação do resultado.

Na eletroforese, o tempo de migração das amostras e a voltagem ou amperagem aplicada são parâmetros importantes. Quanto maior o tempo de migração, maior é a separação dos fragmentos, cuidando-se para que as amostras não migrem para fora do gel. Quanto maior a voltagem ou amperagem, menor é o tempo de migração das amostras no gel. Entretanto, voltagens e amperagens muito altas podem determinar a evaporação das amostras.

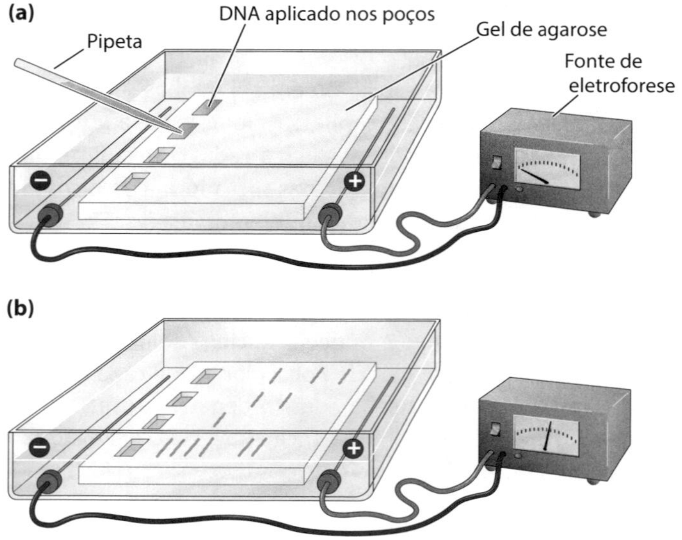

Figura 1.3 >> Eletroforese em gel horizontal: (a) aplicação das amostras no gel, (b) migração e separação dos fragmentos de DNA por tamanho molecular.

Fonte: Watson et al. (2009, p. 78).

O resultado da eletroforese é visualizado pela adição, ao gel ou às amostras, de corantes fluorescentes com alta afinidade pelo DNA. Um exemplo desse tipo de corante é o **brometo de etídeo**, comum em géis de agarose, que se liga ao DNA intercalando-se entre as fitas duplas, e que sob luz ultravioleta (UV), emite fluorescência alaranjada, formando bandas visíveis nas regiões do gel onde está o DNA. Outros corantes com afinidade pelo DNA, como **GelRed, GelGreen** e **SybrGreen**, também são utilizados em géis de agarose para visualizar as amostras de DNA, com a vantagem de não apresentarem os níveis de toxicidade do brometo de etídeo. Em géis de poliacrilamida comumente é utilizada uma solução de **nitrato de prata**, o qual se liga ao DNA formando bandas escuras no gel.

Ainda, juntamente com as amostras de DNA, adiciona-se nas canaletas do gel uma solução tampão de migração constituída de um açúcar, como ficol ou glicerol, para dar densidade às amostras, e um corante, como o azul de bromofenol, para visualizar a migração no gel.

A análise das bandas do gel, que correspondem a moléculas de DNA, é realizada aplicando-se também no gel dois tipos de soluções padrão, dependendo do objetivo da análise, que pode ser:

- quantificar e avaliar a integridade do DNA proveniente das técnicas de extração; ou
- estimar o tamanho das moléculas das bandas nos géis por comparação com soluções com fragmentos de DNA de tamanho conhecido, chamados de **marcadores de peso molecular**.

Nas extrações podem-se obter grandes moléculas, que incluem cromossomos inteiros ou cromossomos fragmentados. Amostras de boa qualidade formam bandas íntegras, enquanto amostras degradadas ou com presença de moléculas de RNA apresentam rastros ao longo do gel. A quantificação é feita pela comparação entre a intensidade da fluorescência das amostras extraídas com uma **solução de DNA de concentração conhecida**, como por exemplo, soluções contendo DNA do fago lambda (Fig. 1.4).

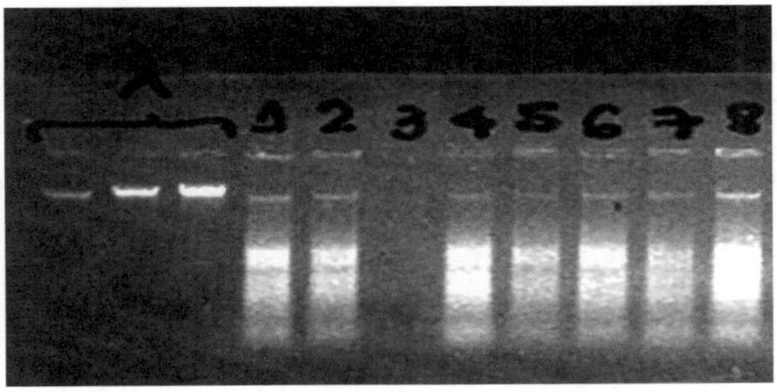

Figura 1.4 >> Quantificação de amostras de DNA (1 a 8) por eletroforese em gel, utilizando-se DNA do fago lambda (λ) em concentrações conhecidas. As bandas na altura das bandas do λ correspondem ao DNA, no rastro abaixo se encontra RNA e DNA degradado.

Fonte: Os autores.

WWW.

No site do Grupo A (loja.grupoa.com.br) está disponível um protocolo de eletroforese horizontal em gel de agarose.

Após a obtenção de amostras de DNA e de sua avaliação quantitativa e qualitativa, pode ser realizada a etapa de análise de DNA. Para o entendimento dessas análises, serão detalhados métodos que envolvem o uso de enzimas de restrição e de amplificação e sequenciamento de DNA.

>> Enzimas de restrição

Enzimas de restrição, ou endonucleases do tipo II, são enzimas que apresentam a capacidade de clivar moléculas de DNA por meio da quebra da fita dupla. Cada enzima reconhece uma sequência específica de nucleotídeos, chamada de sítio de corte ou sítio de restrição, e apenas moléculas de DNA que apresentem essa sequência serão cortadas.

As **enzimas de restrição** são encontradas em bactérias e as protegem da infecção por vírus por meio do corte das moléculas de DNA destes, impedindo a sua replicação.

Com o desenvolvimento das técnicas da biologia molecular, os genes que codificam as enzimas de restrição em diferentes microrganismos foram isolados e clonados em cepas de *E. coli* de fácil cultivo, o que permitiu sua produção comercial. Atualmente, já foram isoladas diversas enzimas de restrição.

A nomenclatura das enzimas de restrição utiliza uma sigla representando as iniciais da espécie da qual foram isoladas. A primeira letra, relativa à inicial do gênero, é maiúscula; as outras duas, relativas às iniciais da espécie, são minúsculas. Há ainda um número romano para diferenciar as diferentes enzimas descobertas na mesma espécie. Exemplos de sítios de corte de diferentes enzimas de restrição são apresentados no Quadro 1.1.

A separação (-) indica a posição em que ocorre a quebra da ligação fosfodiéster entre os nucleotídeos em cada uma das fitas do DNA. Observe que, em algumas, a posição coincide e produz extremidades retas, mas em outras a diferença na posição do corte cria extremidades desparelhas. Enquanto algumas enzimas de restrição cortam as duas fitas do DNA na mesma posição (retas), produzindo **extremidades cegas**, outras enzimas cortam as duas fitas do DNA de maneira assimétrica (desparelhas), formando pequenas sequências de fita simples nas extremidades dos fragmentos, chamadas de **extremidades coesivas** (Fig. 1.5).

Quadro 1.1 >> Exemplos de enzimas de restrição apresentando a sigla, o organismo do qual cada enzima foi isolada e o sítio de corte

Enzima	Microrganismo	Sítio de clivagem
Afe I	*Alcaligenes faecalis*	5′ AGC-GCT 3′ 3′ TCG-CGA 5′
Alu I	*Arthrobacter luteus*	5′ AG-CT 3′ 3′ TC-GA 5′
Bfa I	*Bacteroides fragilis*	5′ C-TAG 3′ 3′ GAT-C 5′

Enzima	Microrganismo	Sítio de clivagem
Dra I	*Deinococcus radiophilus*	5'TTT-AAA 3' 3' AAA-TTT 5'
EcoRI	*Escherichia coli cepaRY13*	5' G-AATTC 3' 3' CTTAA-G 5'
Hae III	*Haemophilus aegypticus*	5' GG-CC 3' 3' CC-GG 5'
Hind III	*Haemophilus influenzae*	5' A-AGCTT 3' 3'TTCGA-A 5'
Nde I	*Neisseriade nitrificans*	5' CA-TATG 3' 3' GTAT-AC 5'
Xba I	*Xanthomonas badrii*	5'T-CTAGA 3' 3' AGATC-T 5'

Fonte: Os autores.

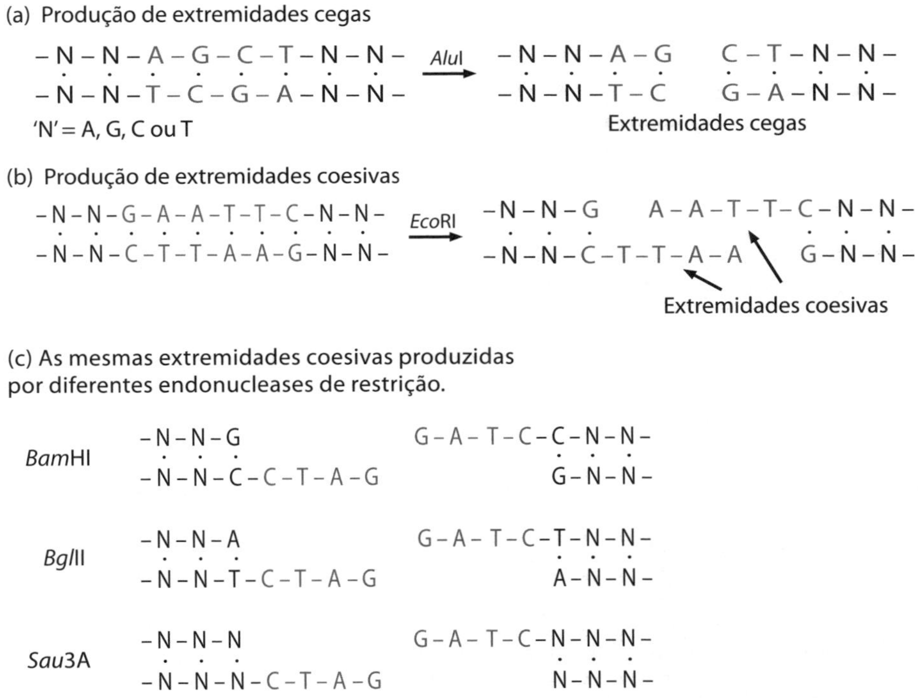

Figura 1.5 >> Tipos de cortes feitos por enzimas de restrição: (a) extremidades cegas promovidas pela *AluI* **e (b) extremidades coesivas geradas pela** *EcoRI*. **(c) Obtenção de extremidades coesivas utilizando as enzimas de restrição** *BamHI*, *BglII* **e** *Sau3*.

Fonte: Brown (2003, p. 75).

Todas as moléculas de DNA cortadas com a mesma enzima de restrição apresentam a mesma extremidade coesiva, permitindo a união dos fragmentos pela complementaridade dos nucleotídeos das fitas simples. A descoberta das enzimas de restrição foi essencial para o surgimento da **tecnologia do DNA recombinante**, na qual moléculas de DNA de organismos diferentes podem ser cortadas e posteriormente unidas por complementaridade das duas fitas de DNA e ação da enzima DNA ligase, que refaz as ligações fosfodiéster (Fig. 1.6).

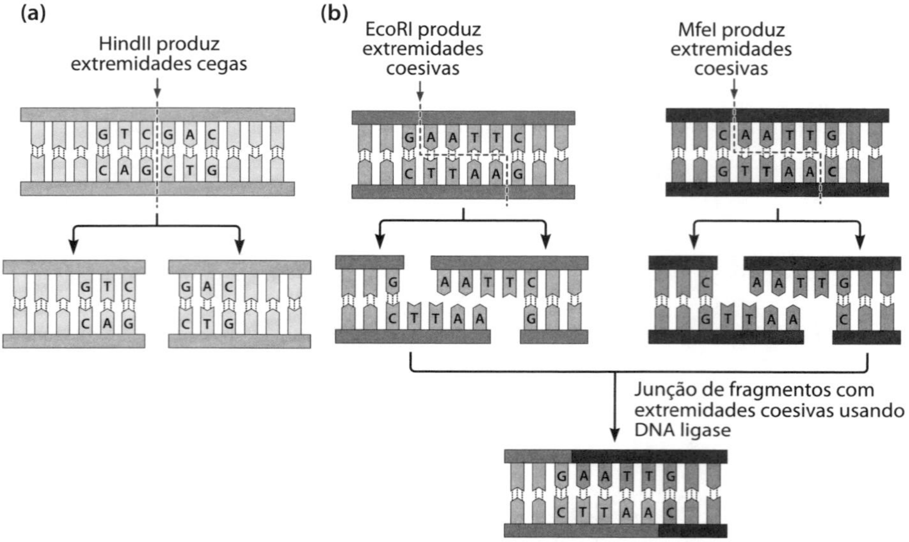

Figura 1.6 >> Formação de moléculas de DNA recombinante a partir de fragmentos de DNA de espécies diferentes clivados por enzima de restrição.
Fonte: Watson et al. (2009, p. 80).

As enzimas de restrição são muito utilizadas na biologia molecular para a manipulação de moléculas de DNA com diferentes objetivos. Na união de fragmentos de organismos de espécies diferentes, o objetivo pode ser a clonagem de moléculas de DNA recombinante (Fig. 1.6), a obtenção de organismos transgênicos ou terapia gênica. Um gene alvo pode ser isolado do genoma de um organismo por meio da clivagem do DNA com uma enzima de restrição e unido a um vetor, como um **plasmídeo**, que foi clivado com a mesma enzima.

Plasmídeos correspondem a moléculas de DNA fita dupla e circular que podem existir em bactérias e leveduras. Os plasmídeos podem apresentar de centenas a alguns milhares de nucleotídeos e replicam-se independentemente do cromossomo celular, podendo atingir um elevado número de cópias dentro da célula. Os plasmídeos geralmente apresentam genes para diferentes características, como genes de resistência a antibióticos, produção de toxinas e enzimas metabólicas e genes de conjugação bacteriana.

As enzimas de restrição também são usadas no diagnóstico de doenças genéticas e infecciosas, uma vez que a ocorrência de mutações nas sequências de DNA pode resultar na eliminação ou no ganho de sítios de corte, permitindo a diferenciação entre moléculas de DNA portadoras de mutações, com base no tamanho dos fragmentos formados após a clivagem.

As reações de clivagem do DNA ocorrem em pH e temperaturas específicos e na presença do cofator íon magnésio (Mg^{+2}) em concentrações adequadas. A mistura, contendo a enzima, cofator, DNA alvo e uma solução tampão, é incubada na temperatura de atividade máxima da enzima, que pode ser 37°C, por exemplo, normalmente por uma hora para a digestão do DNA. A verificação do resultado pode ser realizada mediante eletroforese em gel para a visualização dos fragmentos formados.

>> Amplificação de DNA pela reação em cadeia da DNA polimerase

Em 1983, um químico com doutorado em bioquímica chamado Karry Mullis desenvolveu uma técnica de multiplicação de moléculas de DNA em laboratório denominada reação em cadeia da polimerase (PCR), baseando-se no processo celular de duplicação de DNA. O método de PCR é considerado uma das grandes invenções da Ciência, sendo uma das técnicas mais realizadas em laboratórios de biologia molecular.

Para saber mais sobre o processo celular de duplicação do DNA, leia o Capítulo 6 do livro *Biotecnologia I*.

Antes do desenvolvimento da PCR, a multiplicação de sequências de DNA era realizada por meio da cultura de colônias de bactérias e leveduras. Este processo, denominado **clonagem**, se caracteriza pelo isolamento e inserção de fragmentos de DNA em vetores, que podem ser plasmídeos, cosmídeos ou vírus, os quais são introduzidos em células procarióticas por procedimento denominado **transformação genética**. Nesse método, as bactérias e leveduras (transgênicas), ao se reproduzirem, multiplicam os fragmentos de DNA nelas inseridos, clonando assim essas sequências. As grandes dificuldades do processo de clonagem consistem na manutenção e distribuição entre os pesquisadores dos bancos de clones, que foram superadas então com a invenção da PCR.

A PCR é um método de síntese enzimática de fragmentos de DNA que inclui as etapas de desnaturação, anelamento e extensão (ou polimerização), descritas e ilustradas na Fig. 1.7.

Desnaturação: As moléculas de DNA são inicialmente desnaturadas por alta temperatura (acima de 90°C), ou seja, as duas fitas das moléculas são separadas pelo rompimento das ligações de hidrogênio entre as bases nitrogenadas de nucleotídeos complementares.

Anelamento: A seguir, a temperatura é diminuída (usualmente entre 45°C e 65°C) e dois oligonucleotídeos iniciadores (*primers*) pareiam-se com suas sequências complementares nas fitas molde. Cada *primer* irá se ligar a uma das fitas do DNA alvo. Em razão da característica antiparalela da dupla fita de DNA, é citado que um *primer* se liga na extremidade 3' da região alvo (*primer* direto ou *forward*), enquanto o outro se liga na extremidade 5', na fita oposta (*primer* reverso ou *reverse*).

Polimerização: Posteriormente, pela disponibilidade de extremidade 3'OH dos *primers*, a enzima DNA polimerase realiza a síntese das novas fitas utilizando as originais como molde. A DNA polimerase promove a ligação fosfodiéster entre o último nucleotídeo da nova fita e nucleotídeo trifosfatado a ser adicionado.

Leia sobre a análise das sequências de DNA e o desenvolvimento dos *primers* para a realização de PCR no Capítulo 5 deste livro.

As três etapas da PCR são repetidas, geralmente, de 20 a 30 ciclos. A cada ciclo ocorre a duplicação das moléculas de DNA, determinando, dessa forma sua multiplicação *in vitro*. Assim, na PCR, partindo-se de uma molécula inicial, por exemplo, no primeiro ciclo são formadas duas moléculas e, nos ciclos seguintes, quatro, oito, dezesseis, trinta e duas, sessenta e quatro, e assim sucessivamente (Fig. 1.7).

A PCR é realizada em um equipamento denominado **termociclador**, que permite variações de temperatura de forma rápida. No termociclador são colocados microtubos contendo os reagentes necessários para que ocorra a reação enzimática. As reações incluem água ultrapura, moléculas de DNA a serem duplicadas (DNA molde), desoxirribonucleotídeos trifosfatos (dNTPs), *primers*, enzima DNA polimerase, solução de cloreto de magnésio (cofator da enzima DNA polimerase) e solução tampão para a DNA polimerase (Fig. 1.7).

Nas reações de PCR, a enzima DNA polimerase normalmente utilizada é proveniente da bactéria termófila *Thermus aquaticus*, espécie coletada pela primeira vez em gêiseres e fontes térmicas do Parque Nacional de Yellowstone, nos Estados Unidos. Essas bactérias estão adaptadas à vida em águas que atingem altas temperaturas, aproximadamente 80°C. A enzima é denominada *Taq* DNA polimerase (iniciais do gênero e espécie da bactéria), apresenta temperatura ótima de atividade a 72°C e permanece ativa (não desnatura) nas altas temperaturas que a PCR atinge.

Os **nucleotídeos trifosfatos (dNTPs)** correspondem a uma mistura dos desoxirribonucleotídeos trifosfatados dATP, dCTP, dGTP e dTTP, respectivamente compostos pelas bases nitrogenadas adenina, citosina, guanina e timina.

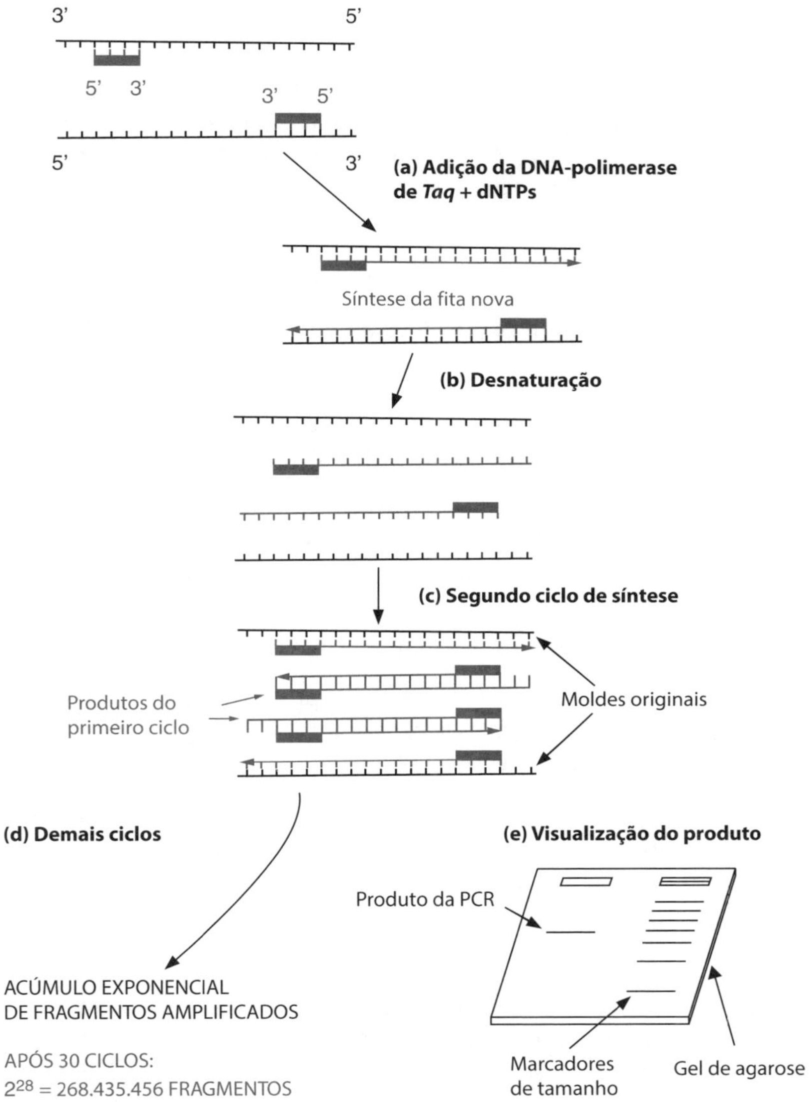

Figura 1.7 >> Esquema do PCR: etapas, amplificação por duplicação a cada ciclo e visualização dos fragmentos amplificados por eletroforese em gel.
Fonte: Brown (2003, p. 189).

As etapas da PCR são promovidas por aumento e diminuição de temperatura, da seguinte forma:

Desnaturação: 94°C a 99°C (próximo do ponto de ebulição da água)

Anelamento: geralmente entre 45°C a 65°C (determinada pela sequência de nucleotídeos dos *primers)*

Extensão: 72°C (temperatura ótima de funcionamento da *Taq* DNA polimerase)

AGORA É A SUA VEZ

Nos dois alelos (a) e (b) representados abaixo, indique o local de anelamento dos *primers* 5'-GCCTCT-3' e 3'-GGATCC-5' e os tamanhos dos fragmentos amplificados por PCR, em pares de base (pb).

(a)

5'- AGGCCTCTAGCTAGCTAGCTAGCTAGCTAGCTAGCTAGCTCCTAGGTTCGAT -3'

3'- TCCGGAGATCGATCGATCGATCGATCGATCGATCGATCGAGGATCCAAGCTA -5'

(b)

5'- AGGCCTCTAGCTAGCTAGCTAGCTAGCTAGCT
AGCTAGCTAGCTAGCTAGCTCCTAGGTTCGAT -3'

3'- TCCGGAGATCGATCGATCGATCGATCGATCGA
TCGATCGATCGATCGATCGAGGATCCAAGCTA -5'

Após seu estabelecimento algumas variações de PCR foram desenvolvidas, como:

PCR multiplex: Na PCR multiplex, mais de um par de *primers* são utilizados, promovendo a amplificação de fragmentos de diferentes tamanhos em um mesmo tubo, ou seja, permitindo a amplificação de diferentes regiões em uma só reação.

RT-PCR: Neste tipo de PCR, utiliza-se inicialmente a enzima transcriptase reversa (RT, enzima de vírus de genomas de RNA) e como molde moléculas de RNA. A ação da enzima determina a síntese de molécula de DNA complementar (cDNA) ao RNA, que é então amplificado por PCR. Esse tipo de PCR permite a análise da expressão de genes por partir de moléculas de RNA mensageiro (RNAm).

***Nested* PCR**: A fim de aumentar a sensibilidade da PCR, desenvolveu-se a estratégia de utilizar dois pares de *primers* complementares à sequência alvo. Inicialmente é realizada a amplificação com o par mais externo e, posteriormente, o produto desta PCR é amplificado com um par interno ao primeiro (aninhado), que utilizará os fragmentos multiplicados na primeira reação como molde.

PCR em tempo real: Na PCR em tempo real, além dos dois *primers* que determinam a amplificação de determinada região do DNA alvo, é adicionada uma sonda complementar à região do DNA localizada entre os dois *primers*, contendo, em uma extremidade, uma molécula fluorescente (fluoróforo) e, na outra extremidade, uma molécula inibidora. Na sonda íntegra, a molécula inibidora impede a emissão de fluorescência. Durante a reação de síntese, a sonda hibridiza-se ao DNA alvo e é degradada pela atividade 5'-3' exonuclease da enzima *Taq* polimerase, resultando na emissão da fluorescência. A emissão de fluorescência é medida a cada ciclo, permitindo acompanhar o seu aumento ao longo da reação, geralmente por um computador acoplado ao termociclador (por isso, a denominação "em tempo real").

A quantidade de fluorescência emitida pela reação irá aumentar exponencialmente conforme as moléculas são sintetizadas, sendo proporcional à quantidade inicial de DNA alvo. A técnica de PCR em tempo real permite a quantificação precisa de moléculas de DNA e tem sido utilizada para a quantificação de patógenos virais e bacterianos em amostras biológicas, na genotipagem de variantes genéticas, na avaliação dos níveis de expressão gênica e na detecção de produtos transgênicos em alimentos.

>> Sequenciamento de ácidos nucleicos

A informação contida nas sequências de nucleotídeos das moléculas de DNA e RNA é tão rica que possibilita diversas aplicações, como identificar o organismo ao qual pertence uma amostra, diagnosticar uma doença genética e diferenciar cepas de microrganismos patogênicos.

A **determinação da sequência nucleotídica** é possível graças à técnica desenvolvida por Sanger e colaboradores na década de 1970 e se tornou acessível por meio dos avanços recentes na fabricação de equipamentos automáticos. A variação no tamanho dos fragmentos é provocada pela adição à reação de síntese de nucleotídeos modificados, os didesoxirribonucleosídeos trifosfatados (ddNTPs), em baixa concentração, juntamente com os nucleotídeos normais (dNTPs). Os ddNTPs, por não conterem o radical hidroxila no carbono 3′ da ribose, ao serem incorporados na fita que está sendo produzida interrompem a sua síntese. A adição aleatória dos ddNTPs irá produzir fragmentos terminando em cada uma das posições dos nucleotídeos da sequência de DNA em análise.

O **método de Sanger** consiste na produção de fragmentos de DNA com tamanhos que diferem em um (1) nucleotídeo, utilizando como molde uma fita simples de DNA. A utilização de um *primer* complementar ao DNA alvo determina qual sequência será produzida.

Atualmente, equipamentos automatizados de sequenciamento utilizam capilares extremamente finos nos quais, por meio da migração por eletroforese capilar, os fragmentos são alinhados com base no seu tamanho, do menor ao maior, e são detectados por um feixe de *laser*. A marcação de cada um dos quatro ddNTPs (A, T, C ou G) com uma molécula fluorescente diferente permite identificar qual foi o nucleotídeo adicionado em cada posição terminal dos fragmentos, construindo-se assim a sequência da molécula de DNA alvo (Fig. 1.8). Essa técnica permite o sequenciamento de moléculas entre 100 e 1000 pb aproximadamente.

A combinação do sequenciamento utilizando equipamentos automatizados com diferentes abordagens de clonagem e mapeamento genético tem permitido a obtenção da informação do genoma inteiro de diferentes organismos, resultando em grandes avanços nos estudos genéticos.

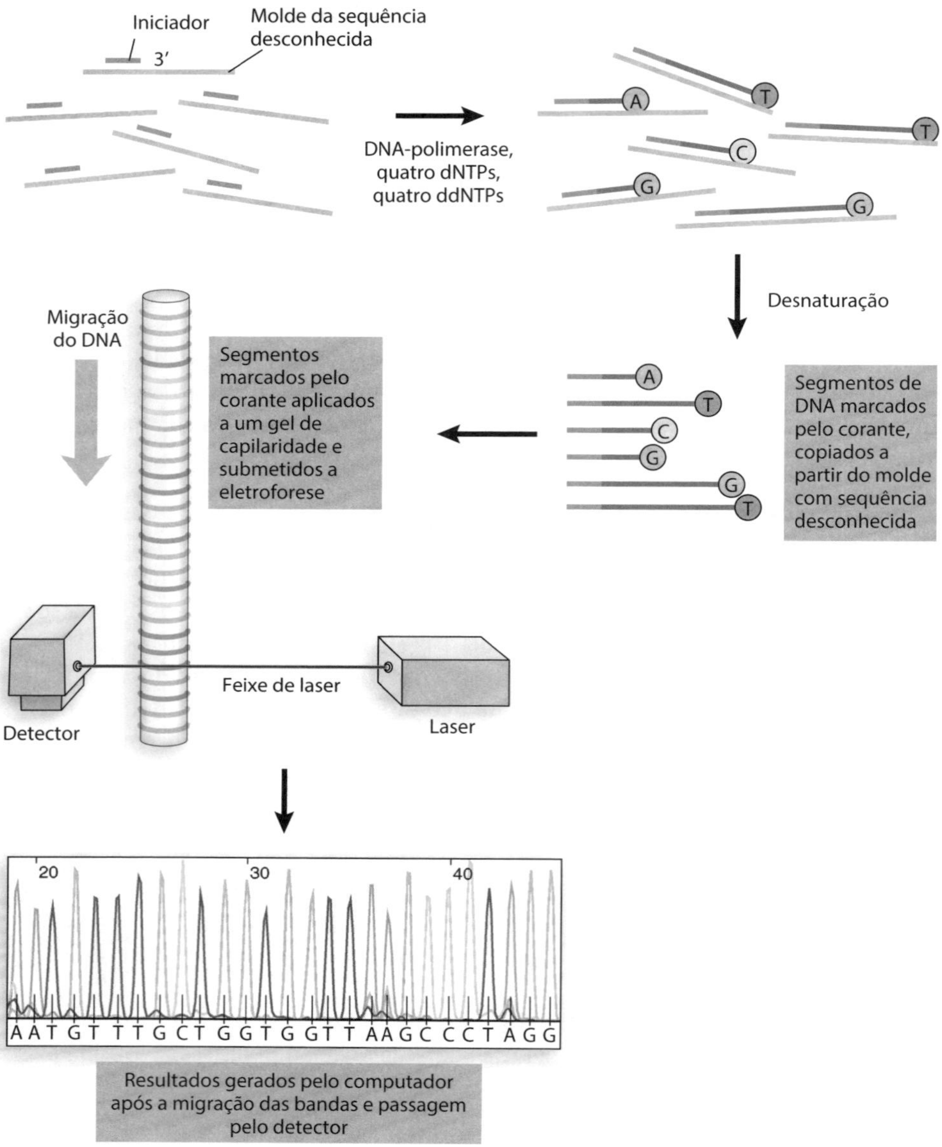

Figura 1.8 >> Sequenciamento automático de DNA pelo método de Sanger.

Fonte: Cox, Doudna e O'Donnell (2012, p. 232).

No site do Grupo A, loja.grupoa.com.br, você encontra mais informações sobre sequenciamento de DNA.

O Projeto Genoma Humano (PGH) consistiu em um consórcio internacional organizado no final da década de 1980 com o objetivo de realizar o sequenciamento completo do genoma humano. Considerado uma conquista científica de extrema relevância, o PGH envolvia grande expectativa quanto às suas consequências práticas. Após uma acirrada disputa entre dois grupos de pesquisa (um público e um privado), os primeiros resultados foram publicados em 2001, consistindo em um rascunho dos três bilhões de nucleotídeos do genoma humano. Além da grande quantidade de conhecimento gerada sobre a constituição genética da espécie humana, o PGH resultou em avanços na tecnologia de sequenciamento de DNA que beneficiaram o estudo de outros organismos e a pesquisa genética como um todo.

No site do Grupo A, loja.grupoa.com.br estão disponíveis dois artigos sobre o projeto Genoma Humano.

>> Aplicações da análise do DNA

Agora que as principais técnicas de biologia molecular foram descritas, estudaremos algumas aplicações das análises de DNA.

>> Diagnóstico de doenças genéticas

As doenças genéticas são provocadas por alterações no DNA, afetando diferentes componentes dos organismos, como enzimas, receptores, fatores de crescimento, proteínas estruturais, organelas e hormônios. Essas alterações ocorrem tanto nas regiões dos genes responsáveis pela determinação da sequência de aminoácidos das proteínas (exons) quanto nas regiões intervenientes (introns) e mesmo nas regiões reguladoras, que determinam a expressão do gene.

A identificação das mutações responsáveis pelas doenças torna possível o maior entendimento de sua patogênese, evolução dos tratamentos e disponibilização de testes para o diagnóstico da enfermidade, mesmo antes do desenvolvimento dos sintomas. A sequência do gene candidato de indivíduos portadores da doença pode ser determinada por comparação com a sequência de indivíduos sem a doença, sendo a presença significativamente maior da mutação nos indivíduos doentes um indicativo da sua associação com a moléstia.

Uma vez determinada a(s) mutação(ões) responsável(is) pela doença, testes para a identificação da sua presença em outros indivíduos ou em outras populações podem ser desenvolvidos. Conhecendo a sequência do gene causador da doença, é possível desenvolver *primers* para a amplificação total ou parcial do gene por PCR e também a clivagem por enzimas de restrição ou mesmo o sequenciamento do gene.

Uma das etapas para a descoberta dessas mutações é o **mapeamento genético**, no qual se avalia a frequência de recombinações entre dois genes (ou entre um gene e um marcador molecular neutro), os quais se espera que estejam no mesmo cromossomo. Em razão da ocorrência de *crossing over* durante o pareamento dos cromossomos, genes que estão em um mesmo cromossomo sofrerão recombinação. Quanto maior a distância entre os dois, maior será a frequência de recombinação por *crossing over*; já uma distância muito pequena resulta em uma pequena probabilidade de recombinação, e as características serão herdadas juntas, ou seja, serão ligadas.

Para saber mais sobre herança genética, leia o Capítulo 9 deste livro.

A análise de ligação entre a característica de interesse, por exemplo, uma doença, e genes ou marcadores distribuídos ao longo dos cromossomos permite determinar a região do genoma na qual ocorre a menor frequência de recombinações, indicando a localização do gene responsável. A precisão dessa localização irá depender da densidade dos marcadores utilizados no mapeamento. Por meio dos esforços de muitos grupos de pesquisa estão disponíveis mapas completos do genoma humano e de muitas outras espécies.

Após o mapeamento, utilizam-se técnicas de DNA recombinante para a clonagem e sequenciamento da região do gene. De maneira geral, o DNA é clivado com enzimas de restrição, inserido em vetores de clonagem, plasmídeo ou um cromossomo artificial, e multiplicado dentro de células de microrganismos como *Escherichia coli* ou *Saccharomyches cerevisiae*. Esse processo permitirá a produção de cópias do gene para a caracterização de sua sequência, além da avaliação da transcrição do RNA mensageiro ou da tradução da proteína do gene para a confirmação de sua função.

Uma estratégia alternativa ao mapeamento é o estudo de genes candidatos, definidos como genes conhecidos previamente por afetarem a rota metabólica envolvida na doença genética ou mesmo por provocarem uma doença semelhante em outras espécies. Em alguns casos, o gene candidato já foi estudado e sequenciado em outras espécies, fornecendo informações importantes para a análise.

Após a associação de mutação gênica com o desenvolvimento de uma doença, análises bioquímicas, fisiológicas ou de bioinformática posteriores podem avaliar a consequência dessa alteração para a estrutura e a função da proteína, colaborando para a confirmação de seu papel na determinação da moléstia.

No diagnóstico das doenças, os alelos portadores das mutações podem ser detectados por meio da técnica de PCR, no caso de alterações por inserção ou deleção de nucleotídeos, por ser o alelo causador da doença maior ou menor do que o alelo "normal".

No caso de doenças determinadas por mutações por substituição de nucleotídeos, a amplificação por PCR dos alelos "mutante" e "normal" desse gene produz fragmentos de mesmo tamanho. Assim, após a PCR, uma alternativa é efetuar a digestão desses fragmentos com enzima de restrição que apresente sítio de clivagem na posição que os fragmentos diferem, gerando um polimorfismo de comprimentos de tamanho de restrição (RFLP, *Restriction Fragments Length Polymorphism*), sendo este método denominado PCR/RFLP. O diagnóstico molecular de doenças genéticas pode também ser realizado por sequenciamento ou pela hibridização de sondas específicas complementares a sequência dos diferentes alelos (*Southern blot*).

Para saber mais sobre mutações gênicas, leia o Capítulo 6 do livro *Biotecnologia I*.

AGORA É A SUA VEZ

1. A figura abaixo representa uma eletroforese em gel de agarose. Analise o gel e determine o genótipo e o fenótipo dos 11 indivíduos amostrados. Esta análise corresponde ao diagnóstico de uma doença genética autossômica dominante, causada pelo alelo de segundo menor tamanho amplificado por PCR.

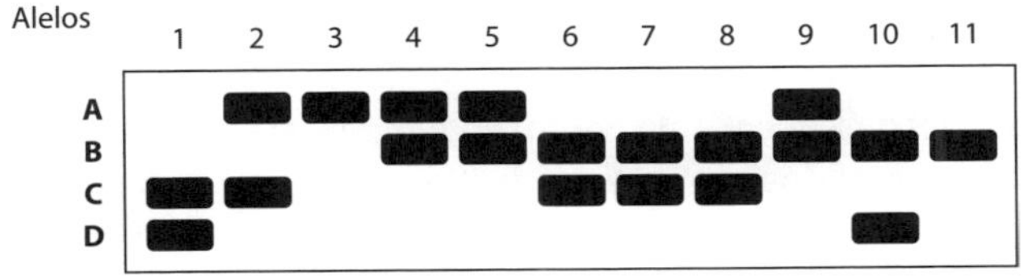

Fonte: Os autores.

2. A figura a seguir representa um gel de eletroforese em poliacrilamida que indica o diagnóstico de uma determinada doença monogênica autossômica recessiva. Como a amplificação por PCR dos dois alelos deste gene produz fragmentos de mesmo tamanho, efetua-se a digestão desses fragmentos após a PCR com uma enzima de restrição, que gera um polimorfismo de comprimentos de tamanho de restrição (RFLP). Nesse PCR/RFLP, o alelo mutante (causador da doença) apresenta sítio de restrição, sendo cortado em dois pedaços de tamanhos distintos, enquanto o alelo "normal" não é clivado. A partir dessas informações, indique qual o genótipo e o fenótipo dos indivíduos A, B e C.

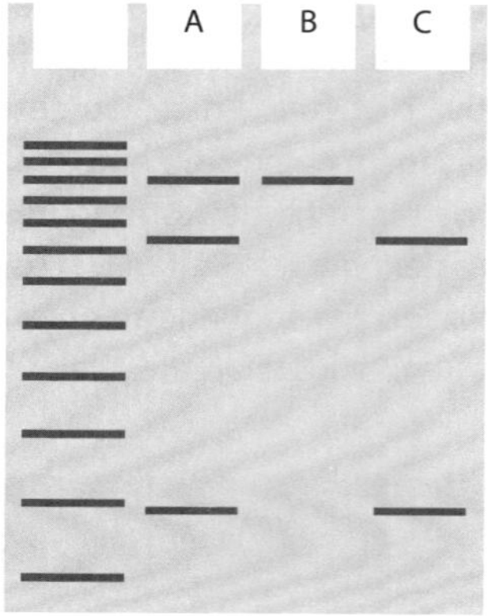

Fonte: Os autores.

Pelo estudo dos genes que afetam a saúde dos indivíduos, é possível buscar o diagnóstico precoce de doenças, tratamentos adequados e a melhoria da qualidade de vida da população.

> WWW
> Um exemplo interessante do impacto das variações genéticas está descrito no artigo "O gene da intolerância à lactose", disponível no site do Grupo A, loja.grupoa.com.br.

Atualmente, os métodos de sequenciamento em larga escala têm permitido a rápida determinação de milhões de polimorfismos de um único nucleotídeo (SNPs, *Single Nucleotide Polymorphism*) distribuídos ao longo do genoma. Com essa informação, cria-se um perfil genético individual capaz de identificar a presença de alelos associados às doenças genéticas complexas. Alguns laboratórios oferecem o serviço de avaliação do risco pessoal de desenvolvimento de diversas doenças, incluindo diabetes, doenças cardiovasculares, distúrbios mentais e alguns tipos de câncer. Destaca-se que as doenças genéticas complexas não apresentam herança mendeliana simples, sendo influenciadas por alterações em diversos genes e pelo ambiente. Nesses casos, utilizam-se estudos de associação genética nos quais é feita a comparação da frequência de variações na sequência de DNA entre grupos de indivíduos afetados (casos) e grupos de pessoas sem a doença (controle), buscando-se variações significativas entre estes grupos.

O desenvolvimento de testes de diagnóstico genético-molecular tem tido impacto direto na medicina, possibilitando a identificação dos genótipos dos indivíduos para diversas mutações. Enquanto a detecção de algumas alterações permite o diagnóstico correto de doenças genéticas, outras são caracterizadas apenas como fatores de risco para doenças complexas.

No site do Grupo A, loja.grupoa.com.br está disponível um artigo sobre as consequências dos testes de diagnóstico e uma lista dos principais testes disponibilizados em laboratórios.

>> Doenças infecciosas

O diagnóstico molecular de doenças infecciosas envolve a detecção dos patógenos ou agentes infecciosos, a quantificação da sua presença e a tipificação ou genotipagem de variantes presentes. Os microrganismos a serem identificados podem ser bactérias, protozoários, fungos ou vírus, e os hospedeiros beneficiados com as técnicas abrangem desde plantas a animais, incluindo espécies silvestres, domésticas e humanos.

Por amplificar as moléculas de DNA, a PCR propicia alta sensibilidade aos testes moleculares, permitindo a detecção de organismos presentes em baixas quantidades, normalmente sem a necessidade de multiplicação prévia em meios de cultura.

Um requisito importante para a realização dos testes moleculares é o conhecimento total ou parcial da sequência de nucleotídeos do patógeno, a fim de desenhar *primers* que funcionam como sondas complementares específicos ao DNA do patógeno. Assim, coleta-se material do indivíduo e realizam-se os procedimentos de extração de DNA do indivíduo, e juntamente do patógeno, no caso de indivíduos infectados. Neste caso, apenas o DNA do patógeno será amplificado na PCR, em razão da especificidade dos *primers* à sequência de DNA do agente causador da doença, determinando um resultado positivo.

É importante também determinar a variabilidade da sequência dentro da espécie e a similaridade com outras espécies, a fim de atingir a especificidade desejada. Por exemplo, pode-se desejar a detecção das diferentes espécies de bactéria pertencentes a um gênero envolvido com contaminações de alimentos. A utilização de uma região do DNA conservada entre essas espécies resultará na amplificação de todas as presentes nas amostras. Se o objetivo for a detecção de uma determinada espécie ou cepa com uma característica de interesse (p.ex., patogenicidade), deve-se utilizar uma região com polimorfismos em relação às demais para a amplificação exclusiva do alvo. A Figura 1.9 ilustra as diferentes estratégias empregadas no desenho de sondas para a detecção de patógenos utilizando regiões do DNA conservadas ou polimórficas.

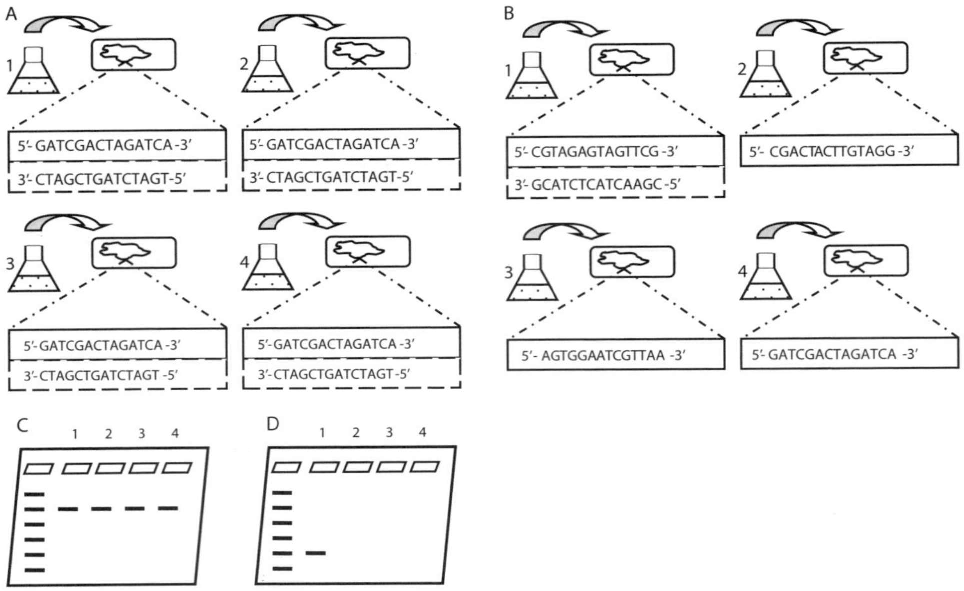

Figura 1.9 » Estratégias empregadas para a detecção molecular de diferentes microrganismos em amostras biológicas. Em (A) utiliza-se uma sonda complementar a uma região conservada entre as espécies presentes nas amostras 1 a 4, resultando no resultado positivo observado no gel em (C). Em (B) a sonda utilizada é complementar apenas ao DNA da espécie presente na amostra 1, desta forma, no gel em (D), apenas esta amostra apresenta o resultado positivo.

Fonte: Os autores.

A quantificação de patógenos baseia-se na multiplicação exponencial das moléculas de DNA promovida pela PCR. Quanto maior a contagem de microrganismos nas amostras, maior será a quantidade de moléculas de DNA destes patógenos amplificadas após a reação. É possível avaliar a concentração inicial utilizando-se diluições seriadas das amostras até que não ocorra a amplificação. A PCR em tempo real também tem sido utilizada para a quantificação de diferentes agentes infecciosos, permitindo a obtenção de resultados sensíveis e precisos.

A quantificação de agentes infecciosos por PCR é importante em diferentes situações da área da saúde humana, animal e vegetal, tais como:

- avaliação da sanidade de águas e alimentos;
- determinação do nível de infecções bacterianas e virais;
- acompanhamento da carga viral de pacientes com infecções crônicas como hepatite C (vírus da hepatite C) e AIDS (vírus da imunodeficiência adquirida);
- validação da concentração de patógenos em vacinas.

AGORA É A SUA VEZ

Vamos ver o que você entendeu sobre eletroforese em gel e diagnóstico molecular de doença adquirida, respondendo em qual canaleta pode ter sido aplicada:

a) solução de marcador molecular

b) amostra controle negativo

c) amostra controle positivo

d) amostra de indivíduo não infectado

e) amostra de indivíduo infectado

1 2 3 4

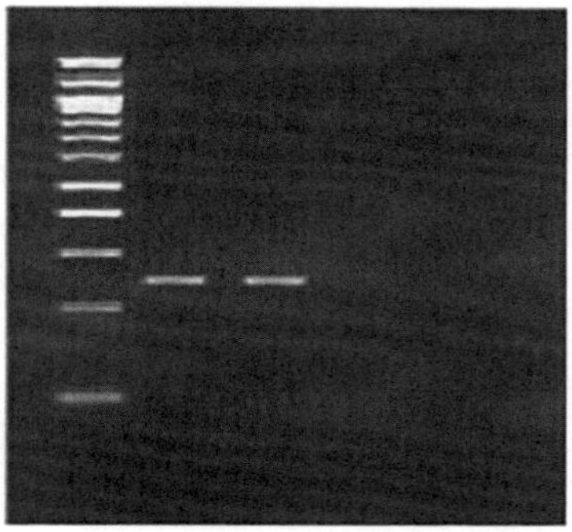

Fonte: Os autores.

>> Testes de paternidade e crimes

Além do diagnóstico de doenças, as análises de DNA permitem também a determinação de paternidade e o auxílio na elucidação de crimes, em uma área denominada **genética forense**. Essas análises de DNA foram desenvolvidas visando à identificação humana, tal como as impressões digitais.

A denominação **impressão digital do DNA (*DNA fingerprinting*)** foi estabelecida justamente em referência à impressão digital, anteriormente única característica utilizada na identificação humana.

As análises de identidade humana por DNA se relacionam com os polimorfismos de pequenas sequências de nucleotídeos que se repetem em *tandem*, ou seja, uma em seguida a outra. Essas sequências se caracterizam por não serem genes, estarem distribuídas ao longo dos genomas e apresentarem herança mendeliana, sendo os alelos codominantes. Esse polimorfismo de repetição é denominado número variável de repetições em *tandem* (*VNTR, Variable Number of Tandem Repeats*), sendo geralmente considerado que repetições de dois a sete nucleotídeos são **microssatélites** (sequências curtas) e repetições de número maior de nucleotídeos são **minissatélites** (Figs. 1.10 e 1.11).

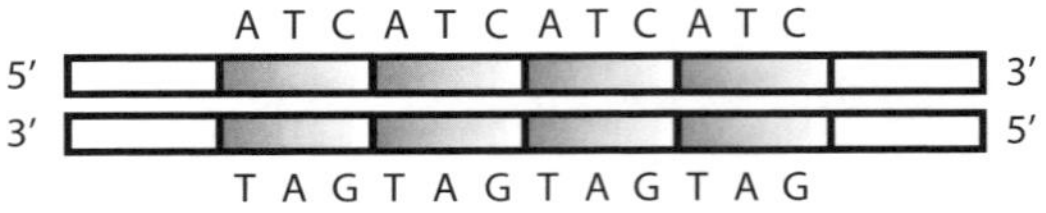

Figura 1.10 >> Exemplo de um microssatélite de repetições 5´ATC 3´ (4x) em um fragmento de molécula de DNA.
Fonte: Os autores.

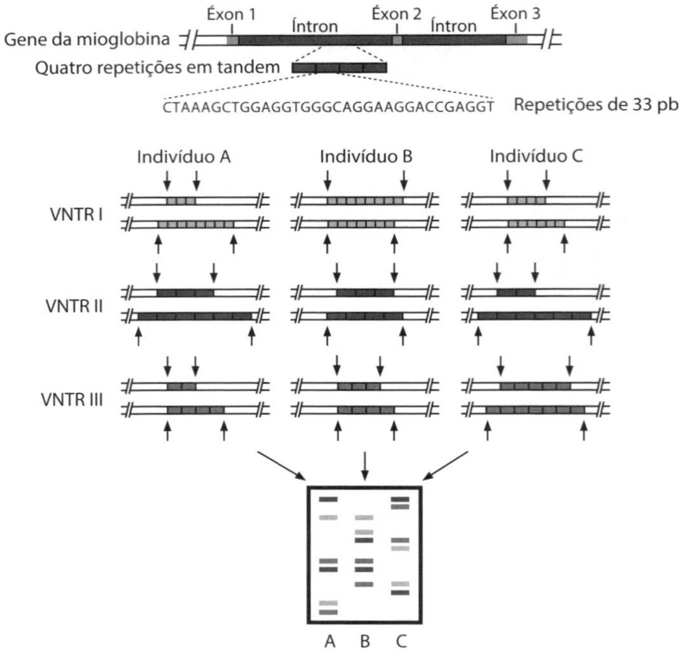

Figura 1.11
>> Representação de três regiões de VNTR I, II e III (localizadas em diferentes cromossomos) em três indivíduos A, B e C. O indivíduo pode apresentar número igual (homozigoto) ou diferente (heterozigoto) de repetições em cada VNTR. Neste caso, os três indivíduos são heterozigotos para as três regiões de VNTR. A separação dos fragmentos amplificados no gel decorre de seu tamanho molecular e um alelo de um VNTR pode encontrar-se distante do outro.
Fonte: Watson et al. (2009, p. 432).

As regiões de minissatélites foram descritas inicialmente por Arlene Wyman e Ray White, em 1980. Quatro anos depois, o britânico Alec Jeffreys desenvolveu sondas de regiões de minissatélites associadas ao gene da mioglobina e foi o primeiro pesquisador a utilizar este tipo de análise na determinação de parentesco, no conhecido "caso Gana de imigração", em 1985. Jeffreys foi quem nomeou essa análise de impressão digital de DNA.

>> CURIOSIDADE

Caso Gana de Imigração

Andrew viveu por um período com seu pai em Gana, na África, e após imigrou para a Inglaterra, onde sua mãe, Christiana Sarbah, nasceu e residia com seus irmãos. Apesar de informações sobre o parentesco entre o adolescente e Christiana, Andrew foi indicado a ser deportado por não haver provas dessa ligação. A partir de amostras de DNA de células sanguíneas, o pesquisador Jeffreys provou que Andrew era filho de Christiana e irmão de David, Joyce e Diana, evitando sua deportação da Inglaterra. As análises de DNA demonstraram que metade dos alelos de Andrew correspondia aos da mãe e os demais concordavam com seus três irmãos, neste caso analisados em razão da ausência de amostra de DNA do pai.

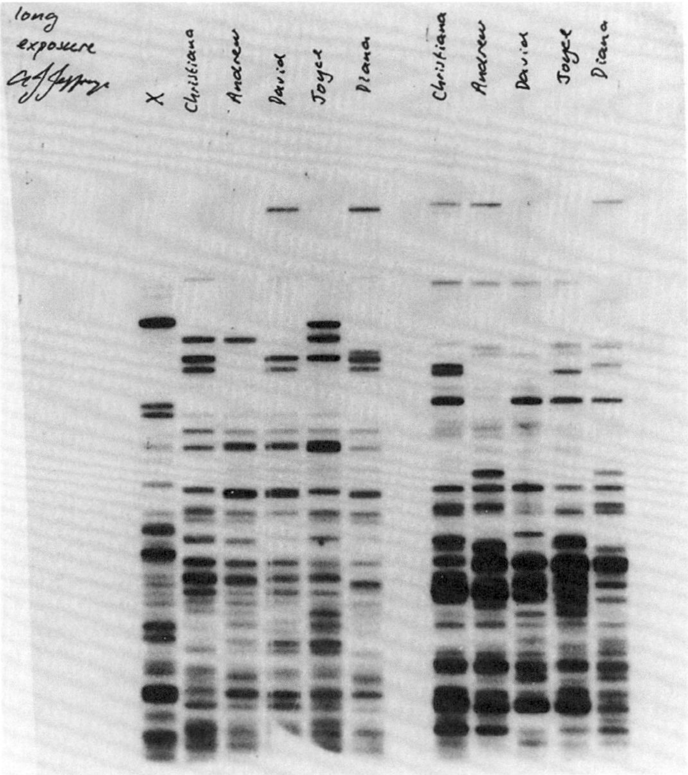

Figura 1.12 >> Cada uma das bandas no gel corresponde a um alelo de minissatélite, sendo que as bandas que não são compartilhadas pelas crianças com a mãe foram herdadas do pai. A amostra X é de um indivíduo não relacionado com a família.

Fonte: Micklos, Freyer e Crotty (2005, p. 280).

A análise do caso Gana foi realizada com sondas que hibridizavam por *southern blot* em vários locos, sendo denominadas **sondas multilocos**. Esse tipo de método é considerado de difícil análise e padronização e sujeito ao aparecimento de bandas-artefato. Assim, foram desenvolvidas sondas de loco único capazes de identificar uma única região que ocorre em um único par de cromossomos homólogos. A partir de 1987, Yusuke Nakamura e Ray White identificaram mais de 100 locos únicos e polimórficos de VNTR.

>> CURIOSIDADE

Em 1988, um crime foi elucidado na Flórida, Estados Unidos, utilizando sondas de loco único. Nesse crime, dois amigos, Randall Jones e Chris Reeshe, foram acusados pelo estupro e assassinato de uma mulher e pelo assassinato de seu namorado. Na análise de DNA, o DNA extraído do sêmen coletado na vítima (E(vs)) concordou com a amostra de sangue de Jones (suspeito S2), que assim foi condenado à pena de morte (Fig. 1.13).

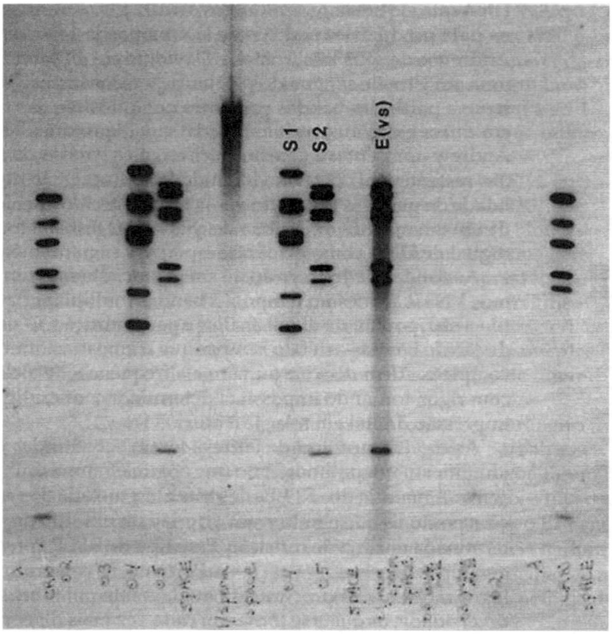

Figura 1.13 >> Condenação por estupro após análise de DNA (um único loco). As demais amostras correspondem ao controle positivo e à solução de marcadores de tamanho molecular.

Fonte: Micklos, Freyer e Crotty (2005, p. 282).

Posteriormente, as análises de DNA para identificação humana passaram a ser realizadas utilizando PCR, e não mais *southern blot*. O PCR possibilitou análises mais rápidas a partir de pequenas quantidades de amostras, além de não utilizar radioatividade. Em 1991, o PCR foi utilizado para amplificar o denominado loco D1S80, região de minissatélite de 16 nucleotídeos, um dos primeiros a ser utilizado em um *kit* forense.

Em sequência, o uso dos microssatélites nas análises de DNA foi estabelecido a partir de 1992 e, desde então fornece resultados muito confiáveis. De forma genérica, a limitação desse método se dá pelo fato de que os *primers* necessários para amplificação por PCR de regiões de microssatélites são geralmente específicos para cada espécie, e o seu desenvolvimento envolve a construção de bibliotecas genômica do organismo a ser analisado.

Os microssatélites são também denominados de repetições de sequências simples (SSR, *Simple Sequence Repeats*) ou repetições curtas em *tandem* (STR, *Short Tandem Repeats*).

Atualmente, como são analisados vários locos de microssatélites, o resultado é um perfil de DNA de cada indivíduo, semelhante a um código de barras de produtos industriais. A combinação dos dois alelos de cada um dos vários locos analisados determina perfis únicos de DNA para cada indivíduo, com exceção de gêmeos univitelinos, permitindo a determinação de paternidade (Fig. 1.13) e outras relações de parentescos e também o auxílio na identificação de vítimas e criminosos (Fig. 1.14).

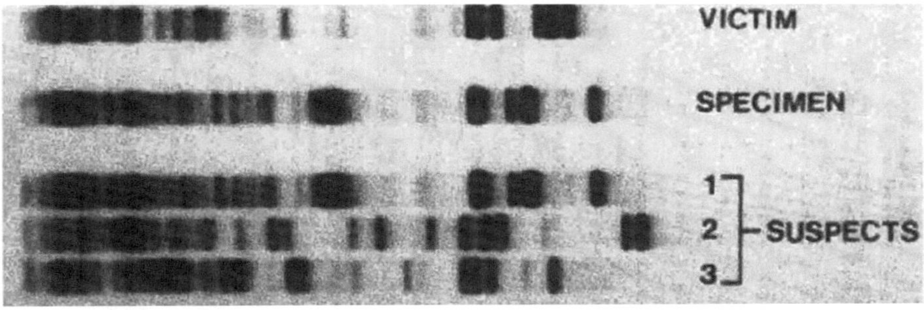

Figura 1.14 >> Identificação de criminoso por análise de DNA, amplificado por PCR e visualizado por eletroforese em gel: perfil genético da vítima (*victim*), de espécime da evidência (*specimen*) e dos três suspeitos (*suspects*). O perfil de um dos suspeitos coincide com o da amostra da evidência.

Fonte: Klug et al. (2010).

O Sistema CODIS (*COmbined DNA Index System*) do FBI (*Federal Bureau of Investigation)* dos Estados Unidos analisa no mínimo 13 regiões de STR, sendo estas: CSF1PO, D3S1358, D5S818, D7S820, D8S1179, D13S317, D16S539, D18S51, D21S11, FGA, THOI1, TPOX e vWA. A Figura 1.15 apresenta um exemplo de análise de três dessas regiões de STR. A análise de regiões de STR localizadas no cromossomo Y de humanos é especialmente realizada na determinação do sexo dos indivíduos e na identificação de sêmen em vítimas de estupro.

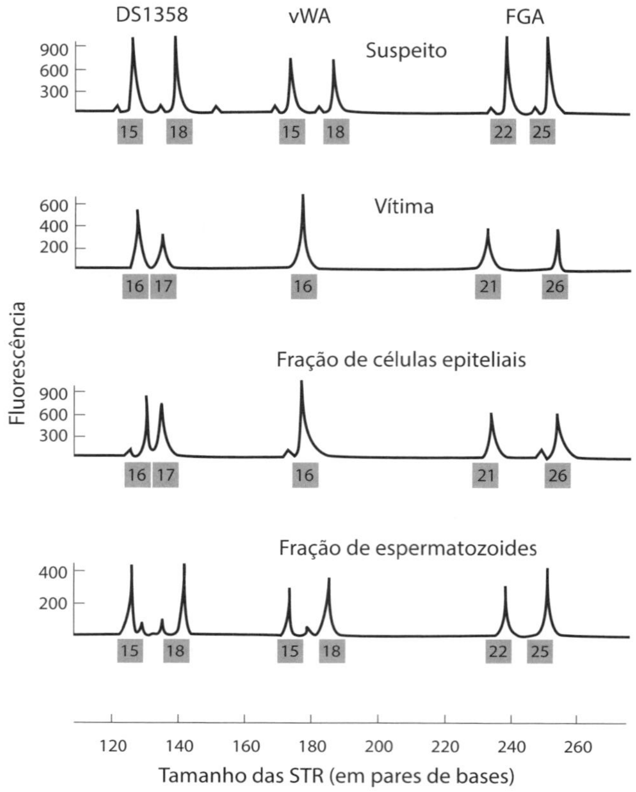

Figura 1.15 >> Análise de três regiões de STR em um caso de estupro (eletroforese por capilaridade).
Fonte: Klug et al. (2010).

Assista a um vídeo sobre teste de paternidade por análise de DNA disponível no site do Grupo A, loja.grupoa.com.br.

As análises moleculares muitas vezes são realizadas utilizando-se o **DNA mitocondrial** (DNAmt), que apresenta herança exclusivamente materna. O DNAmt tem a vantagem de ocorrer em grande número de cópias por célula, de 500 a 2.000, e assim apresentar maior chance de resistir a degradação, sendo especialmente utilizado em análises de queimados, cabelos sem bulbo e ossos degradados. Entretanto, a taxa de mutação é mais alta no DNAmt, determinando que variações de sequência podem existir entre indivíduos relacionados. Ocorre também heteroplasmia, ou seja, presença de mais do que um tipo de sequência de DNAmt em uma célula.

A análise de DNA mitocondrial foi realizada com as avós da Praça de Maio para identificação de desaparecidos políticos durante período de ditadura na Argentina.

O artigo "Exames de paternidade pelo DNA: uma metodologia para o ensino da genética molecular" está disponível no site do Grupo A, loja.grupoa.com.br.

>> REFERÊNCIAS

BROWN, T. A. *Clonagem gênica e análise de DNA*: uma introdução. 4. ed. Porto Alegre: Artmed, 2003.

COX, M. M.; DOUDNA, J. A.; O'DONNELL, M. *Biologia molecular*: princípios e técnicas. Porto Alegre: Artmed, 2012.

FARAH, S. B. *DNA*: segredos e mistérios. 2. ed. São Paulo: Savier, 2000.

KLUG, W. S. et al. *Conceitos de genética*. 9. ed. Porto Alegre: Artmed, 2010.

KREUZER, H.; MASSEY, A. *Engenharia genética e biotecnologia*. Porto Alegre: Artmed, 2002.

MICKLOS, D. A.; FREYER, G. A.; CROTTY, D. A. *A ciência do DNA*. 2. ed. Porto Alegre: Artmed, 2005.

SADAVA, D. et al. *Vida:* a ciência da biologia. Porto Alegre: Artmed, 2011. (Célula e hereditariedade, v. 1).

WATSON, J. D. et al. *DNA recombinante:* genes e genomas. 3. ed. Porto Alegre: Artmed, 2009.

>> LEITURAS RECOMENDADAS

DOLINSKY, L.C.; PEREIRA, L.M.C.V. DNA Forense. *Saúde e Ambiente em Revista*, v. 2, n. 2, p. 11-22, jul/dez. 2007.

KOCH, A.; ANDRADE, F.M. A utilização de técnicas de biologia molecular na genética forense: uma revisão. *RBAC*, v. 40, n.1, p. 17-23, 2008.

RUMJANEK, F.D.; RINZLERDE, C.M.C. Os exames de DNA nos tribunais. *Ciência Hoje*, v. 29, n. 169, p. 25-30, mar. 2001.

Alessandra Nejar Bruno

Karin Tallini

CAPÍTULO 2

Cultivo de células animais

O cultivo de células animais é uma importante ferramenta de pesquisa científica e biotecnológica no mundo inteiro e tem sido cada vez mais utilizado em substituição ao uso de animais de laboratório nos chamados estudos *in vivo*. Ao longo deste capítulo, serão apresentadas informações básicas para a compreensão dessa tão importante ferramenta de estudo para a biotecnologia, além da descrição sobre como é possível manter células em laboratório e quais as técnicas e os cuidados imprescindíveis para tal feito.

OBJETIVOS DE APRENDIZAGEM

- Compreender a importância e a aplicação das diferentes técnicas de cultivo de células animais para a biotecnologia.
- Identificar os diferentes tipos de culturas celulares.
- Aprender como é possível cultivar células animais em laboratório.
- Conhecer os cuidados necessários para o cultivo de células *in vitro*.

PARA COMEÇAR

Por que cultivar células animais em laboratório?

Muito antes do século XIX, quando se deu o início do cultivo de células animais em laboratório, o homem buscava formas de manter essas células fora do organismo e estudá-las em um ambiente controlado. Os primeiros experimentos consistiam no isolamento de tecidos mantidos com fluidos animais de onde provinham, o que permitia que se mantivessem viáveis durante um curto período de tempo.

No final do século XIX, Roux demonstrou que células embrionárias de pinto (*Gallus gallus*) podiam ser mantidas vivas fora do organismo animal. Após uma sucessão de experimentos e descobertas, a técnica de cultivo de células animais foi aprimorada, sendo atualmente considerada uma importante ferramenta de pesquisa científica e biotecnológica nos laboratórios do mundo inteiro.

As células animais isoladas de tecidos vivos podem continuar a crescer quando submetidas a condições adequadas. Essas condições incluem temperatura, umidade, pH e nutrientes necessários a sua sobrevivência, seu crescimento e sua proliferação. Quando esse processo é realizado em laboratório em condições controladas, ele é chamado de **cultura celular**.

Por uma série de razões, o cultivo de células animais nos denominados *estudos in vitro* tem sido cada vez mais utilizado em substituição ao uso de animais de laboratório nos chamados *estudos in vivo*. Os estudos com células animais apresentam muitas vantagens e aplicações, como apresentado no Quadro 2.1.

Quadro 2.1 >> Vantagens e aplicações dos estudos com células animais

Vantagens	Aplicações
Dispensam o uso de cobaias. São reprodutíveis e específicos, gerando resultados de alta credibilidade. Permitem realizar diferentes testes de fármacos, produtos alimentícios e produtos cosméticos.	Produção de vacinas, medicamentos, hormônios, cosméticos, anticorpos monoclonais para testes de diagnóstico ou terapias específicas. Medicina regenerativa ou terapia celular baseada na utilização de células tronco para uma série de situações e doenças. Descoberta sobre o funcionamento de diferentes sistemas impulsionando estudos nas áreas de bioquímica, imunologia, fisiologia, genética, biologia molecular e biologia celular.

Fonte: Os autores.

>> Tipos de células e culturas

As células para cultura podem ser obtidas de uma infinidade de fontes, incluindo tecidos embrionários, tecidos de animais adultos, tumores, sangue, entre outras. A escolha dependerá da finalidade e da disponibilidade de células. A capacidade de crescimento das células em cultura está relacionada com sua origem. Cada célula parece ter um tempo definido ou "tempo biológico", determinado pelo número de divisões da célula original.

>> Classificação de acordo com a aplicação

As culturas de células animais, atendendo à sua origem e biologia, podem ser classificadas de acordo com diferentes critérios. Se considerarmos as suas aplicações, as culturas animais podem se agrupar nos seguintes tipos:

Células produtoras de proteínas: São utilizadas na obtenção de produtos terapêuticos como vacinas e produtos para diagnóstico. Como exemplos, podemos mencionar as células CHO, as células BHK e os hibridomas.

As **células CHO** são oriundas de células de ovário de *hamster* chinês e são utilizadas para a produção da proteína eritropoetina, indicada no tratamento da anemia. As **células BHK,** obtidas de rim de *hamsters*, são usadas para a produção do fator VIII, usado no tratamento da hemofilia A. Já os **hibridomas** são células híbridas capazes de produzir anticorpos e são obtidas a partir da fusão de linfócitos B (produtores de anticorpos) com células tumorais.

Mais informações sobre hibridomas podem ser obtidas no Capítulo 9 do Volume I deste livro.

Células usadas em terapia gênica e vacinas virais: Estas células têm sido amplamente utilizadas para a expressão de proteínas recombinantes já que apresentam facilidade de serem transfectadas, ou seja, são susceptíveis à introdução de DNA. A transfecção de células animais é uma importante ferramenta biotecnológica já que pode resultar na produção de hormônios, citocinas, anticorpos, antígenos ou novas proteínas recombinantes. São exemplos as linhagens Vero (células epiteliais de rim de macaco), CHO-K1 (células de ovário de *hamster* chinês) e HEK-293 (células de rim de embrião humano).

Terapia gênica é o tratamento de doenças com base na transferência de material genético. Em sua forma mais simples, consiste na inserção de genes funcionais em células com genes defeituosos para substituí-los (DANI, 2000).

Células tumorais: São utilizadas na pesquisa e na descoberta de novos produtos biotecnológicos. São exemplos as linhagens de câncer de mama (MCF-7, MDA- MB-435, MDA-N), a conhecida linhagem HeLa de câncer uterino humano, MM6 (monocítica leucêmica humana), K562 (leucemia eritromieloide), SiHa (células de câncer cervical humano imortalizada com o vírus HPV-16), linhagens de carcinoma de ovário (OVCAR3, OVCAR, SK-OV-3), linhagens de células de câncer de pulmão (EKVX, HOP-62, HOP-92, NCI-H226, NCI-H23, NCI-8322M, NCI-H460, NCI-HS22), linhagens de células de câncer de cólon (COLO 205, HCT-116, HCT-15, HT29, KM12, SW620), linhagens de células de melanoma (LOX 1MV1, MI4, SK-MEL-2), câncer de próstata (PC-3, LNCaP), linhagens de células de câncer renal (A498, CAKI-1, SI2C, TK-10), linhagens de gliomas humanos (U87, U251, U138), entre outras

Células-tronco: São células ainda indiferenciadas capazes de autorreplicação, isto é, podem gerar uma cópia idêntica de si mesmas e com potencial de diferenciar-se em uma célula especializada. Podem ser obtidas de embriões (células-tronco embrionárias) ou de diferentes tecidos de animais adultos, como é o caso das células-tronco mesenquimais, que podem ser obtidas de medula óssea, sangue de cordão umbilical, entre outros (ZAGO; COVAS, 2006). São estudadas e utilizadas na chamada **terapia celular**, que visa a reposição de células perdidas ou danificadas por diferentes causas; assim como na **engenharia de tecidos**, que visa a formação de novos tecidos para diferentes finalidades.

No site do Grupo A (loja.grupoa.com.br) estão disponíveis mais informações sobre células-tronco. WWW

>> Classificação de acordo com a forma de obtenção

As culturas de células animais também podem ser classificadas de acordo com a forma na qual elas são obtidas. De acordo com esse critério, as culturas classificam-se nos seguintes tipos:

Culturas primárias: Originam-se de células recentemente isoladas de órgãos ou tecidos e possuem tempo limitado de vida em cultura. As culturas primárias são normalmente heterogêneas, porém mais representativas do seu tecido de origem. Quando possível, devem-se utilizar tecidos de embriões ou tumores, por serem mais facilmente dissociáveis.

Culturas secundárias ou linhagens: Também chamadas de culturas em série, são selecionadas para a obtenção de um único tipo de célula. As linhagens celulares podem ser finitas (capazes de realizar um número limitado de duplicações) ou contínuas, que podem ser propagadas e expandidas para a produção de bancos celulares por meio de técnicas de criopreservação (MORAES; AUGUSTO; CASTILHO, 2008).

As chamadas **linhagens permanentes**, **imortais** ou **transformadas** têm a capacidade ilimitada de crescimento em cultura e são derivadas de células tumorais, células que foram transfectadas com *oncogenes* ou tratadas com agentes carcinogênicos. As células imortalizadas podem não possuir malignidade, porém possuem crescimento celular contínuo com vida infinita (PERES; CURI, 2005).

Oncogenes são genes ligados ao surgimento de tumores malignos ou benignos. São oriundos de proto-oncogenes, responsáveis pela regulação do crescimento e diferenciação celular.

Para saber mais sobre oncogenes, acesse o site do Grupo A (loja.grupoa.com.br).

>> Classificação de acordo com o comportamento

O comportamento das células em cultivo também é utilizado como um importante parâmetro de classificação de culturas celulares. Para melhor compreender esse tipo de classificação, é importante saber que a forma como as células se dispõem *in vitro* reflete o tecido no qual tiveram origem. Assim, as células que compõe tanto culturas primárias ou linhagens podem ser classificadas da seguinte forma:

Células aderentes: Aderem ao frasco de cultivo se espalhando em seu fundo até formar um tapete de células chamado monocamada celular. A técnica de cultivo de células animais em monocamada sobre superfície sólida, usando meio de cultura líquido, já vem sendo aplicada desde 1947. Nesse caso, as células necessitam de um ancoradouro para que possam se fixar e para que ocorra sua proliferação. Células derivadas de tecidos sólidos (p.ex., pulmão e rim) tendem a crescer em monocamadas aderentes. Na Figura 2.1, podemos observar um exemplo de célula aderente.

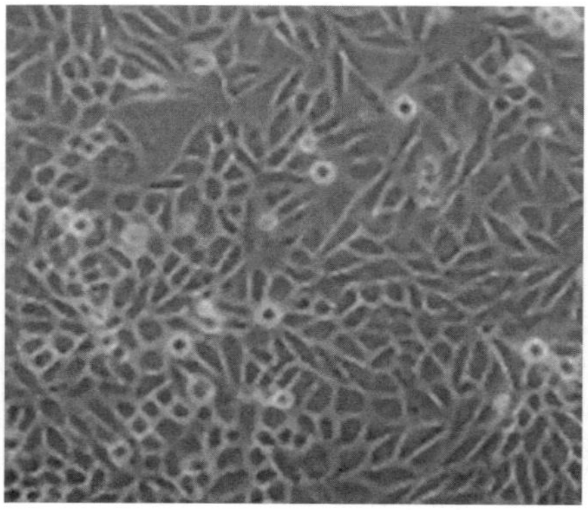

Figura 2.1 >> Células de câncer cervical humano da linhagem SiHa - positivas para o HPV 16 (obtidas da ATCC - *American Type Culture Collection*)**. Imagem obtida em microscópio invertido usando objetiva de 40 vezes (aumento total de 400x).**

Fonte: Os autores.

Células não aderentes ou em suspensão: Diferentemente das células aderentes, essas células ficam suspensas no frasco ou placa de cultivo, pois não precisam de ancoradouro. Culturas de células derivadas do sangue (p. ex., linfócitos e tumores de células sanguíneas) tendem a crescer em suspensão.

>> Classificação de acordo com o tipo de interação

Nos tecidos, há interação e comunicação entre as diferentes células, e essas interações são importantes para a manutenção das funções celulares. Alguns tipos de culturas visam mimetizar essas interações, como as descritas a seguir.

Coculturas: São cultivos que permitem a combinação de células de diferentes tipos. Como exemplos podemos destacar o cocultivo de queratinócitos da epiderme com fibroblastos da derme, além do cultivo de neurônios com o de astrócitos, capazes de produzir e secretar muitas substâncias importantes para a manutenção dos neurônios.

Culturas organotípicas: Referem-se a uma cultura obtida a partir de um tecido específico. A técnica implica o crescimento de distintas linhagens de células de mamíferos em uma única placa, formando uma estrutura que se assemelha muito a um tecido. Essa técnica vem sendo cada vez mais utilizada como um modelo para diferentes estudos, uma vez que conserva as características do tecido e preserva suas interações (COURA, 2003).

No site do Grupo A (loja.grupoa.com.br) estão disponíveis mais informações sobre cultivo celular. WWW

>> Como manter células em cultura

Para manter células animais em laboratório, é necessário conhecer o ambiente natural das células com as quais se pretende trabalhar e, portanto, as condições adequadas que permitam sua sobrevivência e seu crescimento. A seguir, são apresentados os principais aspectos a serem considerados para a manutenção de células em cultura.

>> Onde as células são mantidas

As células animais são mantidas em frascos estéreis que permitem sua manipulação e seu crescimento. No caso das células aderentes, é importante que o fundo destes frascos, chamados de garrafas (Fig. 2.2) ou placas de cultivo celular (Fig. 2.3), possuam uma carga negativa que permita sua adesão. Para isso, são utilizadas superfícies como vidro e metal, que possuem uma carga líquida negativa, ou plásticos como o poliestireno, tratados com agentes químicos (como agentes oxidantes) ou físicos (como luz ultravioleta e radiação). A adesão ocorre por meio da interação de cátions divalentes (como cálcio e magnésio) e glicoproteínas das células, com a superfície de carga negativa desses recipientes.

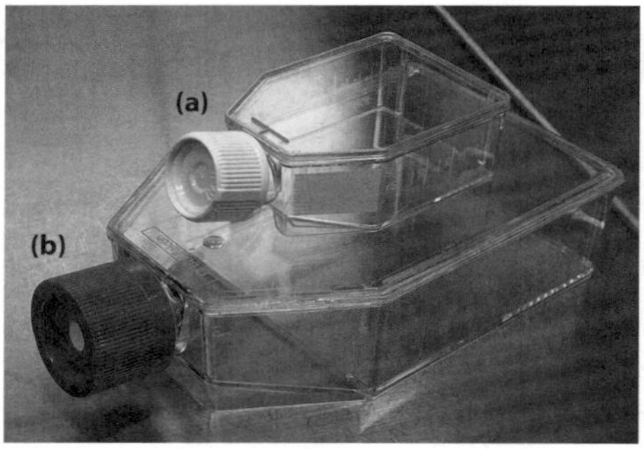

Figura 2.2 >> **Garrafas de poliestireno de (a) tamanho pequeno (25 cm²) e (b) tamanho médio (150 cm²).**

Fonte: Os autores.

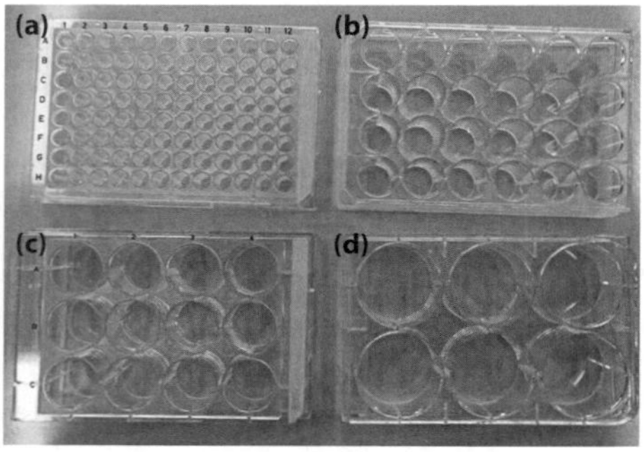

Figura 2.3 >> **Placas de cultivo celular de (a) 96 poços, (b) 24 poços, (c) 12 poços, (d) 6 poços.**

Fonte: Os autores.

Como as células devem ser mantidas em condições controladas de **temperatura**, **umidade** e **concentração de dióxido de carbono**, os frascos contendo as células são acondicionados em uma **estufa ou incubadora de CO_2** (Fig. 2.3), capaz de manter a temperatura constante e dióxido de carbono (CO_2) em uma concentração de 5%.

A temperatura deve ser a mesma que a do doador das células. Dessa forma, para vertebrados de sangue frio, a temperatura deve ser mantida entre 18 e 25ºC. Já para mamíferos, a temperatura deve ser mantida entre 36 e 37ºC.

Figura 2.4 >> **Estufa de CO_2.**

Fonte: Os autores.

>> Como as células são mantidas

Como mencionado anteriormente, para a manutenção de células *in vitro*, é necessário mimetizar as condições que essas células apresentam *in vivo*. Uma condição essencial inclui o aporte de nutrientes, que é suprido pelo **meio de cultura**.

Os meios de cultivo foram estabelecidos a partir de 1950 e devem conter nutrientes essenciais para o metabolismo celular, a proliferação e a manutenção das funções fisiológicas das células em cultura. Deve, portanto, conter substâncias como carboidratos, sais inorgânicos, aminoácidos, proteínas, vitaminas, lipídeos e fatores de crescimento.

Os **carboidratos** (açúcares) são a principal fonte de energia das células em cultura. Os açucares mais utilizados são a glicose e a galactose, entretanto, alguns meios podem necessitar de frutose e maltose.

Os **sais inorgânicos** como cálcio, sódio e potássio atuam como cofatores para enzimas, além de auxiliarem na manutenção da osmolalidade das células, potencial de membrana e adesão celular.

> A osmolaridade refere-se à pressão osmótica do meio de cultura e é um fator importante, pois contribui para o fluxo adequado de substâncias através das membranas das células.

Ao meio de cultura, normalmente adiciona-se de 2 a 20% de **soro animal** para o suprimento de fatores de crescimento, aminoácidos, proteínas, vitaminas e lipídeos.

Aminoácidos como glutamina, serina, metionina, cisteína e tirosina são requeridos como fonte de energia e para o crescimento das células animais em cultura e incluídos em uma concentração de 0,1 a 0,2 mM. A glutamina é incluída em uma concentração alta (2 a 4 mM).

> A glutamina é considerada limitante do crescimento celular e sofre degradação térmica a partir de 35°C gerando amônio, que é tóxico para as células.

As **proteínas** e peptídeos mais comuns incluem a albumina, a transferrina, a fibronectina e a fetuína. A transferrina, por exemplo, é extremamente importante para o transporte de ferro. Já a albumina pode atuar como um agente tamponante e como transportador para hormônios e vitaminas. Proteínas da matriz extracelular como a fibronectina também estão presentes nos soros animais para a adesão e crescimento celular.

As **vitaminas** normalmente são encontradas em baixas concentrações nos soros animais. São essenciais para o crescimento e a proliferação celular, já que atuam como cofatores de diferentes enzimas. Alguns soros animais apresentam níveis aumentados de vitamina A e E, mas as vitaminas mais utilizadas são a riboflavina, tiamina e biotina.

Os soros animais ainda incluem em sua composição fatores de crescimento, como:

- EGF (fator de crescimento epidérmico)
- FGF (fator de crescimento fibroblástico)
- IGF1 e IGF2 (fator de crescimento semelhante à insulina dos tipos 1 e 2)
- PDGF (fator de crescimento plaquetário)
- TGF (fator transformador de crescimento beta)

O soro fetal bovino (SFB) é o mais comumente utilizado, mas também podem ser empregados outros, como o de bezerro, de cavalo e o soro humano.

O Quadro 2.2 reúne alguns cuidados que devem ser observados na utilização de soro animal.

Quadro 2.2 » Cuidados na utilização de soro animal

Algumas variações podem ser observadas de um lote para outro. Cada lote requer um teste para verificar seu desempenho na cultura.
Alguns fatores presentes no soro estimulam a proliferação de fibroblastos, o que pode ser um problema para o estabelecimento de uma cultura primária.
Devem-se utilizar soros certificados, estéreis, inativados a 56°C, livres de micoplasmas e sem endotoxinas.
Soros de origem animal não são indicados para o desenvolvimento de produtos que serão utilizados em seres humanos, como biofármacos.

Fonte: Os autores.

Outro aspecto que deve ser controlado em um meio de cultura é o **pH**. Variações de pH no meio de cultura podem ser evitadas pela utilização de soluções tampão. Geralmente usa-se uma solução tampão de CO_2-bicarbonato para manter o pH do meio entre 7,0 a 7,4, já que grande parte das células animais cresce adequadamente em pH 7,4. Sugere-se, ainda, a utilização do tampão HEPES (N-(2-hidroxietil)piperazina-N'-(2-ácido etanosulfônico), que pode ser adicionado na concentração de 10 a 20 mM no meio de cultura.

O pH no interior dos frascos de cultura pode ser facilmente monitorado pela cor do meio de cultura. Isso é possível porque a maioria dos meios de cultura disponíveis comercialmente apresenta o indicador de pH vermelho de fenol. Assim, na presença de vermelho de fenol, o meio de cultura apresenta-se:

- rosa em pH aproximadamente 7,6
- vermelho em pH aproximadamente pH 7,4
- laranja em pH aproximadamente pH 7,0
- amarelo em pH aproximadamente pH 6,5
- amarelo limão em pH abaixo de 6,5

Além de todos os componentes descritos, ao meio de cultura podem ser adicionados **antibióticos** e **agentes antifúngicos** para reduzir o risco de contaminação. Os mais comumente utilizados são:

- penicilina G (100 U/mL)
- streptomicina (50 mg/mL)
- gentamicina (50 mg/mL)
- anfotericina B (25 mg/L), agente antifúngico e antileveduras.

Alguns antibióticos possuem efeito tóxico para determinadas células em cultivo, portanto recomenda-se a utilização de concentrações pequenas desses agentes

O uso contínuo de antibióticos é desaconselhável, pois pode favorecer o desenvolvimento de linhagens de microrganismos resistentes e de difícil erradicação (MORAES; AUGUSTO; CASTILHO, 2008).

O Quadro 2.3 apresenta os meios de cultura mais utilizados e as suas principais características.

Quadro 2.3 » Principais meios de cultura e suas características

Meio de cultura	Características
Meio Mínimo Essencial EAGLE (MEM)	Considerado uma solução nutritiva padrão em cultura de células por possuir os nutrientes básicos para a manutenção de células humanas e de outros animais. Pode ser fornecido com aminoácidos essenciais, não essenciais ou ainda variando qualquer outro componente.
Meio Basal de Eagle (BME)	Originalmente desenhado para fibroblastos de ratos e células da linhagem HeLa, mas atualmente indicado para inúmeros tipos de células. É um precursor do MEM e apresenta essencialmente aminoácidos essenciais.
Roswell Park Memorial Institute Medium (Rpmi 1640)	Indicado para o cultivo de linfócitos, hibridomas e linhas celulares leucêmicas. Não possui timidina em sua composição, sendo muito utilizado para obter a sincronização da divisão celular.
Meio MEM modificado por Dulbecco (DMEM)	Usado em muitos tipos de células de mamíferos. A versão com elevado teor de glicose é adequada para culturas em suspensão de densidade elevada, enquanto a fórmula com baixo teor de glicose é usada para células aderentes.
Meio de Dulbecco modificado por Iscove (IMDM)	Indicado para células de crescimento rápido. Possui HEPES em sua composição para um melhor tamponamento.
Meio de Glasgow (GMEM)	Possui uma concentração duas vezes maior de aminoácidos, vitaminas e glicose do que o meio BME.

Fonte: Os autores.

Meio de cultura	Características
Liebovitz (L-15)	Desenvolvido para células tumorais de crescimento rápido. O meio isento de bicarbonato é tamponado com níveis elevados de aminoácidos. Utilizado no crescimento de fibroblastos em ausência de atmosfera de CO_2 e na cultura de vírus.
Meio Ham	Ham F10: Usado em linhagens de células diploides humanas e para análise cromossômica. Indica-se a suplementação com proteínas e hormônios. Ham F12: Apresenta uma composição mais complexa, possibilitando o crescimento de linhas celulares sem suplementos proteicos. Utilizado em hepatócitos primários e células epiteliais de próstata de rato.
Meio De McCoy	Desenvolvido para a cultura de linfócitos humanos. O meio 5A de McCoy (modificado) inclui L-glutamina e 25 mM de tampão HEPES.
Meio 199	Pobre em ácido fólico, sendo muito usado para o cultivo de células não diferenciadas e o estudo de cromossomopatias. Por ser um meio extremamente complexo (com 61 componentes), suporta um crescimento celular sem a adição de soro.

Fonte: Os autores.

>> Controle do crescimento e da viabilidade de células *in vitro*

Entre os procedimentos que contribuem para a manutenção da viabilidade das células estão o aporte constante de nutrientes e a eliminação de células que eventualmente tenham morrido e de metabólicos secretados para o meio. Nas células aderentes, isso é alcançado pela troca do meio de cultura a cada 48 horas, dependendo do tipo de célula e da velocidade do seu crescimento.

Quando a cultura está muito populosa ou confluente, ocorre um fenômeno denominado inibição de contato, no qual a proximidade de uma célula com a outra resulta na inibição do crescimento delas. Quando isso ocorre, as células começam a desprender-se da superfície do frasco, sendo necessário transferi-las para outro frasco de cultivo. Esse processo é denominado **repique**.

O termo confluência refere-se à quantidade de células em um determinado ambiente.

O processo de transferência de células de uma garrafa de cultivo para outra é chamado de **passagem** (P). As linhagens conseguem manter as suas características originais por um número determinado de passagens. Assim, o controle de passagens de uma linhagem é um procedimento importante a ser adotado quando se trabalha com esse tipo de célula.

AGORA É A SUA VEZ

É possível observar rapidamente se uma cultura está confluente pela cor do meio no interior da garrafa de cultivo? Confira a resposta no site do Grupo A (loja.grupoa.com.br).

Para o repique de células aderentes e a obtenção de células individualizadas, são utilizadas enzimas proteolíticas (proteases), que quebram ligações peptídicas entre os aminoácidos que compõem as proteínas. A protease inespecífica mais frequentemente utilizada é a tripsina, motivo pelo qual o repique de células aderentes também pode ser chamado de tripsinização.

Ligação peptídica é a união do grupo amino (-NH2) de um aminoácido com o grupo carboxila (-COOH) de outro aminoácido, com a liberação de uma molécula de água.

Para saber mais sobre proteases e ligações peptídicas, leia o Capítulo 3 do livro *Biotecnologia I*.

Uma solução de tripsina é geralmente utilizada na diluição 1:250, podendo incluir em sua composição, agentes quelantes de cálcio como EDTA (ácido etilenodiamino tetracético), para alterar a estabilidade das membranas celulares.

Não deixe a solução de tripsina em contato com as células por muito tempo, para evitar degradação da membrana celular.

No site do Grupo A (loja.grupoa.com.br) está disponível um protocolo de repique de células aderentes.

>> Analisando as culturas celulares

Um hábito importante para quem trabalha com culturas celulares é sempre observar as células que estão sendo mantidas. Com esse hábito, podemos observar se as células estão com a sua morfologia normal, se estão viáveis, se estão crescendo adequadamente e, ainda, se estão livres de contaminação.

Uma das formas de observar o crescimento celular é pela **contagem de células** (ou quantificação celular). A chamada **câmara de Neubauer** ou hemocitômetro é uma das formas mais antigas, práticas e acessíveis de contagem de células e consiste em uma lâmina de vidro composta por 9 quadrados, cada um medindo 1 mm² de área (Fig. 2.5). O quadrado central apresenta 25 quadrados pequenos, enquanto os quatro quadrados externos são formados por 16 quadrados menores.

Para a contagem com a câmara de Neubauer, uma lamínula de vidro é inserida sobre a câmara, e as células são observadas com a objetiva de 10X. O espaço formado entre a lamínula e a câmara é de 0,1 mm. Assim, o volume para cada quadrado equivale a 0,1 mm^3 ou 0,1uL. Para se determinar quantas células existem em 1 mL suspensão celular, basta multiplicar as células contadas por 10^4 (Freshney, 2000), conforme a seguinte fórmula:

$$\frac{\text{Número de células contadas} \times 10^4 \times \text{fator de diluição}}{\textit{Número de quadrados contados}}$$

Quando a suspensão celular estiver muito concentrada, pode-se fazer uma diluição usando o próprio meio de cultura para facilitar a contagem das células.

Para que uma mesma célula não seja contada mais de uma vez, a contagem pode ser feita na direção de um "L".

Agora que você sabe quantificar células, é preciso saber como contar apenas as células vivas (viáveis). Isso pode ser facilmente realizado utilizando um corante chamado azul de tripan (*trypan blue*), que é excluído de células vivas. Assim, somente as células mortas com suas membranas danificadas coram-se em azul.

Para a contagem de células viáveis utilizando o azul de tripan, basta misturar até 50 uL da suspensão celular com o mesmo volume de azul de tripan (0,4%), obtendo o fator de diluição 2. Deste volume total, basta adicionar 10 a 20 uL na câmara e contar as células não coradas em azul.

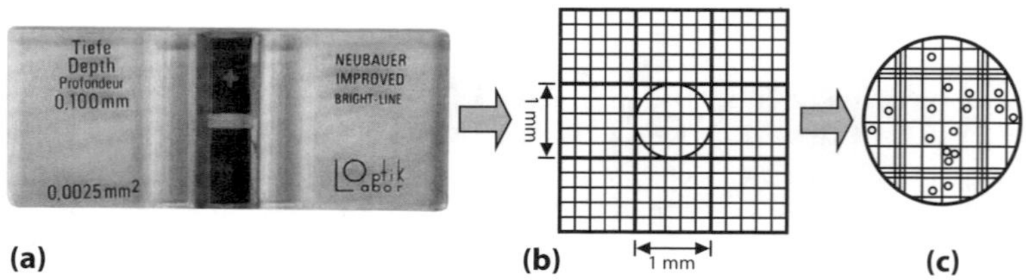

Figura 2.5 >> (A) Câmara de Neubauer ou hemocitômetro. (B) Visão da câmara no microscópio usando uma objetiva de 10x (aumento de 100x), demonstrando que cada quadrante de 1 mm é dividido em 25 quadrantes menores. (C) Visão das células distribuídas em um dos quadrantes da câmara para contagem.

Fonte: Adaptada de Barker (2002).

Outro método de quantificação celular muito utilizado é a **técnica do MTT** - brometo 3 - [4,5-dimetil-tiazol - 2-il] - 2,5 - difenil-tetrazólio, baseada na redução do MTT a um sal tetrazólico nas mitocôndrias de células viáveis, formando o produto cristal de Formazana (ou azul de Formazan). Os cristais formados devem então ser solubilizados com DMSO (dimetilsufóxido) e, após, levados para leitura por meio de espectofotometria. Assim, nesse ensaio, a quantidade de produto formado é proporcional ao número de células viáveis.

Um aspecto de grande relevância a ser considerado é a observação do **padrão de crescimento** das células. Para isso, é importante saber que as células normais apresentam um padrão de crescimento e proliferação representado por uma curva sigmoidal, como demonstrado na Figura 2.6. Cada tipo de célula ou cultura apresenta uma **curva de crescimento** particular, e, a cada fase dessa curva, as células apresentam um comportamento específico. Alguns parâmetros, como condições de cultivo, aporte adequado de nutrientes ou presença de algum agente contaminante, também podem ser avaliados pela análise da curva de crescimento das células.

Deve-se monitorar a fase de crescimento em que as células se encontram para a realização de experimentos, testes de drogas ou desenvolvimento de produtos baseados em células.

O crescimento celular se desenvolve por fases. São elas:

Fase LAG: Período de adaptação em que ocorre pouca ou nenhuma proliferação celular, mas intensa atividade metabólica, já que ocorre síntese de DNA, além de produção de proteínas estruturais e enzimas. Ocorre logo após a adição das células ao meio de cultivo.

Fase LOG: Conhecida como fase logarítmica ou exponencial, é o período em que ocorre a maior taxa de divisão celular, com grande viabilidade e intensa atividade metabólica.

Fase estacionária (plateou): Nesta fase, tanto a velocidade de crescimento quanto o metabolismo celular reduzem-se de forma significativa.

Fase de declínio ou morte celular: Como diz o próprio nome, nesta fase ocorre a morte de um grande número de células, resultando em mais células mortas do que células vivas.

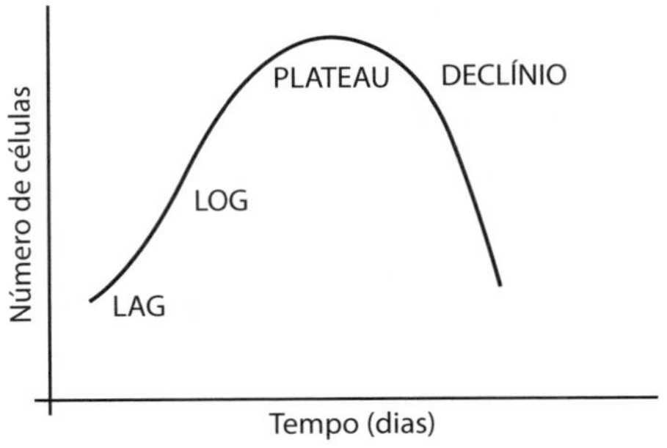

Figura 2.6 >> Curva de crescimento de uma célula normal.
Fonte: Os autores.

AGORA É A SUA VEZ

Se você precisasse realizar algum estudo ou experimento com uma determinada linhagem de células, em qual das fases do crescimento celular recem descritas você usaria estas células? Confira a resposta no site do Grupo A (loja.grupoa.com.br).

>> Armazenamento de células

O processo de **criopreservação** ou **congelamento** permite o estoque de células animais para uma futura utilização, preservando as suas características originais. Originalmente, o congelamento é um processo lento, com a redução gradual da temperatura de 1 a 2ºC por minuto. Nesse processo, ocorre a formação de cristais de gelo que resultam no rompimento da membrana celular e na morte das células. Para impedir que isso aconteça, são utilizados os chamados agentes crioprotetores.

Os **agentes crioprotetores** reduzem o ponto de congelamento, fazendo com que os cristais de gelo comecem a sua formação a partir de -5°C. Os mais utilizados são o glicerol e o dimetilsufóxido (DMSO). Ambos são tóxicos para as células e, portanto, devem ser utilizados somente no momento do congelamento e retirados do meio de cultura logo após o descongelamento.

Para preservar as células do estresse do congelamento e da toxidade do crioprotetor, o meio de congelamento deve conter, ainda, uma alta proporção de soro animal (geralmente de 20 até 90% do volume total do meio). As células são então estocadas juntamente com o meio de congelamento nos chamados criotubos (ou *vials*), que possuem uma tampa de rosca que impede sua abertura durante o processo de congelamento (Fig. 2.7).

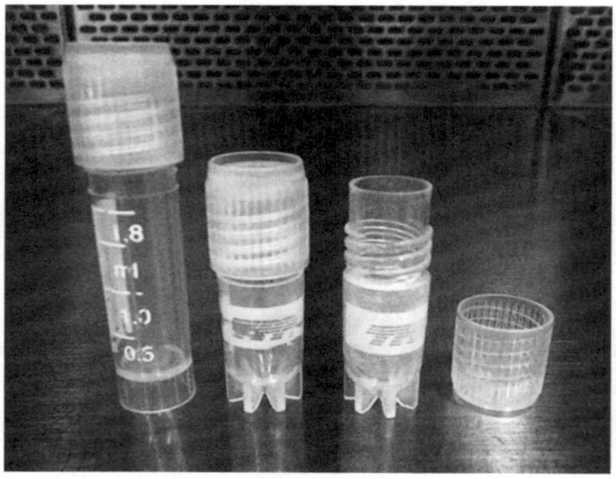

Figura 2.7 >> Criotubos (ou *vials*) de diferentes volumes utilizados para congelamento de células.
Fonte: Os autores.

No site do Grupo A (loja.grupoa.com.br) está disponível um protocolo de congelamento de células.

WWW

Os criotubos contendo as células podem ser armazenados preferencialmente em nitrogênio líquido (N_2), a uma temperatura de -196ºC, ou em um ultrafreezer, a -6°C. Recomenda-se o congelamento lento, deixando-os inicialmente na geladeira (5-10°C) durante 30 minutos, para então serem transferidos para o ultrafreezer por 24 horas e, após isso, serem transferidos para o N_2.

Todo criotubo precisa estar identificado corretamente. No rótulo ou na etiqueta das células a serem estocadas, são necessários os dados da célula (nome e passagem-P), o nome do operador e a data de congelamento (Fig. 2.8).

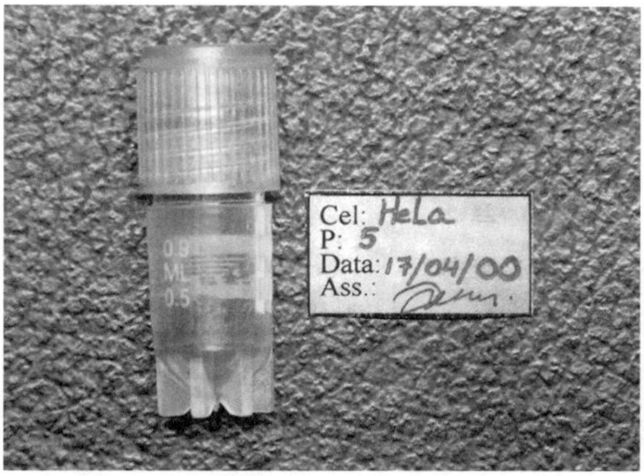

Figura 2.8 >> Criotubo e exemplo de rótulo ou etiqueta contendo os dados necessários para o congelamento de uma célula específica.

Fonte: Os autores.

No site do Grupo A (loja.grupoa.com.br) está disponível um protocolo de descongelamento de células.

WWW

O processo de **descongelamento** geralmente ocorre de forma rápida, normalmente pela imersão dos criotubos contendo as células em água a 37°C. Um cuidado importante durante esse processo é a retirada do crioprotetor e das células mortas. Esse procedimento pode ser realizado lavando as células por meio de centrifugação ou, no caso de células aderentes, trocando o meio 24 horas após o descongelamento. Os procedimentos de congelamento e descongelamento são os mesmos para células aderentes e não aderentes.

>> O laboratório de cultura de células

Quando pensamos em um laboratório ou sala para o trabalho com cultura de células animais, é importante lembrar de dois fatores básicos: **assepsia** e **organização**. O laboratório de cultivo de células é um local destinado à preparação de meios e soluções diversas, bem como à manutenção das células. Dessa maneira, são necessários dois espaços distintos: uma área para o cultivo e outra área com estrutura básica para preparo de reagentes, lavagem e esterilização de materiais e vidrarias.

Assepsia é uma condição alcançada quando um determinado ambiente, solução ou material for isento de bactérias, sendo então chamado de asséptico.

Como já descrito no Capítulo 3 do Volume I deste livro, o nível de biossegurança mínimo exigido para o trabalho com cultivo de células animais é o NB-2. Dessa forma, as salas devem ser sinalizadas com símbolo universal de risco biológico com acesso restrito à equipe técnica. A fim de que esse requisito seja alcançado, o laboratório deverá receber atenção especial na sua construção, na disposição dos equipamentos e materiais, nas barreiras de contenção primária e secundária, bem como na adoção das Boas Práticas de Laboratório (BPL).

Os equipamentos devem ser controlados quanto a sua operação, manutenção e certificação periódica. Cuidados especiais devem ser dados aos tipos de águas, gases e luz, para que não haja a perda das células.

Consulte o Capítulo 3 do livro *Biotecnologia I* para obter informações mais detalhadas sobre biossegurança em laboratórios.

>> Principais materiais e equipamentos

Em geral, um laboratório básico com a finalidade de trabalhar com cultura de células animais necessita dos seguintes equipamentos:

- estufa incubadora com atmosfera de CO_2, para manter temperatura, pressão e umidade controladas (Fig. 2.3);
- cabine de segurança biológica (câmara de fluxo de ar laminar), para a manipulação das culturas em ambiente estéril (Fig. 2.9);

A esterilidade do ambiente da cabine de segurança biológica é mantida por meio da geração de fluxo de ar que se movimenta em sentido unidirecional e velocidade constante. Esse ar é então filtrado em filtros de alta eficiência chamados HEPA (*high efficiency particulate air filter*), capazes de reter partículas ou microrganismos muito pequenos (até 0,2 micra de diâmetro). Os filtros HEPA são feitos de tecido e fibra de vidro com 60 μ de espessura. Suas fibras apresentam uma trama tridimensional que remove as partículas de ar por inércia, intercessão e difusão com eficiência igual ou superior a 99,99%.

Para informações mais detalhadas sobre os tipos de cabine de segurança biológica, consulte o Capítulo 3 do livro *Biotecnologia I*.

- estufa para secagem e esterilização de materiais;
- balança analítica para o preparo de reagentes e soluções;
- banho-maria, para o aquecimento moderado de soluções e meios de cultura;
- destilador, utilizado para a obtenção de água para diversas soluções e limpeza de materiais;
- agitador orbital e magnético, para o preparo de soluções;
- geladeira, para a manutenção de soluções estoque e reagentes diversos;
- potenciômetro, para a verificação e ajuste do pH das soluções e dos meios de cultura;
- centrífuga, geralmente de baixa rotação, para aumentar a concentração de suas células ou desprezar um reagente (Fig. 2.10);

Figura 2.9 >> Capela de fluxo laminar vertical.

Fonte: Os autores.

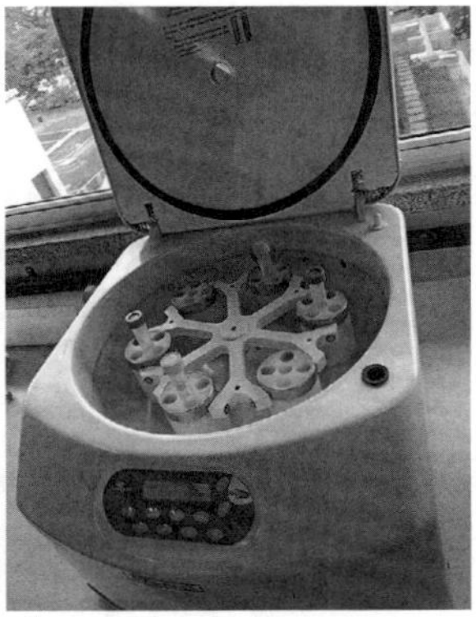

Figura 2.10 >> Centrífuga.

Fonte: Os autores.

A centrífuga deve ser limpa regularmente e utilizada sempre na velocidade indicada. Por motivo de segurança, a carapaça da centrífuga deve estar sempre fechada para evitar a fuga de aerossóis.

- micro-ondas, para esterilização de materiais;
- freezer, para congelamento de soluções e reagentes;
- microscópio invertido, para visualização dos cultivos celulares;
- bomba de vácuo, para filtração de meios de cultura e soluções;
- tanque de nitrogênio líquido, para o congelamento rápido de células ou criopreservação (Fig. 2.11);
- autoclave, para a descontaminação do material contaminado por meio de temperatura elevada e contato com vapor de água e pressão (Fig. 2.12);

Figura 2.11 >> Tanque de nitrogênio líquido para criopreservação de células.
Fonte: Os autores.

Figura 2.12 >> Autoclave.
Fonte: Os autores.

- deionizador, para a retirada dos sais da água;
- aparelho de ar condicionado, para ambientar a área laboratorial.

O vapor de água na autoclave, seguido do aumento gradual da pressão, cria condições para que o contato entre a água superaquecida e os materiais facilite a sua penetração nos invólucros, dando acesso a todas as superfícies dos materiais. A autoclave é usada, por exemplo, para a esterilização da vidraria em geral realizada sob pressão a 121°C por 20 minutos. Também é utilizada como parte do processo de descarte de material biológico.

WWW.

O texto "Avaliação do processo de esterilização por autoclavagem utilizando indicadores biológico e químico" está disponível no site do Grupo A (loja.grupoa.com.br).

A qualidade e o bom funcionamento desses equipamentos devem ser avaliados e controlados por parâmetros químicos, físicos e biológicos. Isso pode ser feito por meio de termopares (sensores de temperatura), fitas adesivas, teste de Bowie & Dick (identifica a presença de ar no interior da autoclave, indicando que houve falhas no processo de autoclavagem), testes biológicos (p.ex., uma fita ou ampola com bacilo *stearothermophilus*), entre outros.

Todos os equipamentos de laboratório devem ser periodicamente inspecionados e submetidos à manutenção preventiva.

Também são importantes para o trabalho com cultivos celulares materiais como câmara de Newbauer ou hemocitômetro, pipetador automático, pipeta automática e estante para tubos, além de uma variedade de vidrarias como tubos de ensaio, provetas, béqueres, balões de Erlenmeyer, pipetas graduadas, *eppendorfes*, garrafas de poliestireno para cultura, placas para cultura, entre outros.

Para mais informações sobre os materiais utilizados em laboratório, leia o Capítulo 2 do livro *Biotecnologia I*.

É indicado o uso de um livro de registro para as anotações das inspeções dos equipamentos, manutenções preventivas e reparos ou alterações efetuadas. Esse livro também deve conter informações a respeito do modelo, do número de série e da data de compra de todos os equipamentos.

Para mais detalhes sobre equipamentos de proteção individual e coletiva, consulte o Capítulo 3 do livro *Biotecnologia I*.

Cabe ainda lembrar que muitas drogas, rotineiramente usadas na cultura (como substâncias oncogênicas, mutagênicas, antibióticos, hormônios), podem ocasionar sérios danos ou efeitos tóxicos para a saúde dos profissionais que as manuseiam. Aerossol ou poeira química são gerados frequentemente durante a rotina de manipulação de substâncias de risco. Dessa forma, é de extrema importância o uso de equipamentos de proteção individual (EPIs) e equipamentos de proteção coletiva (EPCs).

www.

Está disponível no site do Grupo A (loja.grupoa.com.br) o capítulo sobre cultivo celular da Escola Politécnica de Saúde Joaquim Venâncio.

>> A estrutura do laboratório de cultivo celular

A manipulação de cultura de células necessita de condições absolutamente estéreis, já que os meios de cultura ricos em nutrientes e a temperatura de incubação oferecem excelentes condições para a proliferação de microrganismos. Além disso, as células em cultura são muito sensíveis à contaminação e à toxicidade provenientes de qualquer partícula ou substância externa.

Como a perda de culturas implica desperdício de tempo e de material, é importante que a estrutura física e a organização dos equipamentos em um laboratório de cultivo celular sejam planejadas adequadamente. A seguir, são descritos alguns procedimentos que ajudam na organização e manutenção da limpeza em um laboratório de cultivo celular.

>> PROCEDIMENTO

Organização e manutenção de um laboratório de cultivo celular

- A redução da circulação de pessoas é uma medida fundamental nas áreas estéreis, já que a quantidade de pó e poeira em suspensão no ar é diretamente influenciada pela atividade humana.
- As portas devem conter informações sobre normas a serem obedecidas nesse ambiente, bem como símbolos e indicações sobre os riscos das substâncias e amostras ali manipuladas.
- As janelas devem ter tela de proteção contra insetos e necessitam ser lacradas e vedadas, só devendo ser abertas em condições de emergência.
- O interior do ambiente deve ter paredes lisas, com pintura de cor clara e impermeabilizante. O piso deve ser liso, impermeável, de cor clara, não escorregadiço e lavável.
- Sob condições ótimas, o laboratório deve ser suprido com pressão positiva de ar puro, filtrado. A maioria dos aparelhos de ar condicionado removem do ar partículas grosseiras, apresentando apenas 40-60% de eficácia na remoção de microrganismos em suspensão. Recomenda-se a colocação de filtros HEPA nos aparelhos de ar condicionado, o que lhes atribui capacidade de 99,97%, na remoção de partículas de 0,3 μm de tamanho.
- O espaço destinado à manipulação das culturas deve ter uma possibilidade mínima de contaminação. Deve ser isolado e situar-se em um dos cantos da sala, onde não haja janelas nem trânsito de pessoas. Nessa área, devem ser colocadas o fluxo laminar, uma cadeira, a estufa de incubação, o banho-maria e o estoque de material estéril, dispostos de forma a otimizar a sua utilização sem grande movimentação no ambiente. Em outro ambiente devem estar uma capela de exaustão de gases (para manipulação de substâncias tóxicas, carcinogênicas e/ou inflamáveis), um refrigerador (2° a 8°C), um freezer (-20°C) e as bancadas (impermeáveis, lisas, de cor clara e resistentes a ácidos, bases, solventes orgânicos e calor moderado).
- Atenção especial deve ser dada ao sistema de tratamento e descarte de resíduos, bem como ao acondicionamento adequado de lixeiras.
- Atenção especial deve ser dada a um sistema para o suprimento de água purificada a ser usada no preparo de soluções e meios, para que esta não interfira nos resultados dos testes.
- Como regiões úmidas e aquecidas são altamente contaminadas, a área destinada a lavagem, secagem e esterilização (por calor seco ou úmido) de materiais deve ser isolada do ambiente em que é feito o trabalho com as culturas.
- Cortinas e/ou persianas não são apropriadas, é indicado o uso de anteparos e ou outros sistemas que impeçam a entrada de luz direta no ambiente laboratorial.

>> A limpeza da sala de cultura

O laboratório deve ser limpo preferencialmente à noite, ou em horários em que não haja nenhuma atividade em seu interior. A limpeza deve ser realizada diariamente ou de acordo com a quantidade de sujeira produzida. Uma limpeza geral deve ser feita uma vez por mês, incluindo teto, paredes, bancadas e piso.

A **formalização** (fumigação) do ambiente deve ser feita anualmente ou quando houver suspeita de contaminação. Esse procedimento envolve a descontaminação das cabines de fluxo laminar ou de salas inteiras usando comumente o formaldeído, que pode ser obtido como formalina (solução de 40% de formol) ou como paraformaldeído em pó (95% de paraformaldeído). Após a fumigação, toda área deve ser completamente ventilada e todas as atividades do laboratório devem ser interrompidas por um período mínimo de dois dias.

> Formaldeídos devem ser manipulados com extremo cuidado, já que o seu vapor causa intensa irritação na pele, olhos, nariz e garganta e ainda podem ser fatais se ingeridos.

O **hipoclorito de sódio** é o desinfetante mais utilizado na descontaminação e limpeza de superfícies, bancadas, piso e teto (1g/L, 1000 ppm) e para o descarte de culturas (5 g/L). Esse produto é encontrado comercialmente na concentração de 50 g/L, devendo ser diluído para a concentração adequada. Devemos observar que o hipoclorito de sódio enferruja metais além de descorar tecidos dos jalecos e roupas.

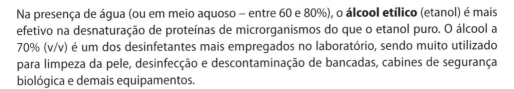

> Hipoclorito de sódio é um composto inorgânico liberador de cloro ativo. É o mais utilizado e é muito ativo para *bactérias na forma vegetativa*, esporos bacterianos, fungos e vírus.

Na presença de água (ou em meio aquoso – entre 60 e 80%), o **álcool etílico** (etanol) é mais efetivo na desnaturação de proteínas de microrganismos do que o etanol puro. O álcool a 70% (v/v) é um dos desinfetantes mais empregados no laboratório, sendo muito utilizado para limpeza da pele, desinfecção e descontaminação de bancadas, cabines de segurança biológica e demais equipamentos.

O **álcool iodado** é constituído de uma mistura de álcool a 70% com iodo a 1%. É mais ativo que álcool 70% puro pela presença do iodo, que atua como um agente bactericida com certa atividade esporicida. É utilizado para a limpeza da bancada da cabine de segurança biológica antes, durante e após a realização dos procedimentos.

Bactérias na **forma vegetativa** realizam todas as suas atividades metabólicas, como respiração, multiplicação e absorção, e por isso são mais sensíveis ao uso de drogas ou métodos físicos como calor, pressão ou radiações ionizantes. Quando certos microrganismos como fungos e algumas bactérias estão na chamada **forma esporulada**, reduzem sua atividade respiratória e não crescem ou se multiplicam, tornando-se mais resistentes.

Todo lixo produzido deve ser acondicionado adequadamente. O lixo biológico deve ser recolhido do ambiente diariamente. Para isso, deverá ser implementado um programa de gerenciamento de resíduos para o laboratório.

No site do Grupo A (loja.grupoa.com.br) está disponível um procedimento para a limpeza e esterilização dos materiais e vidrarias utilizados na cultura de células.

Para saber mais sobre a importância do álcool no controle de infecções em serviços de saúde, bem como outros tipos de antissépticos e seu emprego, leia o texto da ANVISA disponível no site do Grupo A (loja.grupoa.com.br).

Fluxo laminar

Além da limpeza do laboratório, o trabalho com as culturas no interior do fluxo laminar também é essencial para evitar as tão temidas contaminações. O procedimento a seguir exemplifica como pode ser feito esse trabalho:

1. Lavar as mãos antes e depois da operação.
2. Usar álcool iodado para a limpeza das mãos.
3. Usar os EPIs necessários.
4. Ligar a capela de fluxo laminar 30 minutos antes do uso.
5. Limpar a bancada do fluxo com álcool iodado 70% com movimentos unidirecionais (em apenas uma única direção) e de dentro para fora. Evitar fazer esses movimentos no mesmo lugar ou movimentos circulares.
6. Passar álcool nos materiais antes de inseri-los no fluxo.

7. Ligar a luz ultravioleta (UV) do fluxo no mínimo 20 minutos antes da realização do trabalho. As áreas de fendas não são alcançadas pelo UV, sendo, portanto, mais efetivamente tratadas com álcool 70% ou outros agentes esterilizantes que possam alcançá-las por capilaridade.

8. Deixar as tampas dos frascos sempre voltados para cima e nunca com a parte interna (que entra em contato com as soluções) em contato direto com a bancada.

9. Tampar corretamente todos os frascos contendo soluções. Recomenda-se vedar esses frascos antes da retirada do fluxo com parafilm (película flexível semitransparente e aderente a qualquer superfície, própria para vedação de frascos e vidrarias em geral).

10. Limpar o fluxo (como indicado acima) após o uso e ligar novamente a luz UV.

Fontes de contaminação

A contaminação é geralmente um problema e pode ser um desastre no trabalho com as células cultivadas. As boas técnicas de assepsia irão prevenir a maioria dos problemas, mas devemos ficar atentos para qualquer contaminação nos estágios iniciais. Dessa forma, a observação frequente das culturas é essencial.

Pode-se verificar a presença de alguns tipos de contaminações direcionando os frascos contendo as células contra a luz e verificando a presença de:

Alteração na cor do meio: O indicador de pH vermelho de fenol no meio vermelho irá tornar-se amarelo em condições ácidas e de cor anil em condições alcalinas. Uma boa infecção bacteriana irá frequentemente tornar o meio amarelo, e a contaminação por fungos pode torná-lo rosa.

Turbidez: O meio deve estar claro, mesmo em uma cultura densa. Observe se há turbidez no meio ou partes que se movem ao balançar o frasco. Alguns bolores podem formar colônias que flutuam na superfície do meio.

Odor: Caso haja alteração de cheiro ao abrir a estufa de incubação, há grandes chances de contaminação.

Os principais tipos de contaminantes são bactérias, fungos, micoplasmas e vírus. A contaminação por bactérias e fungos é detectada por um rápido aumento na turbidez do meio de cultura acompanhada por mudança de pH. Após a contaminação, a cultura geralmente sobrevive por um curto período.

A contaminação por **micoplasmas** é mais difícil de ser detectada e pode causar a redução da taxa de crescimento celular, alterações morfológicas, aberrações cromossômicas e mudanças no metabolismo de aminoácidos e ácidos nucleicos. Já a contaminação por vírus causa mudanças na taxa de crescimento celular, sendo geralmente, o soro fetal bovino a principal fonte deste tipo de contaminante.

Micoplasmas são pequenas bactérias sem parede celular.

Outro tipo de contaminação que não se dá por microrganismos é a chamada **contaminação cruzada**, que ocorre quando há crescimento de um tipo de célula indesejado e distinto das células que estão sendo cultivadas. Acredita-se que essa contaminação cruzada seja muito difundida, mas é possível evitar por meio de procedimentos muito simples, como:

- obter as células de um fornecedor respeitável ou verificar a identidade da célula por conta própria (existem companhias que fazem essa verificação);
- nunca trabalhar com mais de uma linhagem celular ao mesmo tempo;
- nunca usar a mesma pipeta ou soluções para diferentes linhagens celulares.

Uma vez que seja detectada a contaminação, recomenda-se descartar a cultura e continuar o trabalho com estoques livres de contaminantes. Se isso não for possível, pode-se tentar erradicá-los com o uso de antibióticos. Entretanto, não é possível tratar contaminações com vírus, já que estes não respondem ao tratamento com antibióticos.

No site do Grupo A (loja.grupoa.com.br), assista a uma aula sobre cultivo celular do Laboratório Nacional de Células-tronco do Rio de Janeiro.

>> REFERÊNCIAS

BARKER, K. *Na bancada:* manual de iniciação científica em laboratório de pesquisas biomédicas. Porto Alegre: Artmed, 2002.

BUTLER, M. *The basics:* animal cell culture and technology. Oxford: IRL, 1996.

COURA, G. S. *Protocolo preliminar da cultura de fibroblastos de gengiva humana:* avaliação da viabilidade celular e dos possíveis danos causados ao DNA. 2003. Dissertação (Mestrado) – UFSC, Florianópolis, 2003.

DANI, S. U. Terapia gênica. *Biotecnologia Ciência Desenvolvimento*, v.12, p. 28-33, 2000.

EAGLE, H. Nutritional needs of mammalian cells in tissue culture. *Science*, n. 130, p. 432, 1955.

FRESHNEY, R. I. *Culture of animal cells*: a manual of basic technique. 4th ed. New York: Wiley-Liss, 2000.

FRESHNEY, R. I. Basic principles of cell culture. In: VUNJAK-NOVAKOVIC, G.; FRESHNEY, R. I. (Ed.). *Culture of cells for tissue engineering.* Hoboken: Wiley, 2006. p. 3-22.

MANUTENÇÃO de linhagens de células animais. In: FUNDAÇÃO OSWALDO CRUZ. *Manual da qualidade.* Rio de Janeiro: INCQS/Fiocruz, 2008.

MASTERS, J. R. W. *Animal cell culture:* a practical approach. 3rd ed. Oxford: Oxford University, 2000.

MORAES, A. M.; AUGUSTO, E. F. P.; CASTILHO, L. R. *Tecnologia de cultivo de células animais:* de biofármacos à terapia gênica. São Paulo: Roca, 2008.

MORGAN, S.J.; DARLING, D. C. *Cultivo de celulas animales.* Zaragoza: Acribia, 1995.

PATEL, D. *Basics*: separating cells. Oxford: BIOS Scientific, 2001.

PERES, C. M.; CURI, R. *Como cultivar células*. Rio de Janeiro: Guanabara Koogan; 2005.

ZAGO, M. A.; COVAS, D. T. *Células tronco*: a nova fronteira da medicina. São Paulo: Atheneu, 2006. p. 49-65.

Francine Ferreira Cassana

Juliana Schmitt de Nonohay

Paulo Artur Konzen Xavier de Mello e Silva

CAPÍTULO 3

Cultura de células e tecidos vegetais

A cultura de células e tecidos é de grande importância para o melhoramento genético vegetal e fundamental na obtenção de plantas transgênicas. Estudos e pesquisas sobre o cultivo de plantas *in vitro* têm possibilitado o desenvolvimento agrícola mundial, beneficiando milhares de pessoas, enquanto que a conservação de espécies nativas deve muito aos trabalhos desenvolvidos em laboratórios de cultura de tecidos vegetais.

OBJETIVOS DE APRENDIZAGEM

» Conhecer os avanços no cultivo *in vitro* de plantas.

» Compreender os princípios da cultura de células e tecidos e as vias de regeneração de plantas *in vitro.*

» Descrever a organização, o funcionamento e as atividades realizadas em laboratórios de cultura de células e tecidos vegetais.

» Diferenciar as condições e os estágios do cultivo *in vitro* de vegetais.

» Conhecer as aplicações das principais técnicas utilizadas na micropropagação.

A cultura de células e tecidos vegetais compreende o isolamento de células, tecidos ou órgãos de plantas e seu cultivo *in vitro* em meio nutritivo asséptico (Fig. 3.1). O cultivo de vegetais *in vitro* é também conhecido como **micropropagação**, e as células, pedaços de tecidos ou órgãos cultivados *in vitro* são denominados **explantes**.

Figura 3.1 >> Cultivo *in vitro* de plântula de mandioca (*Manihot esculenta*).
Fonte: Os autores.

Existem várias técnicas de cultivo *in vitro* de plantas, que dependem basicamente do objetivo biotecnológico e tipo de explante utilizado. Essas técnicas são influenciadas por várias condições de cultivo e seguem estágios característicos. Os explantes utilizados são os mais variados, como meristemas, ápices caulinares, óvulos, micrósporos, embriões e folhas, cultivados em diferentes composições de meios nutritivos.

Para saber mais sobre meristemas, ápices caulinares, óvulos e micrósporos, leia o Capítulo 8 do livro *Biotecnologia I*.

A cultura de células e tecidos vegetais possui numerosas aplicações, incluindo a propagação clonal, a obtenção de plantas livres de vírus, plantas integralmente homozigotas ou transgênicas, a manutenção de germoplasmas e a produção de metabólitos de interesse nutricional e farmacêutico. Pode também servir como importante ferramenta para a pesquisa básica em genética, bioquímica e fisiologia vegetal, em estudos que visam à compreensão dos processos de crescimento, desenvolvimento, fisiologia e nutrição vegetal.

>> Marcos históricos

Os esforços iniciais para o desenvolvimento das técnicas de cultura de células e tecidos vegetais se concentraram na compreensão dos vários aspectos do crescimento, desenvolvimento e diferenciação vegetal, bem como do papel dos reguladores de crescimento e dos tipos de nutrientes necessários para o desenvolvimento das plantas *in vitro*.

Por volta de 1902, o fisiologista vegetal austro-húngaro Gottilieb Haberlandt foi o primeiro a tentar cultivar plantas *in vitro*. Entretanto, em razão das limitações técnicas da época, não obteve sucesso. Dois anos mais tarde, Hanning tentou cultivar embriões de rabanete e erva do escorbuto, observando a necessidade de suplementação do meio mineral com sacarose.

Entre 1930 a 1940, diversos pesquisadores realizaram trabalhos básicos sobre assepsia e formulação de meios nutritivos. No início da década de 1930, Kogh, Haager-Smit e Erxleben (1934) descobriram as **auxinas**, uma importante classe de reguladores de crescimento nos vegetais. White (1951) observou a importância de alguns sais minerais, vitaminas e aminoácidos para o crescimento de raízes *in vitro* e elaborou uma mistura orgânica, utilizada até hoje e conhecida como meio de cultura de White.

Com a descoberta do primeiro regulador de crescimento da classe das **citocininas**, a cinetina, Miller et al. (1955) demonstraram que a diferenciação da parte aérea ou raiz, em calo de fumo, era regulada pelo balanço hormonal entre auxina e citocinina. Balanços hormonais favoráveis à auxina produziam raízes, enquanto aqueles favoráveis à citocinina produziam brotações (folhas). Isso permitiu grandes avanços no cultivo *in vitro* de plantas. Em 1962, Murashige e Skoog elaboraram a composição do meio de cultura conhecido mundialmente como meio MS (sigla derivada das iniciais dos seus sobrenomes), a partir da formulação estabelecida por White (1951).

Entre 1970 e 1990, foram realizados os primeiros trabalhos sobre fusão de **protoplastos** e plantas transgênicas. Melchers, Sacristan e Holder (1978) obtiveram a fusão de protoplastos de batata e tomate, e Horsch et al (1985) promoveram a transformação de discos foliares de tabaco com *Agrobacterium tumefaciens* e a regeneração das plantas transformadas.

Protoplastos são células vegetais desprovidas de parede celular, obtidas por meio de digestão enzimática das paredes, utilizando enzimas celulases e pectinases.

Atualmente, muitas instituições no Brasil e no mundo têm laboratório de cultura de células e tecidos para ensino, pesquisa ou produção de diversas espécies vegetais.

>> Princípios da cultura de células e tecidos vegetais e vias de regeneração *in vitro*

A cultura de células e tecidos de plantas baseia-se fundamentalmente na teoria da **totipotência** celular, postulada por Schleiden e Schwann em 1838. Segundo essa teoria, qualquer célula vegetal é autônoma, apresentando potencial para originar uma nova planta. Entretanto, a totipotência celular somente é expressa em condições de estímulos biológicos, físicos e químicos específicos, determinando a **competência celular**. As células que respondem a esses estímulos são denominadas competentes ou responsivas, sendo que tecidos indiferenciados apresentam maior competência celular nas respostas *in vitro* do que os diferenciados.

> A propriedade de **totipotência** se refere à habilidade das células de poderem se desdiferenciar, dividir, diferenciar novamente e regenerar um organismo completo.

Os explantes podem ser meristemáticos (p.ex., ápices caulinares, gemas axilares e meristemas isolados) ou não meristemáticos, isto é, provenientes de tecidos já diferenciados (p.ex., embriões, discos foliares e segmentos de raízes e caules). Os explantes mais jovens são mais responsivos que os maduros no cultivo *in vitro.*

Na cultura *in vitro*, a regeneração dos explantes para obtenção de plantas pode ser obtida por meio de duas vias: organogênese e embriogênese somática (abordadas como técnicas no decorrer deste capítulo).

A **organogênese** consiste na formação de órgãos vegetais (brotos ou raízes), isto é, refere-se ao surgimento de gemas a partir dos explantes. Já a **embriogênese somática** consiste na formação de estruturas embriogênicas semelhantes a embriões zigóticos (embrioides) a partir de tecidos somáticos e capazes de se desenvolver em uma planta inteira. As duas vias de regeneração de plantas *in vitro* podem ocorrer de forma:

- **Direta**, com o surgimento de órgãos (organogênese) ou embrioides (embriogênese somática) diretamente nos explantes; ou
- **Indireta**, com o surgimento de órgãos (organogênese) ou embrioides (embriogênese somática) passando por uma fase intermediária de **calo**, formado a partir dos explantes inoculados em cultura.

> **Calo** é um aglomerado de células com crescimento desorganizado.

>> Organização do laboratório

O primeiro passo a considerar na cultura de células e tecidos vegetais é a organização do laboratório no qual serão realizados os procedimentos de cultivo *in vitro*. Os cultivos são conduzidos em meios de cultura que possuem nutrientes essenciais para a manutenção dos explantes e, portanto, estão sujeitos à contaminação por fungos e bactérias presentes no ar, nos materiais utilizados ou nas pessoas envolvidas nos procedimentos.

O laboratório não deve estar exposto a correntes de ar e poeira, nem próximo a fontes potenciais de contaminação por microrganismos, uma vez que o cultivo *in vitro* de vegetais deve ser realizado em condições assépticas.

Fatores físicos, como luz e temperatura, também influenciam nas técnicas de cultura vegetal, de forma que condições ambientais inadequadas podem inviabilizar as respostas, tanto do ponto de vista qualitativo quanto quantitativo. Dessa forma, a padronização das condições ambientais do laboratório proporciona maior confiabilidade nos resultados e menor insucesso nos cultivos.

A fim de evitar contaminações das culturas, os laboratórios geralmente são compartimentalizados, isto é, possuem várias salas que permitem a separação de atividades relacionadas à limpeza de material contaminado ou "sujo" das atividades realizadas com materiais limpos e, muitas vezes, esterilizados, que necessitam de ambiente asséptico. Além disso, sempre que possível, a disposição das salas é feita de forma que os procedimentos sucessivos sejam realizados lado a lado, proporcionando agilidade na execução das atividades. A seguir, são descritos os tipos de salas geralmente encontrados em laboratórios.

Sala de limpeza ou lavagem: Local em que são realizadas a lavagem e a autoclavagem de vidrarias e materiais diversos, bem como o descarte de meios de cultura e resíduos. Essa sala contém autoclave, destilador ou deionizador, e pode apresentar também lavador de pipetas, máquina de lavar vidrarias e estufa para secagem de materiais. Em razão das atividades a que se destina, esse espaço deve ficar distante das salas de manipulação e cultivo, que necessitam de ambiente asséptico.

Sala de preparo: Local em que se realizam o preparo de soluções e meios de cultura e a desinfestação do material vegetal, procedimento que antecede a inoculação dos explantes *in vitro*. É a sala de maior circulação de pessoal e pode ser equipada com armário ou estante para estocagem de materiais, pia, geladeira, *freezer*, balança analítica, peagâmetro e agitador magnético.

Sala de manipulação: Local em que ocorre a manipulação asséptica do material vegetal em câmara de fluxo laminar horizontal, exclusivamente utilizada para culturas vegetais. Antes de utilizar a câmara de fluxo laminar é necessário desinfestá-la, limpando-a com uma solução de etanol a 70% e submetendo-a a ação de luz ultravioleta durante, no mínimo, 15 minutos. Na câmara de fluxo laminar é que os explantes são excisados, inoculados ou subcultivados em meios de cultura. Essa manipulação é realizada por meio de pinças e bisturis, que devem ser constantemente flambados. Por ser um local de exigência elevada de assepsia, o acesso de pessoas deve ser restrito.

A **flambagem** é um procedimento de assepsia no qual os instrumentos são colocados em um tubo de ensaio com etanol absoluto e, em seguida, no fogo de uma lamparina ou bico de Bunsen.

Sala de cultivo: Local em que os frascos contendo os explantes são mantidos em estantes, sob condições controladas, especialmente de temperatura, intensidade de luz e fotoperíodo (Fig. 3.2). A temperatura normalmente oscila em torno de 25 ± 2°C, dependendo da espécie a ser cultivada, mediante o emprego de aparelhos de ar condicionado ou climatizadores de ar. Lâmpadas de luz branca fria e GroLux, instaladas sob cada prateleira da estante, fornecem a intensidade luminosa adequada. O fotoperíodo (duração do período luminoso) é geralmente ajustado para 16 horas de luz e 8 horas de escuro, mas essas condições muitas vezes são modificadas de acordo com as necessidades da espécie a ser cultivada. Muitas culturas precisam se desenvolver no escuro, casos em que os frascos são cobertos ou colocados dentro de uma caixa fechada. Em locais de alta umidade relativa do ar, é necessário o uso de desumidificadores para evitar a proliferação de fungos.

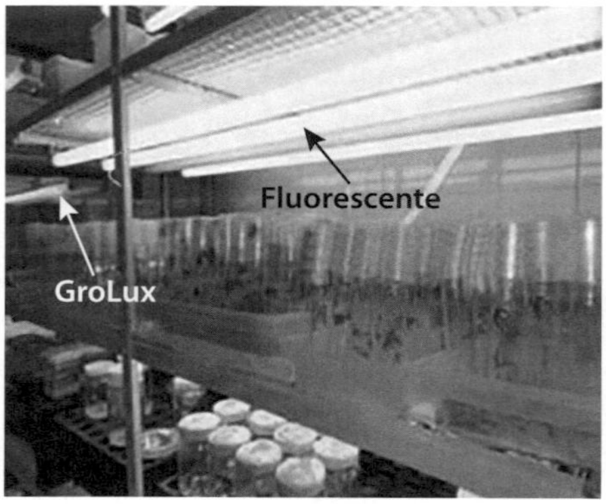

Figura 3.2 >> Culturas *in vitro* na sala de cultivo com iluminação de lâmpadas fluorescentes e GroLux.
Fonte: Os autores.

Instalações de apoio: Salas em que se realiza a última etapa do cultivo *in vitro*, que corresponde à aclimatização, ou seja, à transferência das plantas dos frascos para recipientes contendo substrato, mantidos em condições controladas de intensidade luminosa, temperatura e, principalmente, umidade. Em muitos casos, como laboratórios destinados à pesquisa ou comerciais, que precisam produzir muitas plantas, torna-se necessário uma casa de vegetação, estufa ou área externa protegida por telado.

Para obter mais informações sobre o *layout* de um laboratório de cultura de células e tecidos vegetais e sobre os equipamentos utilizados, leia os Capítulos 2 e 3 do livro *Biotecnologia I*.

O **telado** é uma construção simples de madeira, metal ou canos plásticos, envolvida por tela de náilon escura (sombrite) para reduzir a incidência de luz solar, já que a intensidade luminosa na qual as plantas são cultivadas *in vitro* é muitas vezes menor do que a do ambiente natural. O chão desse tipo de instalação geralmente é coberto com pedregulhos, para evitar o encharcamento. A **casa de vegetação** é uma estrutura mais cara, coberta com material transparente (vidro ou plástico) e serve para a proteção das plantas contra intempéries, como excesso de chuvas e temperaturas extremas (Fig. 3.3). A casa de vegetação pode ser climatizada ou semiclimatizada, dispondo de aparatos que contribuem para as condições climáticas artificiais, como a intensidade luminosa (temperatura) e a umidade (irrigação).

Figura 3.3 >> **Casa de vegetação climatizada.**
Fonte: Os autores.

>> Condições de cultivo *in vitro*

As condições necessárias para o sucesso na micropropagação incluem:

- *Biológicas*: genótipo e estado fisiológico da planta doadora e tipo de explante
- *Físicas*: luz, fotoperíodo, temperatura e umidade
- *Químicas*: composição dos meios de cultura

A seguir, o detalhamento de cada uma dessas condições.

>> Escolha da planta doadora (fisiologia e genótipo)

Para realizar uma técnica, são despendidos esforços e materiais de laboratório cujo custo é justificado pelo valor agregado da planta em estudo. O estado fisiológico da planta interfere na resposta do explante em cultura e, portanto, o **vigor** da planta matriz é importante. As plantas matrizes ou doadoras de explantes devem estar em boas condições nutricionais e de turgescência. Caso contrário, devem-se propiciar as condições adequadas para que essas plantas possam fornecer explantes de qualidade.

Vigor corresponde ao conjunto de características presentes na matriz vegetal, como energia, força e vitalidade.

Turgescência é definida como o processo pelo qual uma célula (tecido ou órgão), ao absorver água, torna-se intumescida, por meio do aumento da pressão interna.

O efeito do genótipo nas respostas *in vitro* determina diferenças significativas nas diferentes culturas, indicando que a formação de estruturas *in vitro* está sob controle genético. Muitas vezes, respostas diferentes entre plantas, e mesmo entre explantes provenientes da mesma planta, são observadas no cultivo *in vitro*.

>> Escolha do explante

Determinadas partes da planta, dependendo da técnica, são mais adequadas para servirem de explante. Normalmente, procuram-se tecidos indiferenciados ou em crescimento (mais jovens), por serem mais responsivos em cultura. Geralmente, explantes em específicos estágios de desenvolvimento fornecem os melhores resultados.

>> Condições ambientais no cultivo

As culturas devem ser submetidas à temperatura e fotoperíodo compatíveis com o seu ambiente natural. As culturas de verão, como soja e milho, devem ser mantidas em torno de 25°C, recebendo 16 horas de luz e 8 horas de escuro. Por sua vez, as culturas de inverno, como o trigo e cevada, desenvolvem-se melhor em fotoperíodo com mais horas no escuro e temperatura mais baixa, em torno de 22°C. É importante observar que alguns explantes, logo que são excisados, devem permanecer no escuro por algum tempo para evitar a oxidação. O mesmo ocorre com algumas espécies que possuem sementes **fotoblásticas** negativas, para possibilitar a germinação.

Fotoblastismo refere-se à influência da luz na germinação das sementes. As sementes podem ser fotoblásticas positivas, quando só germinam na presença de luz, ou negativas, quando germinam somente no escuro.

>> Determinação dos meios de cultura

Os meios de cultura disponibilizam os nutrientes inorgânicos essenciais para o desenvolvimento *in vitro,* de acordo com as exigências das plantas. Além disso, compostos orgânicos, como vitaminas e aminoácidos, são adicionados ao meio de cultura para suprir as necessidades estruturais e metabólicas das células vegetais. A seguir, são descritos os principais componentes dos meios de cultura basal.

Água: Componente de maior quantidade e, portanto, torna-se fonte de impurezas como sais minerais, componentes orgânicos, óleos e metais pesados. Por esse motivo, a água utilizada na produção de meios de cultura deve ser destilada ou deionizada.

+ Para saber mais sobre os processos de purificação de águas, leia o Capítulo 2 do livro *Biotecnologia I.*

Macronutrientes: Nutrientes minerais, como nitrogênio (N), fósforo (P), potássio (K), cálcio (Ca), magnésio (Mg) e enxofre (S), necessários em maiores quantidades para o desenvolvimento vegetal, são adicionados nos meios de cultura na forma de sais inorgânicos ou por meio de componentes orgânicos, como a proteína caseína (fonte de N e S).

Micronutrientes: Nutrientes minerais, como o manganês (Mn), zinco (Zn), boro (B), cobre (Cu), cloro (Cl), molibdênio (Mo), cobalto (Co) e iodo (I), que, apesar de essenciais, são absorvidos em pequenas quantidades, sendo considerados elementos-traço.

Vitaminas: Apesar de serem compostos orgânicos produzidos em sua maioria por plantas, possuem efeito estimulante e, por vezes, essencial para o crescimento vegetal *in vitro*. Entretanto, os resultados com diferentes vitaminas são muito particulares para cada espécie vegetal.

O meio de cultura basal mais utilizado para a grande maioria das espécies vegetais é o MS (MURASHIGE; SKOOG, 1962), que foi desenvolvido a partir de testes de suplementação do meio de White (1951). Outras composições foram posteriormente estabelecidas, como o meio de cultura B5 (GAMBORG; MILLER; OJIMA,1968) e o WPM (*Wood Plant Medium*), de Lloyd e Mc Cown (1981). Na Tabela 3.1, estão descritas as composições básicas dos principais meios de cultivo.

Tabela 3.1 >> Composição básica dos principais meios de cultivo

Componentes*	Meios de cultura			
Macronutrientes	MS	White	B5	WPM
$Ca(NO_3)_2.4H_2O$	-	300	-	556
NH_4NO_3	1.650	-	-	400
$(NH_4)_2SO_4$	-	-	134	-
KNO_3	1.900	80	2.500	-
$CaCl_2 2H_2O$	440	-	150	96

(Continua)

(*Continuação*)

Componentes*	Meios de cultura			
$MgSO_4 . 7H_2O$	370	720	250	370
KH_2PO_4	170	-	-	170
K_2SO_4	-	-	-	990
KCl	-	65	-	-
Na_2SO_4	-	200	-	-
$NaH_2PO_4 H_2O$	-	16,5	150	-
Micronutrientes				
$MnSO_4 . 4H_2O$	22,3	5,3	-	22,3
$MnSO_4 . H_2O$	-	-	10	
$ZnSO_4 . 7H_2O$	8,6	3,0	2,0	8,6
H_3BO_3	6,2	1,5	3,0	6,2
KI	0,83	0,75	0,75	
MoO_3	-	0,01	-	
$Na_2MoO_4 . 2H_2O$	0,25	-	0,25	0,25
$CuSO_4 . 5H_2O$	0,025	0,010	0,025	0,25
$CoCl_2 . 6H_2O$	0,025	-	0,025	
FeEDTA				
$NaEDTA. 2H_2O$	37,3	-	*	37,2
$FeSO_4 . 7 H_2O$	27,8	-	*	27,8
$Fe_2(SO_4)_3$	-	2,5	-	-
Vitaminas e aminoácidos				
Ácido nicotínico	0,5	0,5	1,0	0,5
Piridoxina.HCl	0,5	0,1	1,0	0,5
Tiamina.HCl	0,1	0,1	10	1,0
Glicina	2,0	3,0	-	2,0
Mio-inositol	100	-	100	100

**Concentração em mg. L^{-1}.*

Fonte: Torres, Caldas e Buso (1998) e Quisen e Angelo (2008).

Vale salientar que nem todos os componentes citados nesta tabela estão presentes em um meio de cultivo. Existem diferentes formulações e diversas pesquisas são realizadas para estabelecer o meio de cultura mais adequado à espécie em estudo. Muitas vezes existem dificuldades para o cultivo *in vitro* de algumas plantas pelas exigências nutricionais do seu metabolismo singular, tornando o meio específico para determinadas espécies.

Nos casos em que o meio de cultura teve sua composição modificada, como alterações nas concentrações dos nutrientes em relação às formulações originais estabelecidas pelos autores, é necessário que essas alterações sejam informadas.

Além dos constituintes básicos, também podem ser adicionados carboidratos e reguladores de crescimento aos meios de cultura. Os **carboidratos** são moléculas biológicas que fornecem energia, enquanto os explantes não realizam fotossíntese para produzir seus próprios açúcares. São importantes também para a produção de polissacarídeos, como a celulose (estrutural) e o amido (armazenamento) e para síntese de aminoácidos. Os açúcares utilizados incluem a glicose, frutose e maltose, destacando-se a sacarose como o mais utilizado.

Já os **reguladores de crescimento** são substâncias que funcionam como hormônios vegetais. Sua presença, composição e concentração nos meios de cultura são fatores determinantes para a indução da resposta *in vitro* (Tabela 3.2). As auxinas, citocininas e giberilinas são reguladores do crescimento considerados promotores, enquanto o ácido abscísico e o etileno são inibidores. O etileno, por ser gasoso, necessita do uso do substrato *ethephon* ou *ethrel* para sua liberação nas culturas.

Tabela 3.2 >> Principais reguladores de crescimento utilizados em cultura de tecidos vegetais

Classe	Designação	Nomenclatura	Peso molecular (g)
Auxinas	AIA	Ácido 3-indolilacético	175,2
	ANA	Ác. Naftalenoacético	186,2
	2,4-D	Ác. 2, 4-diclorofenóxiacético	221,0
	Picloram	Ác. 4-amino-3, 5, 6-tricloropico-línico	241,5
Citocininas	Cinetina	6-furfurilaminopurina	215,2
	BAP	6-benzilaminopurina	225,2
	2iP	Isopenteniladenina	203,2
	Zeatina	N6-(4-hidroxi-3-metilbut-2-enil)-*aminopurina*	219,2
	Tidiazuron	1-fenil-3-(1, 2, 3-tiadiazol-5-il) ureia	220,2
Giberilinas	GA_3	2,4a, 7-*trihidroxi*-1-metil-8metileno-gib-3-ene-1, 10- ácido carboxílico-1, 4-lactona	346,4
Ácido abscísico	ABA	Ác. Abscísico	264,3
Etileno	Etileno	Eteno	28,0
		Ác. 2-cloroetilfosfônico	144,5

Fonte: Torres, Caldas e Buso (1998).

Para otimizar o efeito responsivo dos explantes, há ainda outras substâncias que são adicionadas aos meios de cultura: as misturas complexas e os aditivos.

As **misturas complexas** têm esse nome porque possuem uma série de substâncias promotoras do crescimento. São composições de substâncias que provocam respostas significativas no crescimento e diferenciação vegetal *in vitro*. Como exemplos de misturas complexas podem ser citadas a água de coco, o suco de tomate e a banana verde.

Por sua vez, os **aditivos** são compostos utilizados para enfrentar algumas dificuldades no cultivo *in vitro*. O carvão ativado é um desses compostos que estimula o enraizamento e adsorve substâncias tóxicas. Outros exemplos são os fungicidas e antibióticos, que são muitas vezes adicionados aos meios de cultura.

Além dos componentes citados, deve-se considerar que o meio de cultura pode ser líquido ou receber substâncias que proporcionam consistência de gel, tornando-o semissólido ou sólido. O **gelificante** mais conhecido e utilizado é o ágar, um polissacarídeo extraído de algas marinhas. Utiliza-se também carragenina, proveniente de algas, gel-gro, gelrite, fitagel e a agarose, este último muito utilizado em técnicas moleculares em razão de sua pureza.

>> Estágios da micropropagação de plantas

Na realização das técnicas de cultura de células e tecidos vegetais, usualmente ocorre o desenvolvimento ou aperfeiçoamento de **protocolos técnicos** para a planta de interesse. Experimentos dessa natureza desvendaram novas substâncias que atualmente são indispensáveis para a resposta dos explantes *in vitro*. Essas ações são divididas em estágios e podem assumir nomes comuns entre os protocolos publicados na literatura. A seguir, são descritos os estágios de cultivo *in vitro* de plantas comumente incluídos em protocolos técnicos.

> **Protocolos técnicos** constituem roteiros de trabalho com uma ordem previamente estabelecida que informam os materiais, as condições, as etapas e a composição dos meios de cultura a serem utilizados.

>> Estágio 0 – Pré-tratamento

O estágio de pré-tratamento consiste no cuidado com o cultivo e o preparo da planta doadora de explante. Geralmente a planta é conduzida a um local protegido, como uma casa de vegetação, e mantida sob cuidados fitossanitários e fisiológicos. A planta é regada com água limpa, adubada e, se necessário, tratada com pesticidas.

Nesse estágio, as plantas podem ser mantidas sob pouca iluminação, provocando um ligeiro estiolamento nos ramos em crescimento, o que é vantajoso para o desenvolvimento de algumas técnicas. Em outros casos, são desenvolvidas técnicas para eliminar vírus, como a termoterapia, descrita mais adiante neste capítulo.

>> Estágio 1 – Preparo de soluções-estoque e meios de cultura

Toda a solução é um sistema homogêneo, resultado da diluição de soluto(s) pelo solvente, cuja concentração pode ser expressa de diversas maneiras: gramas por litro ($g \cdot L^{-1}$), partes por milhão ($ppm = mg \cdot L^{-1}$), molaridade ($móis \cdot L^{-1}$). Nos trabalhos de cultura de células e tecidos vegetais recentemente publicados, a concentração vem sendo expressa em micromolar (µM).

Os macronutrientes, micronutrientes e compostos orgânicos (aminoácidos e vitaminas) que constituem o meio de cultura basal geralmente são mantidos na forma de **soluções-estoque**. Os reguladores de crescimento também são diluídos na forma de soluções-estoque, com exceção do ácido indolilacético (AIA), que degrada com facilidade e, portanto, é preparado pouco antes de sua utilização.

> Quase todos os reguladores são pouco solúveis em água, sendo necessárias algumas gotas de etanol para dissolvê-los antes de acrescentar a água.

Para os cálculos na produção das soluções-estoque, utiliza-se uma "regra de três simples":

Concentração do reagente no protocolo (sem o volume) ———— *Volume da alíquota*

Quantidade do reagente a ser pesado ———— *Volume da solução-estoque*

De acordo com essa fórmula, apenas uma das posições é inalterada para efeito de cálculo, pois a concentração informada no protocolo não pode ser modificada. Por exemplo, no meio de cultura MS, a concentração de nitrato de potássio (KNO_3) é de $1.900\ mg \cdot L^{-1}$. Isso corresponde a colocar a quantidade indicada no protocolo (1.900 mg), independentemente do volume da alíquota (arrasto). Hipoteticamente, se a concentração da solução-estoque do nitrato de potássio for de $95\ mg \cdot mL^{-1}$, quando retirarmos uma alíquota de 20 mL, estaremos adicionando exatamente a massa necessária (1.900 mg) para compor um litro de meio de cultura do MS.

> As soluções-estoque prontas para produção de meios de cultura devem ser armazenadas em frascos ou garrafas e mantidas à temperatura de 4°C, evitando a proliferação de microrganismos indesejáveis. Essas soluções também podem ser congeladas.

Apesar de haver diferentes maneiras de preparar os meios nutritivos, há consenso em relação ao uso de soluções-estoque para suprir as necessidades de sais minerais, aminoácidos e vitaminas. Normalmente, utilizam-se soluções-estoque 10 a 20 vezes mais concentradas, das quais são retiradas alíquotas para compor o meio de cultura.

Na preparação dos meios de cultura, coloca-se um pouco de água (destilada ou deionizada) e acrescentam-se as soluções-estoque. Caso necessário, adicionam-se, ainda, os reguladores de crescimento. A seguir, são incluídos os demais componentes, previamente pesados, como o mio-inositol, a sacarose, o gelificante e outros aditivos. Completa-se o volume desejado com água e procede-se o ajuste do pH para um valor um pouco acima de 6,0, visto que, após a autoclavagem, o pH baixa e fica em torno de 5,7 e 5,8.

O ajuste do pH é necessário porque valores de pH mais baixos dificultam a utilização do amônio e a polimerização do gelificante, enquanto valores mais altos diminuem a utilização do nitrato. Para efetuar a correção do pH, utilizam-se soluções diluídas de ácido e base. Os ácidos mais utilizados são o clorídrico ou cítrico, e as bases são os hidróxidos de sódio ou potássio.

O procedimento para ajuste de pH é descrito em detalhes no Capítulo 2 do livro *Biotecnologia I*.

Uma vez produzido o meio de cultura, existem duas opções para sua distribuição em frascos:

1. Realiza-se o aquecimento do meio de cultura em micro-ondas ou agitador magnético com chapa aquecida, para dissolver o gelificante. Em seguida, o meio é distribuído em frascos para a posterior esterilização em autoclave. Esta forma é a mais utilizada no caso de frascos de vidro ou tubos de ensaio.

2. Esteriliza-se por autoclavagem o meio de cultura juntamente com os recipientes que receberão o meio de cultura estéril. Após esfriar um pouco, o meio é distribuído nos recipientes na câmara de fluxo laminar. A ação de distribuir o meio ainda quente é denominada "verter" o meio de cultura. Esta forma é a mais utilizada quando os recipientes são placas de Petri.

A **esterilização em autoclave** consiste em elevar a temperatura a 121°C com pressão de 1 atmosfera (atm) por determinado período de tempo, conforme o volume de material a ser esterilizado. Deve-se observar que algumas substâncias não podem ser autoclavadas, pois são degradadas com o calor (termolábeis). Essas substâncias devem ser filtradas em filtro de membrana com poro de 0,22 µm e acrescentadas ao meio de cultura autoclavado na câmara de fluxo laminar.

>> Estágio 2 – Desinfestação e excisão dos explantes

No estágio 2 é realizada a **desinfestação** das plantas ou partes vegetais que servirão de fonte de explantes. Esse procedimento é realizado em câmara de fluxo laminar e requer cuidados especiais para evitar a contaminação. A Tabela 3.3 apresenta as principais substâncias utilizadas na desinfestação de plantas.

A forma mais comum de assepsia de plantas é aquela que emprega solução de etanol a 70% por cerca de 1 minuto, seguida da exposição do material vegetal a uma solução de hipoclorito de sódio. A concentração e o tempo de exposição a solução de hipoclorito de sódio são variáveis, de acordo com o grau de contaminação e a sensibilidade do material. Além disso, pode ser adicionado um detergente ao agente desinfetante, para promover a quebra da tensão superficial, tornando a ação do desinfetante mais efetiva.

Tabela 3.3 >> Soluções mais utilizadas na assepsia de cultura de células e tecidos vegetais

Solução desinfetante	Fórmula química	Concentração utilizada (%)	Tempo de exposição (min.)
Hipoclorito de cálcio	$Ca(ClO)_2$	9 a 10	5 a 30
Hipoclorito de sódio	NaClO	0,5 a 8	5 a 30
Água oxigenada	H_2O_2	3 a 12	5 a 15
Cloreto de mercúrio	HgCl	0,1 a 1	2 a 10
Nitrato de prata	$AgNO_3$	0,5 a 1	5 a 30
Álcool etílico	C_2H_6O	50 a 95	0,1 a 5

Fonte: Os autores.

Em alguns casos, utiliza-se uma bomba de vácuo para aumentar o contato do desinfetante com o material vegetal, garantindo a eficiência da desinfestação. Após o período de exposição ao desinfetante, realiza-se a lavagem dos explantes com água destilada ou deionizada autoclavada (em geral, três repetições) na câmara de fluxo laminar. Finalmente, os explantes estão prontos para serem excisados e inoculados em cultura.

A **excisão** ou isolamento do explante é realizada utilizando pinças e bisturis previamente esterilizados em câmara de fluxo laminar. Normalmente, a esterilização é realizada por meio da flambagem dos instrumentos, pois o calor intenso é o meio mais eficaz para eliminar as contaminações.

>> Estágio 3 – Indução e multiplicação

Nesse estágio ocorre à indução da resposta *in vitro* e, muitas vezes, o aumento do número das estruturas formadas a partir do explante inicial. Nessa etapa ocorrem os subcultivos ou as repicagens, que consistem na transferência dos explantes para meios de cultura frescos. A alteração da composição do meio de cultura pode ser necessária, e geralmente as concentrações de reguladores de crescimento e açúcares são reduzidas.

>> Estágio 4 – Elongamento ou regeneração

Esta fase, também conhecida como fase de crescimento, é o estágio no qual se obtêm a diferenciação e o desenvolvimento das plântulas. Nessa etapa, é necessária a mudança de composição do meio de cultura para promover o crescimento das plântulas, uma vez que a planta necessita de um balanço hormonal diferente durante o seu desenvolvimento. Alguns protocolos incluem nesse estágio a formação de raízes (rizogênese) das plântulas.

Plântulas são plantas jovens, que ainda não podem ser aclimatizadas.

>> Estágio 5 – Enraizamento

Muitos consideram a rizogênese como um estágio à parte, visto que, o enraizamento pode ser *in vitro* ou *ex vitro*. Quando *in vitro*, normalmente há modificação no meio de cultura, como a redução de macro e micronutrientes e a adição de auxinas. O enraizamento *ex vitro* consiste na formação de raízes durante a etapa de aclimatização e tem como principal vantagem a redução do tempo de aclimatização e cultivo.

Em algumas espécies, o enraizamento *ex vitro* é inviável. Como as condições *in vitro* são controladas, ocorre um alto percentual de enraizamento para muitas espécies. No entanto, para outras espécies, as raízes formadas *in vitro* são ineficientes na absorção de água e nutrientes ou podem não se desenvolver o suficiente para suportar o crescimento da planta, levando à redução do seu tamanho ou à morte.

>> Estágio 6 – Aclimatização

No estágio de **aclimatização**, retira-se a planta do frasco de cultura e lavam-se as raízes em água corrente, para eliminar o meio de cultura remanescente e evitar contaminações indesejáveis. A seguir, é feito o plantio em substrato adequado. Os novos recipientes de cultivo (vasos ou sementeiras) devem ser cobertos com um plástico ou filme de PVC, para criar um microambiente, por aproximadamente duas semanas. Durante esse período, realizam-se cortes no plástico para ir aclimatando aos poucos a planta ao ambiente externo. Nesse estágio, as plantas são mantidas em sala de cultivo ou em casa de vegetação, com controle da luminosidade e umidade do ambiente.

A aclimatização consiste na retirada das plantas do frasco de cultura e transferência gradual para as condições do ambiente externo, isto é, transferência das plantas para o substrato.

>> Técnicas de cultura de tecidos vegetais

A cultura de tecidos vegetais inclui diversas técnicas, as quais, por sua vez, utilizam diferentes fontes de explante. A Figura 3.4 ilustra a origem dos explantes utilizados nas principais técnicas de cultura de tecidos vegetais, descritas a seguir.

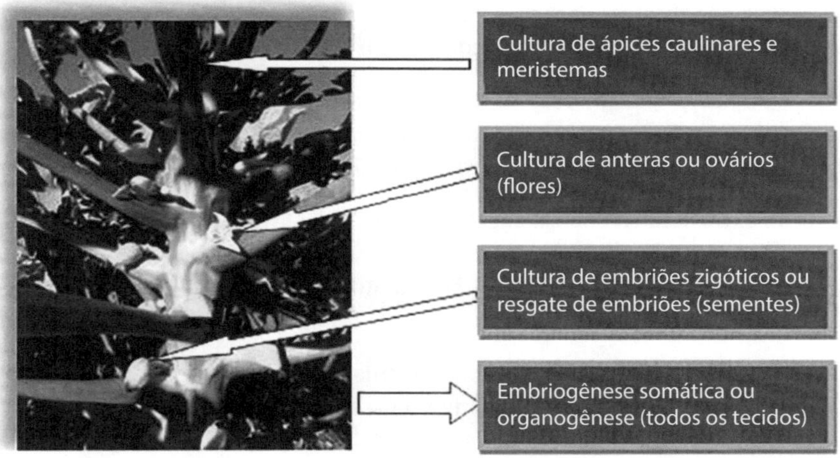

Figura 3.4 >> Fonte de explante para as técnicas de cultura de tecidos vegetais.
Fonte: Os autores.

>> Cultura de ápices caulinares e meristemas

A cultura de ápices caulinares, erroneamente chamada de cultura de **meristemas**, utiliza não somente o tecido meristemático, mas também os primórdios foliares que fornecem substâncias orgânicas essenciais para o desenvolvimento dos meristemas em cultura.

Meristema é o tecido indiferenciado que se encontra próximo ao mais novo primórdio foliar. Ele tem aspecto de cúpula proeminente ou plataforma achatada, estando alojado, algumas vezes, em uma depressão. As células desse tecido permanecem embrionárias e totipotentes, e podem regenerar uma planta inteira.

A técnica de isolamento de meristemas foi desenvolvida por Morel e Martin (1952) para eliminar vírus em plantas de dália. Os vírus são transmitidos e acumulados em plantios sucessivos e podem reduzir o vigor e a produtividade das plantas. A eliminação de vírus tem como premissa o fato do tecido meristemático crescer rapidamente e, por ser muito jovem, ainda não possuir vasos de condução que permitam a sua infecção pelo vírus que circula pelas seivas da planta.

O meristema em cultura constitui uma massa celular constantemente em crescimento, repleta de divisões celulares e formação de órgãos (organogênese) pressupostamente livre de patógenos. Entretanto, sua manutenção por prolongado período pode favorecer o surgimento de **variação somaclonal**, uma variação fenotípica de origem genética (e, portanto, herdável) que ocorre em plantas regeneradas da cultura *in vitro*. Normalmente, essa variação é o resultado de mutação ocorrida durante o processo de divisão celular.

Por suas características, a cultura de meristemas possibilita, além da recuperação de plantas infectadas com vírus, a produção de grande quantidade de plantas, a manutenção da identidade de genótipos regenerados (clonagem), o fornecimento de material para transformação genética e a conservação e o intercâmbio de germoplasma. A seguir, são apresentados os principais fatores que contribuem para o sucesso da técnica de cultura de ápices caulinares e meristemas.

Pré-tratamento: As plantas trazidas da natureza devem permanecer isoladas por 20 a 40 dias, sob tratamento fitossanitário, a fim de promover as condições adequadas para obtenção de explantes.

Tamanho do explante: A probabilidade de se isolar tecidos livres de patógenos é inversamente proporcional ao tamanho do explante. Quanto menor o explante, maior a chance de se obter regenerantes isentos de contaminação. Entretanto, quanto menor o explante, maior é a dificuldade de sua regeneração.

Indução ao estiolamento: A indução do estiolamento ou crescimento alongado é o maior espaçamento dos entrenós, que afasta o meristema apical do "corpo da planta" contaminado, aumentando as chances de extrair um explante livre de patógenos. Para induzir o estiolamento, normalmente se reduz a luminosidade do ambiente.

Quebra da dominância apical: Os ramos em crescimento produzem auxinas que inibem o desenvolvimento das gemas abaixo. A quebra da dominância apical pode ser obtida pela remoção da gema apical ou aplicação de ácido giberélico ou citocinina. Dessa forma, pode-se utilizar um número maior de gemas em desenvolvimento para obter explantes livres de patógenos.

Termoterapia: Altas temperaturas reduzem a atividade viral, podendo inclusive inativar os vírus. A planta doadora fica constantemente a uma temperatura em torno dos 40°C por determinado período de tempo.

A associação da termoterapia com a técnica de indução ao estiolamento pode aumentar a eficiência do isolamento de meristemas livres de vírus.

Quimioterapia: Compostos como o ribavirin e o ditiouracil têm sido utilizados em meio de cultura para eliminar vírus. Contudo, ainda são necessários estudos sobre seu emprego, uma vez que tais substâncias apresentam efeitos tóxicos nas células hospedeiras.

A comercialização de plantas obtidas *in vitro,* muitas vezes, requer certificação (indexação). As plantas livres de patógenos são testadas por testes moleculares e sorológicos. Os métodos mais utilizados são a reação em cadeia da polimerase (PCR) e o teste de Elisa, respectivamente descritos em detalhes nos capítulos "Técnicas e Análise Moleculares" e "Métodos imunológicos aplicados à biotecnologia" do livro *Biotecnologia I.*

>> Cultura de embriões zigóticos

A cultura de embriões zigóticos, também denominada resgate de embriões, consiste no cultivo *in vitro* de embriões obtidos por fecundação, visando a sua germinação e desenvolvimento em plantas (Fig. 3.5). Essa técnica independe do tamanho e da fase de desenvolvimento dos embriões (imaturos ou maduros) e foi realizada pela primeira vez por Hanning (1904 apud KALTCHUK-SANTOS, 2003), que cultivou embriões excisados de sementes de crucíferas (Brassicáceas). O resgate de embriões apresenta as seguintes aplicações:

- **Estudos básicos,** quanto a aspectos morfológicos e fisiológicos, e mesmo genéticos, das plantas germinadas *in vitro.*
- **Desenvolvimento de plantas híbridas**, resultantes de cruzamentos entre espécies ou gêneros, visando à transferência de características de interesse agronômico de uma espécie à outra, como de selvagens para cultivadas. Nesses cruzamentos, o embrião híbrido é formado, mas muitas vezes não se desenvolve, principalmente por incompatibilidade entre o embrião e o endosperma. Assim, a excisão do embrião antes do abortamento e seu cultivo *in vitro* permitem o desenvolvimento da planta híbrida, inviável em condições naturais.
- **Problemas de dormência de sementes,** devido a dificuldades na germinação das sementes que muitas espécies vegetais apresentam. A dormência pode ocorrer por fatores físicos ou químicos, como a existência de paredes grossas envolvendo o embrião, ou pela existência de moléculas inibidoras da germinação. Esses problemas são geralmente superados por **escarificação** ou armazenando das sementes em temperatura baixa (4°C). A cultura *in vitro* dos embriões, por ser fora das sementes, supera essa dificuldade e permite o seu desenvolvimento.

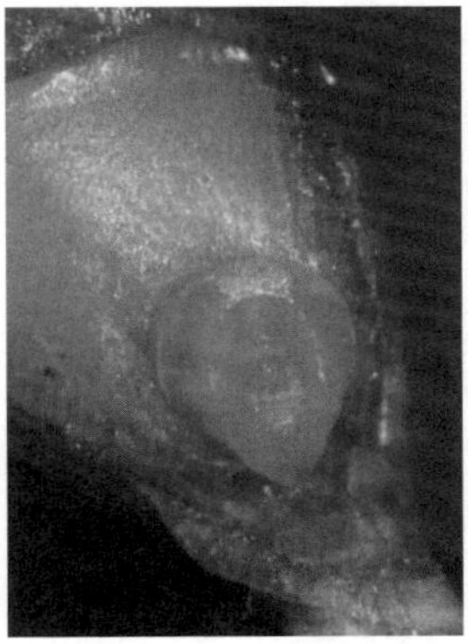

Figura 3.5 >> Isolamento de embrião zigótico de cevada para cultivo *in vitro*.
Fonte: Os autores.

Escarificação corresponde a métodos mecânicos ou químicos utilizados para reduzir o tegumento, facilitando as trocas gasosas e absorção de água pela semente e, assim, o desenvolvimento do embrião.

Na realização da técnica, deve-se considerar que no desenvolvimento do embrião ocorrem mudanças progressivas nas suas exigências nutricionais, da fase heterotrófica inicial à fase autotrófica. O embrião, logo após a sua formação, tem pouca capacidade de síntese e utiliza principalmente as reservas nutricionais e os reguladores de crescimento presentes no endosperma.

Somente a partir do estágio seguinte, com o início do desenvolvimento dos cotilédones, é que o embrião começa a se tornar autotrófico. Portanto, o cultivo *in vitro* de embriões deve iniciar no escuro, e os meios de cultura devem ser suplementados com carboidratos, uma vez que os embriões são heterotróficos. As culturas são transferidas para luz à medida que a planta em desenvolvimento começa a fazer fotossíntese e os meios de cultura passam a não mais necessitar de carboidratos.

O resgate de embriões ocorre normalmente em meios de cultura sólidos ou semissólidos. Na etapa de indução, podem ser adicionados auxina, citocinina, vitaminas, aminoácidos ou aditivos com extrato de levedura e frutos e caseína hidrolisada, de forma a fornecer condições nutricionais semelhantes à composição do endosperma ou das células acessórias do saco embrionário.

>> Embriogênese somática e organogênese

Em cultura de tecidos vegetais, os dois processos de regeneração de plantas são a embriogênese somática e a organogênese. Esses processos são também considerados técnicas de cultura de células e tecidos, sendo utilizados para a propagação de várias espécies vegetais.

A **embriogênese somática** compreende a formação de estruturas semelhantes a embriões zigóticos a partir de células somáticas. Essas estruturas, denominadas embriões somáticos, caracterizam-se por serem bipolares, apresentando meristema apical e radicular, e por possuírem sistema vascular independente das células de origem. Tanto na embriogênese somática direta quanto na indireta (Fig. 3.6) os embriões somáticos seguem uma sequência semelhante de desenvolvimento à dos embriões zigóticos.

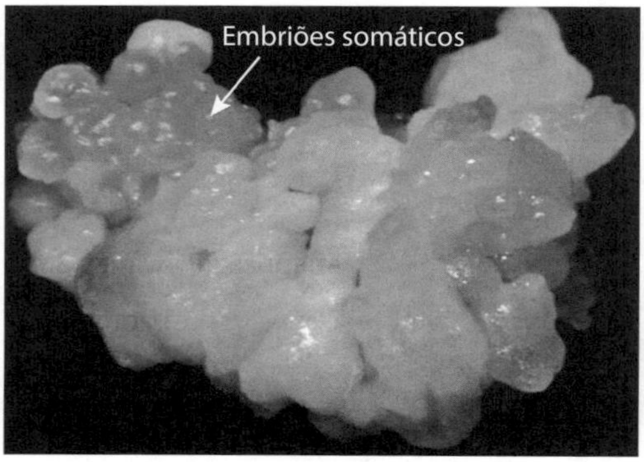

Figura 3.6 >> Calo com embriões somáticos formados a partir de embriões zigóticos de cevada.

Fonte: Os autores.

A embriogênese somática ocorre naturalmente em diversas espécies, tal como em *Kalanchoe tubiflora,* na qual embriões somáticos são formados em suas folhas, e tem sido observado em numerosas espécies de plantas cultivadas *in vitro*. Diversos explantes são utilizados na embriogênese somática, como inflorescências, folhas e embriões zigóticos. Quanto mais imaturos e indiferenciados os explantes, mais efetiva é a indução da embriogênese somática.

As células somáticas que dão origem a embriões são denominadas **células embriogênicas**. Somente um número limitado de células dos explantes de fato originam embrioides, sendo denominadas responsivas ou competentes para a embriogênese. Dependendo da escolha do explante inicial e de seu estado fisiológico e genótipo, bem como das condições e dos meios de cultura de tecidos utilizados, as células competentes poderão ou não expressar as suas características embriogênicas.

O primeiro requisito para a embriogênese somática é a desdiferenciação das células vegetais. Uma alta concentração de auxinas é geralmente necessária para ocorrer a desdiferenciação das células dos explantes, embora as auxinas não sejam as únicas substâncias capazes de reiniciar as divisões celulares. Outras formas incluem alterações do pH e da fonte de carbono do meio de cultura.

Quanto às condições de cultivo, a embriogênese somática deve iniciar no escuro, tal como na cultura de embriões zigóticos, uma vez que os embriões somáticos também são heterotróficos. As culturas são transferidas para luz à medida que os embrioides se transformam em plântulas, iniciando a realização de fotossíntese.

Vários estudos têm utilizado os embriões somáticos na produção de **sementes sintéticas**. As sementes sintéticas são produzidas pelo encapsulamento do embrião somático em hidrogel, embora outros tipos de explantes, como ápices caulinares e agregados de células, também sejam utilizados para esse tipo de semeadura, por apresentarem capacidade de se desenvolver em planta.

A **organogênese**, por sua vez, corresponde ao desenvolvimento de brotos ou raízes a partir de explantes (direta) ou calos (indireta), sendo geralmente induzida pela ação de reguladores de crescimento, em particular auxinas e citocininas. Os explantes utilizados na organogênese são os mesmos para a embriogênese somática, como embriões, cotilédones, hipocótilos e segmentos foliares.

Na organogênese, quando folhas foram desenvolvidas na etapa de indução, na fase seguinte deve-se induzir a diferenciação de raízes, adicionando reguladores de crescimento no meio de cultura. O inverso deve ser realizado quando ocorre inicialmente o surgimento de raízes.

A embriogênese somática e a organogênese podem ocorrer de forma direta ou indireta. Trabalhos relatam que consideráveis variações fenotípicas e citológicas podem ocorrer quando plantas são regeneradas por meio de uma fase intermediária de calo (indireta), podendo resultar em culturas com variações somaclonais.

» Cultura de anteras ou ovários (produção de duplo-haploides)

A cultura de anteras, descoberta em *Datura inoxia* por Guha e Maheshwari (1964), já foi empregada para a obtenção de calos, embrioides e plantas em centenas de espécies, principalmente pela facilidade de obtenção dos explantes. Por meio da cultura de anteras, utilizam-se os micrósporos ou grãos de pólen (gametas masculinos) para a indução de embrioides, sendo possível obter plantas haploides que possuem um só conjunto cromossômico em suas células.

Na cultura de anteras, também denominada de **androgênese**, as plantas haploides são estéreis e não formam sementes. Entretanto, obtêm-se plantas diploides totalmente homozigotas (duplo-haploides) pela duplicação dos cromossomos utilizando agentes inibidores de fuso acromático, como a colchicina. O uso da técnica substitui as muitas gerações de cruzamentos e seleção necessárias para obtenção de linhagens homozigotas. Por essas características, a cultura de anteras é considerada uma importante ferramenta nos programas de melhoramento genético, pois possibilita a obtenção de linhagens 100% homozigotas em apenas uma geração.

Androgênese é o processo no qual um micrósporo ou grão de pólen é capaz de alterar sua rota de desenvolvimento e originar uma planta haploide.

As plantas haploides também podem ser obtidas por cultivo de óvulos isolados (**gimnogênese**). Contudo, existe uma limitação no número de óvulos por ovário, enquanto que uma única antera pode ter entre um a dois mil micrósporos. Além disso, a resposta *in vitro* da gimnogênese é bem menos eficiente que a cultura de anteras e micrósporos. Alternativamente, a cultura de inflorescências, sob condições que permitem seletivamente a proliferação dos micrósporos em calos ou embrioides, pode ser muito útil quando o pequeno tamanho das anteras torna o isolamento difícil.

Gimnogênese é o processo pelo qual plantas haploides são produzidas a partir do cultivo de ovários e óvulos (que possuem os gametas femininos).

As plantas haploides podem ser obtidas por embriogênese direta ou indireta. Destaca-se que a androgênese e a gimnogênese são tipos especiais de embriogênese somática. Na androgênese direta o micrósporo se comporta como um zigoto, passando por vários estágios de embriogenia, semelhante ao que ocorre na natureza. As plantas derivadas de embriogênese indireta, isto é, que passam pela fase de calo, frequentemente apresentam variação somaclonal.

Um método alternativo na obtenção de haploides envolve a eliminação de cromossomos por cruzamentos interespecíficos. Na natureza, geralmente sementes de cruzamentos interespecíficos desenvolvem-se por algum tempo e depois abortam. Por conseguinte, em laboratório, os embriões imaturos das sementes geradas desses cruzamentos são excisados e cultivados *in vitro* (resgate de embriões) para originarem híbridos raros ou plantas haploides. Os haploides são resultado da eliminação dos cromossomos de uma das espécies durante as sucessivas divisões celulares. Essa técnica é rotineiramente utilizada em laboratórios envolvidos com melhoramento de cevada e trigo.

Além das condições de cultivo *in vitro* já abordadas neste capítulo, os seguintes fatores específicos contribuem para maior eficiência da técnica de androgênese:

Pré-tratamento: Tratamentos com baixas temperaturas são benéficos para inflorescências e anteras antes da inoculação. Provavelmente, genes importantes na regeneração embriogênica são ativados pelo tratamento térmico.

Estágio de desenvolvimento dos micrósporos: Numerosos estudos têm demonstrado que os micrósporos respondem apenas em uma determinada etapa do seu desenvolvimento, sendo o estágio uninucleado o mais adequado para a maioria das espécies.

Composição do meio de cultura: O acerto na concentração dos sais minerais e acréscimo de aditivos são fundamentais para a eficiência de produção de haploides. O uso de auxinas é indispensável para o sucesso dessa técnica.

Condições de cultura: Um período inicial de cultura com temperaturas elevadas (cerca de 30°C), antes de utilizar uma temperatura mais baixa, tem-se mostrado benéfico. Entretanto, temperaturas muito altas podem induzir a formação de plantas albinas. Inicialmente, as culturas ficam no escuro por breve período de tempo para evitar a oxidação e depois são submetidas a uma intensidade luminosa em torno de 300 Lux.

Fatores físicos: A densidade e a orientação das anteras afetam a resposta *in vitro*. Uma grande concentração de anteras parece ser benéfica, uma vez que os produtos de uma antera influenciam o desenvolvimento de outra. Estudos com cevada e arroz mostraram que as anteras com apenas um lóculo em contato com o meio de cultura produziram um número maior de calos do que aquelas com ambos os lóculos nesse meio (MERCY; ZAPATA, 1987 apud TORRES; CALDAS; BUSO, 1999).

>> REFERÊNCIAS

GUERRA, M.P.; NODARI, R.O. *Apostila de biotecnologia I*. Florianópolis: UFSC, 2006. Disponível em: < http://www.ebah.com.br/content/ABAAAeiQAAK/apostila--biotecnologia-ufsc>. Acesso em: 14 jul. 2016.

GAMBORG, O. L.; MILLER, R. A.; OJIMA K. Nutrient requirements of suspension cultures of soybean root cells. *Experimental Cell Research*, v. 50, n. 1, p. 151-158, 1968.

GUHA, S.; MAHESHWARI, S. C. In vitro production of embryos from anthers of Datura. *Nature, v.* 204 n. 4957, p. 497, Oct. 1964.

HANNING, E. Zur physiologie pflanzlicher embryonen.I. Über die kultur von cruciferen embryonenausserhalb des embryosacks. *Botanische Zeitung*, v. 62, p. 45-80, 1904.

HARISHA, S. *Biotechnology procedures and experiments handbook*. Hingham: Infinity Science Press LLC, 2006.

HORSCH, R. B. et al. A simple and general method for transferring genes into plants. *Science*, v. 227, n. 4691, p. 1229-1231, Mar. 1985.

KALTCHUK-SANTOS, E. Totipotência celular e cultura de tecidos vegetais. In: FREITAS, L. B.; BERED, F. *Genética e evolução vegetal.* Porto Alegre: Editora da UFRGS, 2003. p. 415-444.

KOGH, F.; HAAGEN-SMIT, A. J.; ERXLEBEN, H. Übereinneues auxin ('Hetero-auxin') ausharn. *Zeitschriftfuer Physiologische Chemie*, v. 228, p. 90-113, 1934.

LLOYD, G.; McCOWN, B. Commercially feasible micropropagation of montain laurel, Kalmia latifolia, by use of shoot tip culture. *International Plant Propagators' Society*, v.30, p. 421-427, 1981.

MELCHERS, G.; SACRISTAN, M. D.; HOLDER, A.A. Somatic hybrid plants of potato and tomato regenerated from fused protoplasts. *Carlsberg Research Communications,* v. 43, n. 4 p. 203-218, 1978.

MILLER, C. O. et al. Kinetin a cell division factor from desoxyribonucleic acid. *Journal American Chemical Society,* v. 77, p. 1392, 1955.

MOREL, G.; MARTIN, C. Guérison de dahlias atteints d'une maladie à virus. *Comptes Rendues Hebdomadaires des Seances de l'Academie des Sciences,* v.235, p. 1324-1325, 1952.

MURASHIGE, T.; SKOOG, F. A revised medium for rapid growth and bio assays with tobacco tissue cultures. *Physiologia Plantarum*, v.15, n.3, p.473-497, July 1962.

QUISEN, R. C.; ANGELO, P. C. da S. *Manual de procedimentos do Laboratório de Cultura de Tecidos da Embrapa Amazônia Ocidental*. Manaus: Embrapa Amazônia Ocidental, 2008. (Embrapa Amazônia Ocidental. Documentos, 61).

TORRES, A. C.; CALDAS, L. S.; BUSO, J. A. *Cultura de tecidos e transformação genética de plantas*. Brasília, DF: Embrapa-SPI: Embrapa-CNPH, 1998. V. 1.

TORRES, A. C.; CALDAS, L. S.; BUSO, J. A. *Cultura de tecidos e transformação genética de plantas*. Brasília, DF: Embrapa-SPI: Embrapa-CNPH, 1999. V. 2.

WHITE, P. R. Nutritional requirements of isolated plant tissues and organs. *Annual Review of Plant Physiology,* v. 2, p. 231-244, June, 1951.

>> LEITURAS RECOMENDADAS

ANDRADE, S. R. M. *Princípios da cultura de tecidos vegetais*. Planaltina: Embrapa Cerrados, 2002. (Documentos; 58). Disponível em: <http://www.cpac.embrapa.br/download/285/t> Acesso em: 14 jul. 2016.

PAIVA, R.; OLIVEIRA, P. D. *Cultura de tecidos*. Lavras: UFLA, 2001.

NETO, S. P. S; ANDRADE, S. R. M. Cultura de tecidos vegetais: princípios e aplicações. In: FALEIRO, F. G.; ANDRADE, S. R. M. *Biotecnologia*: estado da arte e aplicações na agropecuária. Planaltina: Embrapa Cerrados, 2011.

PERES, L. E. P. Bases fisiológicas e genéticas da regeneração de plantas in vitro. *Biotecnologia Ciência & Desenvolvimento,* n.25, p.44-48, mar/abr. 2002.

SARMENTO, M. B.; FAGUNDES, J. D. *Cultivo in vitro de plantas:* fundamentos, etapas e técnicas. Bagé: LEB, 2008.

TERMIGNONI, R. R. *Cultura de tecidos vegetais*. Porto Alegre: UFRGS, 2005.

Claucia Fernanda Volken de Souza
Giandra Volpato
Júlio Xandro Heck

CAPÍTULO 4

Tecnologia do cultivo de microrganismos

A tecnologia do cultivo de microrganismos estuda o conjunto de operações envolvidas nos processos realizados por microrganismos que, ao se desenvolverem em um meio de cultura adequado, originam produtos de interesse comercial. Neste capítulo serão descritas as formas de obtenção de microrganismos para uso em bioprocessos industriais e as características desejáveis a tais microrganismos, de acordo com a aplicação a que se destinam. Serão abordados, ainda, as diferentes formas de condução de bioprocessos, incluindo o controle de parâmetros operacionais, e as aplicações dos produtos deles derivados.

OBJETIVOS DE APRENDIZAGEM

- Compreender o que é cultivo de microrganismos e sua aplicação na indústria.
- Conhecer os elementos essenciais a um processo de cultivo de microrganismos.
- Conhecer os principais meios de cultura, suas características e indicações.
- Compreender o uso de biorreatores no controle de parâmetros operacionais do cultivo de microrganismos.
- Conhecer os processos envolvidos na recuperação e purificação de bioprodutos.

O uso de microrganismos nas transformações bioquímicas é conhecido há aproximadamente 8.000 anos, quando se produzia pão, vinho, vinagre, cerveja e queijo. Nessa época, no entanto, o homem não sabia exatamente por que essas transformações ocorriam e quais eram os agentes responsáveis pelos bioprocessos, limitando-se apenas a usufruir dos seus benefícios. As transformações eram realizadas de forma empírica, sem controle algum dos parâmetros de cultivo dos microrganismos (MADIGAN; MARTINKO; PARKER, 2008; PELCZAR; CHAN; KRIEG, 1996).

Somente no século XVII, mais precisamente em 1680, Antonie Van Leeuwenhock, pesquisador holandês e pioneiro no uso do microscópio, descreveu a existência de seres tão minúsculos que eram invisíveis a olho nu. Ele foi o primeiro a observar as leveduras ao examinar gotas de cerveja em um microscópio. Contudo, essa descoberta foi considerada duvidosa, e os bioprocessos continuaram sendo estudados quase exclusivamente pelos químicos, os quais não consideravam que esses processos envolvessem a matéria viva.

Em 1856, Louis Pasteur provou que a causa das transformações observadas era a ação desses seres minúsculos, os microrganismos. Pasteur recebeu a incumbência de mercadores franceses de descobrir por que os vinhos e as cervejas azedavam. Para isso, ele realizou investigações detalhadas sobre os bioprocessos de produção dessas bebidas e concluiu que as leveduras vivas, na ausência de ar, transformavam o açúcar em etanol e CO_2 (PELCZAR; CHAN; KRIEG,1996; TORTORA; FUNKE; CASE, 2012).

A partir dos estudos de Louis Pasteur, provou-se que os microrganismos eram responsáveis pela produção de certos compostos. Além disso, observou-se que seres vivos também causavam transformações químicas. A partir daí, foi possível orientar os bioprocessos na direção desejada, graças ao conhecimento dos microrganismos que intervêm neles e das transformações que realizam. Dessa forma, as tecnologias tradicionais de cultivo de microrganismos passaram a ser melhoradas gradativamente.

>> Elementos essenciais ao cultivo de microrganismos

Nos processos industriais de cultivo de microrganismos estão envolvidos quatro componentes básicos: o microrganismo, o meio de cultura, a forma de condução do bioprocesso e as etapas de recuperação do produto (PELCZAR; CHAN; KRIEG, 1996; SCHMIDELL et al., 2001).

O meio de cultivo, convenientemente preparado para fornecer ao microrganismo responsável pelo processo os nutrientes de que necessita, é normalmente esterilizado para eliminar microrganismos contaminantes indesejáveis. No biorreator, esse meio recebe o **inóculo** (suspensão do microrganismo). O processo de cultivo é, então, controlado em seus parâmetros principais (temperatura, pH, aeração, agitação, formação de espuma, concentração de nutrientes, concentração do produto, entre outros) de modo a manter condições favoráveis à ação do microrganismo. Finalizado o bioprocesso, o líquido é encaminhado aos tratamentos finais, com vistas à separação de produtos e de subprodutos, e ao tratamento dos resíduos (PELCZAR; CHAN; KRIEG, 1996; SCHMIDELL et al., 2001).

A Figura 4.1 ilustra os componentes essenciais de um processo de cultivo de microrganismos em escala industrial.

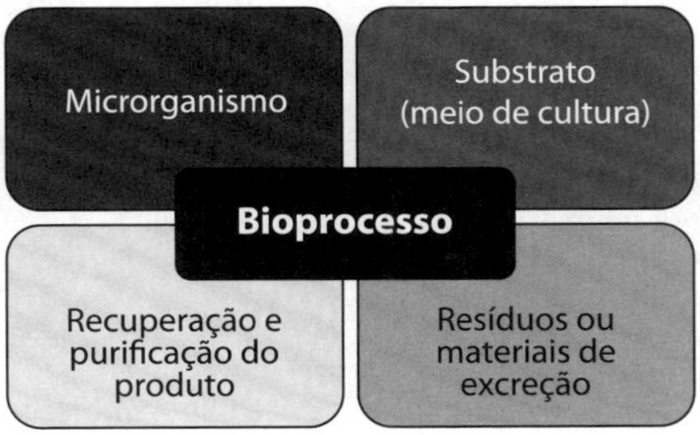

Figura 4.1 >> Elementos essenciais de um processo de cultivo de microrganismos em escala industrial.
Fonte: Os autores.

AGORA É A SUA VEZ

Büchner e outros cientistas, no início do século passado, perceberam que não era necessária a presença de microrganismos vivos para que ocorresse a transformação do substrato no produto desejado. Bactérias mortas ou um filtrado das culturas também provocavam o aparecimento do produto desejado. Como você explica essa observação?

>> Formas de obtenção de microrganismos

No cultivo de microrganismos para a obtenção de bioprodutos, uma série de fatores são importantes, dentre os quais se destaca a escolha correta do microrganismo que será utilizado. Há diversas formas de obtenção de microrganismos para utilização industrial, e a seguir são descritas as mais utilizadas.

>> Isolamento a partir de recursos naturais

Microrganismos têm sido isolados de diversos ambientes, como solos, ambientes contaminados, água, florestas, estuários, etc. O isolamento é uma das formas de obter microrganismos com características desejáveis, pois o local de isolamento reflete muito no bioproduto que um determinado microrganismo é capaz de sintetizar. Por exemplo, para a obtenção de enzimas microbianas resistentes ao calor, os microrganismos podem ser isolados em locais quentes.

Atualmente, em processos de biorremediação, por exemplo, são isolados microrganismos que conseguem crescer em ambientes contaminados e que, para isso, possuem enzimas capazes de degradar compostos extremamente complexos e utilizar os produtos no seu metabolismo.

As condições ambientais, assim como o meio de cultivo utilizado no processo laboratorial de isolamento, devem ser similares aos que existem no ambiente em que o microrganismo foi obtido, pois refletem suas necessidades e exercem uma pressão seletiva para que o microrganismo continue a sintetizar os mesmos bioprodutos.

As etapas de isolamento de um microrganismo retirado do ambiente são as seguintes:

- escolha e retirada de amostras do ambiente a ser explorado;
- diluições das amostras em laboratório;
- utilização de técnicas de isolamento de colônias em meio sólido, através do método de espalhamento;
- seleção de colônias de microrganismos pela sua morfologia ou produtos formados.

>> Aquisição em coleções de culturas

Os bancos de culturas foram criados com o objetivo de reunir uma série de microrganismos e manter sua estabilidade e pureza durante grandes períodos de tempo, normalmente na forma liofilizada, conservando suas características genéticas e suas propriedades fisiológicas.

O processo de **liofilização** envolve o congelamento da suspensão celular, que a seguir recebe uma aplicação de vácuo, acompanhada de aumento gradativo da temperatura e redução da pressão. Após o processo de liofilização, as culturas de microrganismos podem ser conservadas à temperatura ambiente no laboratório durante anos.

Liofilização é um processo de conservação por sublimação no qual a água presente na suspensão celular passa diretamente da fase sólida (congelada) para a fase gasosa, sem degradar a parede das células.

Os microrganismos podem ser depositados nesses bancos de forma restrita ou aberta. Quando são distribuídos (comprados ou doados), sua autenticidade, pureza e viabilidade são garantidas pelo banco de cultura responsável. A compra de microrganismos em coleções é bastante viável, principalmente em razão do grande número de coleções existentes atualmente.

Acesse o site do Grupo A (loja.grupoa.com.br) para conhecer alguns dos bancos de cultura existentes no Brasil.

>> Obtenção de microrganismos mutantes

Microrganismos mutantes podem ser obtidos por meio de mutações naturais ou induzidas. Durante o crescimento celular, em um tempo relativamente curto, ocorre um grande número de gerações, que naturalmente possibilitam o surgimento de microrganismos mutantes. Essas alterações normalmente não são interessantes do ponto de vista de um bioprocesso, pois podem prejudicar a produção do bioproduto de interesse. Em alguns casos até geram linhagens de interesse prático, porém demandam muito tempo para apresentar êxito (SCHMIDELL et al., 2001).

Para a obtenção de microrganismos mutantes em um período menor de tempo, as suspensões celulares podem ser submetidas a algum agente causador de mutações, como radiações ultravioletas ou substâncias químicas mutagênicas. Nesses casos, o objetivo é obter microrganismos com características desejáveis, e ocorre uma drástica destruição celular, restando apenas células resistentes.

>> Obtenção de microrganismos recombinantes

Atualmente, a utilização de ferramentas de biologia molecular que envolvem a engenharia genética ou as técnicas de DNA recombinante tem sido cada vez mais comum. Isso ocorreu em razão do maior conhecimento das técnicas e da melhoria das características dos microrganismos em relação à produção de bioprodutos.

A engenharia genética abrange um conjunto de métodos, técnicas e procedimentos que permitem o isolamento, a caracterização, a modificação *in vitro*, a clonagem e a expressão de moléculas de ácidos nucleicos, principalmente DNA.

O comportamento dos diferentes sistemas biológicos é resultado das atividades codificadas pelo material genético. De forma geral, os procedimentos para a obtenção de um bioproduto por meio de um microrganismo recombinante são os seguintes:

- preparação e caracterização de ácidos nucleicos destinados ao isolamento e análise estrutural de moléculas de DNA ou RNA;
- métodos de manipulação *in vitro* de ácidos nucleicos que buscam a modificação de uma molécula e sua amplificação;
- técnicas de clonagem de DNA com o objetivo de isolar um conjunto de células portadoras de um determinado fragmento de DNA exógeno;
- procedimentos de expressão de um DNA exógeno em microrganismos hospedeiros, dirigidos à produção da proteína codificada.

>> Características importantes dos microrganismos utilizados em bioprocessos industriais

Para que um bioprocesso seja realizado com sucesso, devem-se levar em consideração algumas características dos microrganismos que serão empregados (SCHMIDELL et al., 2001). A seguir, são descritas as principais características necessárias aos microrganismos utilizados em bioprocessos.

- Ser eficientes na conversão de substratos em produtos.
- Permitir o acúmulo do produto gerado no meio de cultivo, ou seja, o produto não deve inibir o crescimento celular.
- Não produzir substâncias incompatíveis com o produto, ou que possam levar à degradação do produto gerado.
- Apresentar estabilidade fisiológica, ou seja, não sofrer alterações metabólicas, conservando suas características durante todas as etapas envolvidas no processo.
- Não ser patogênicos, não oferecendo riscos para a saúde.
- Não representar riscos ambientais.
- Não exigir condições de processo muito complexas nem meios de cultura muito caros. Controles precisos de parâmetros, como pH, temperatura e oxigênio dissolvido, levam ao aumento dos custos. O ideal é conseguir trabalhar com microrganismos menos exigentes.
- Permitir a rápida liberação do produto para o meio. Normalmente os produtos extracelulares são mais fáceis de purificar, uma vez que não necessitam de etapas de rompimento celular.

>> Meios de cultura para utilização em processos industriais

Em relação à composição nutricional do meio de cultura, todos os microrganismos necessitam de água e de fontes de energia (carbono, nitrogênio e minerais) para a sua multiplicação. Alguns ainda requerem a adição de aminoácidos e vitaminas (MADIGAN; MARTINKO; PARKER, 2008; TORTORA; FUNKE; CASE, 2012).

A composição do meio de cultivo para o crescimento microbiano e consequente formação do produto desejado deve atender às necessidades nutricionais do microrganismo a ser cultivado, apresentar os substratos a partir do qual o microrganismo sintetiza o produto, não apresentar substâncias inibidoras do metabolismo dos microrganismos e dos bioprodutos formados e manter o pH adequado ao longo do processo de cultivo (SCHMIDELL et al., 2001).

Na formulação do meio de cultivo empregado na produção de uma substância de importância comercial, é importante considerar que a composição de nutrientes (qualitativa e quantitativa), além de propiciar o desenvolvimento microbiano, deve favorecer a formação do produto desejado.

O meio de cultura empregado em processos de cultivo de microrganismos, principalmente em escala industrial, deve apresentar as seguintes características (SCHMIDELL et al., 2001; SMITH, 2004):

- ser o mais barato possível;
- estar disponível em grande quantidade;
- ser de fácil transporte e armazenamento;
- ter composição razoavelmente fixa;
- auxiliar no controle do processo (p.ex., meios tamponados, que não permitem variações drásticas de pH, ou que evitam formação excessiva de espuma);
- não provocar problemas na recuperação do produto;
- não causar dificuldades no tratamento final dos efluentes.

>> Classificação dos meios de cultivo

Com base nas fontes de nutrientes, os meios de cultivo empregados em bioprocessos podem ser classificados como quimicamente definidos ou complexos. Os **meios quimicamente definidos** são formulados com compostos orgânicos e inorgânicos de composição definida, tais como glicose, lactose, sacarose, amido, sulfato de amônio, ureia, fosfato de potássio, entre outros. Os **meios quimicamente complexos** são formulados com nutrientes compostos por uma variedade de moléculas orgânicas, principalmente peptonas de diferentes origens (bacteriológica, carne, caseína) e extratos de diferentes fontes (levedura, carne, malte) e/ou com matérias-primas naturais, tais como melaço, farinhas de diferentes cereais (trigo, milho, soja, cevada), licor da maceração do milho, entre outros. O Quadro 4.1 apresenta as principais diferenças entre os meios quimicamente definidos e os complexos (SCHMIDELL et al., 2001).

Quadro 4.1 >> Comparação entre os meios quimicamente definidos e complexos

Meios quimicamente definidos	Meios complexos
São mais caros	São mais baratos
Sua composição química é conhecida e pode ser reproduzida	Sua composição química é variável em função do fabricante e do lote empregado No caso das matérias-primas naturais, as condições de plantio influenciam na composição
Não apresentam problemas quanto à recuperação e purificação do produto	Podem dificultar os processos de recuperação e purificação do produto
Adequados para pesquisa e desenvolvimento de bioprocessos	Adequados para bioprocessos em escala industrial

Fonte: Os autores.

>> Resíduos agroindustriais

Aproximadamente 75% do custo de operação de um bioprocesso industrial corresponde ao meio de cultura. Logo, durante a etapa de pesquisa e desenvolvimento do processo, deve-se investigar a possibilidade de uso de meio de cultivo composto de fontes alternativas de nutrientes biológicos, que permitam a adição de todos os nutrientes requeridos no processo, da forma mais econômica possível.

Os bioprodutos obtidos a partir do cultivo de microrganismos que empregam substratos de baixo valor comercial tornam-se economicamente mais viáveis em comparação àqueles que utilizam meios de cultura sintéticos.

No site do Grupo A (loja.grupoa.com.br) estão disponíveis artigos sobre o uso de bioprodutos com fins industriais.

Toneladas de resíduos agroindustriais são produzidas diariamente no Brasil, geradas a partir do beneficiamento de produtos vegetais e da industrialização de alimentos. Na busca por alternativas que utilizem os subprodutos industriais na obtenção de produtos de maior valor agregado, a tecnologia de bioprocessos oferece inúmeras possibilidades para o uso racional desses materiais. Algumas vezes, é possível utilizar resíduos contendo nutrientes como meio de cultivo para a produção de bioprodutos, tais como o soro de queijo da indústria de laticínios ou os resíduos líquidos produzidos durante o cozimento da madeira para manufatura do papel que podem ser utilizados para a produção de etanol.

>> Esterilização

Alguns bioprocessos são bastante exigentes quanto à esterilidade dos meios de cultura, sendo necessário um grande controle da assepsia no transporte do meio esterilizado para o biorreator e no sistema reacional. Isso ocorre, por exemplo, nos bioprocessos para produção de antibióticos, vacinas, vitaminas e enzimas.

Já em outros processos, nos quais o próprio produto atua como um inibidor de contaminações, em razão do seu caráter tóxico aos microrganismos contaminantes, é necessária apenas uma pasteurização do meio de cultivo. Este é o caso, por exemplo, dos bioprocessos para a produção de combustíveis, solventes e ácidos orgânicos.

Pasteurização é um tratamento térmico realizado em temperaturas inferiores a 100°C, com tempo variável, que tem como objetivo uma redução drástica no número de microrganismos.

O calor úmido é a forma empregada para a esterilização do meio de cultivo, que pode ser feita em conjunto ou separadamente do biorreator e ainda, em batelada ou de forma contínua. Em bioprocessos industriais, o meio de cultivo e o biorreator geralmente são esterilizados de forma conjunta e em batelada, fazendo-se passar vapor saturado sob pressão através de serpentinas (aquecimento indireto) ou pela injeção de vapor saturado diretamente no meio contaminado (aquecimento direto) (SCHMIDELL et al., 2001).

Mais detalhes sobre os processos de esterilização podem ser obtidos no Capítulo 2 deste livro.

>> Bioprocessos e biorreatores

Os bioprocessos envolvem a aplicação industrial de reações ou vias biológicas para a biotransformação de matérias-primas em produtos. São mediadas por células vivas inteiras de animais, plantas ou microrganismos ou por enzimas, em condições controladas. Um bioprocesso também pode ocorrer sem resultar em um produto direto, como acontece nos processos de biorremediação, um tipo específico de tratamento de resíduos ou efluentes.

Biorreatores são "locais" em que ocorrem reações envolvendo células vivas (reatores biológicos) ou reações catalisadas por enzimas (reatores enzimáticos ou bioquímicos).

Os biorreatores para cultivo de microrganismos podem apresentar diversos equipamentos, os quais permitem a realização de uma série de controles de parâmetros durante o bioprocesso, como temperatura, pH e oxigênio dissolvido. De uma forma geral, os biorreatores classificam-se em reatores de fase aquosa e reatores de fase não aquosa.

Reatores de fase aquosa: São utilizados em cultivos submersos. Podem ser utilizados com células ou enzimas livres, com células ou enzimas imobilizadas em suportes, ou ainda com células ou enzimas confinadas entre membranas.

Reatores em fase não aquosa: Os cultivos realizados neste tipo de reator também são conhecidos como cultivo em estado sólido (CES).

A Figura 4.2 apresenta alguns exemplos de biorreatores utilizados em cultivos em fase aquosa. Os biorreatores de tanque agitado (*stirred tank reactor* – STR) são os mais utilizados industrialmente. Esse tipo de biorreator possui turbinas na altura do seu eixo central para realizar a agitação e chicanas que evitam a formação de vórtice durante a agitação. Possui ainda, entrada de ar estéril.

Os outros biorreatores exemplificados na Figura 4.2 (*air lift* e coluna de bolhas) apresentam características semelhantes, ambos com sua agitação proporcionada apenas pela aeração do sistema, resultando em menores tensões de cisalhamento. No biorreator tipo *air lift*, ocorre uma movimentação cíclica do meio.

Existem ainda biorreatores específicos para bioprocessos com células imobilizadas, conhecidos como biorreatores de leito fixo e de leito fluidizado, que se diferem pela compactação das estruturas contendo as células imobilizadas.

Os biorreatores de leito fixo também podem ser utilizados nos cultivos em estado sólido, apresentando como principais vantagens menor custo e a facilidade de manipulação.

A maioria destes processos são aeróbicos, logo um biorreator eficiente não deve apresentar dificuldades de transferência de calor e massa, além de facilitar a difusão e a extração dos metabólitos. Também para CES podem ser empregados biorreatores do tipo bandeja, nos quais o cultivo é feito em estufa, com meio cultivo disperso sobre bandejas de metal. Podem, ainda, ser usados biorreatores do tipo tambor, que apresentam um recipiente, normalmente de aço inoxidável, com um eixo central composto por pás que ficam em rotação controlada. Nesse tipo de biorreator, a homogeneização e as transferências de massa e oxigênio são mais eficientes.

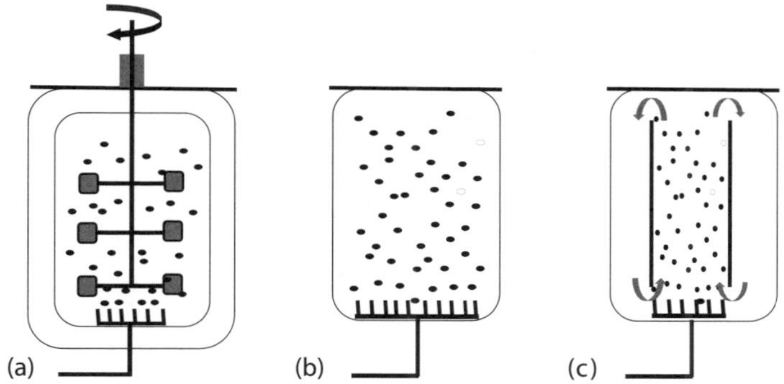

Figura 4.2 >> Tipos de biorreatores: (a) reator de tanque agitado; (b) reator de coluna de bolhas; (c) reator *air-lift*.

Fonte: Baseada em SCHMIDELL et al. (2005).

>> Condução dos cultivos de microrganismos

O primeiro passo para a condução dos cultivos de microrganismos é responder à pergunta: "Que bioproduto desejo obter e qual será sua aplicação?". A partir dessa informação, inicia-se um trabalho de pesquisa para a escolha do microrganismo a ser utilizado e da estratégia empregada para sua obtenção. A fase seguinte envolve as etapas de crescimento e transferência do microrganismo, que são desenvolvidas de forma a garantir pureza, concentração e viabilidade adequada para a produção do bioproduto no biorreator principal.

> Os meios de cultivo utilizados em todas as etapas do bioprocesso, assim como os equipamentos e utensílios utilizados, devem ser esterilizados, de forma a garantir a inocuidade.

A Figura 4.3 apresenta as etapas de preparação da suspensão de microrganismos (inóculo) para iniciar um cultivo em biorreator. O processo se inicia com uma cultura pura do microrganismo devidamente armazenada. Em seguida, são realizadas incubações sucessivas em meio de cultura, com aumento gradual dos volumes. Os volumes de inóculos utilizados geralmente correspondem de 5 a 10% dos volumes reacionais.

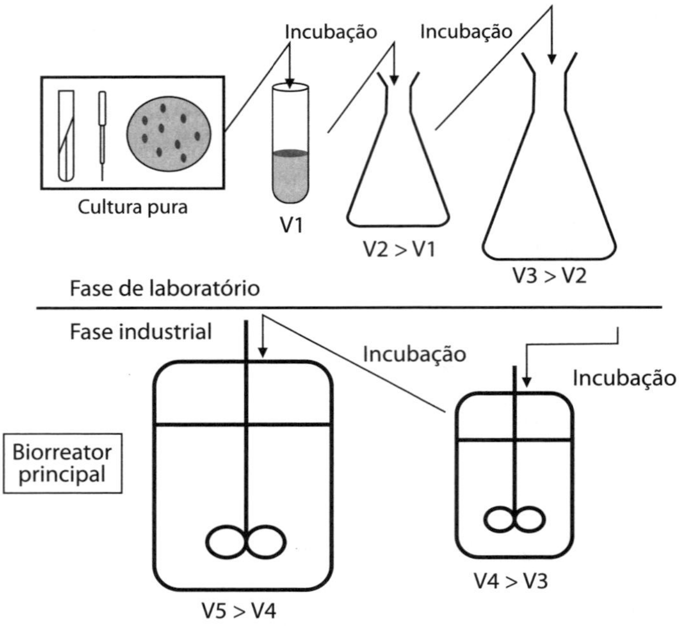

Figura 4.3 >> Etapas de preparação de um cultivo de microrganismos.
Fonte: Baseada em SCHMIDELL et al. (2001).

AGORA É A SUA VEZ

Suponha que você seja um profissional trabalhando em uma fábrica de produção de enzimas microbianas. Uma indústria de lacticínios quer comprar a enzima β-galactosidase para produzir leites com baixo teor de lactose, com a intenção de atender o público portador de intolerância à lactose. Como você faria para obter o microrganismo produtor de tal enzima?

AGORA É A SUA VEZ

Qual é a finalidade da etapa de preparação do inóculo? Como você prepararia um inóculo com o objetivo de iniciar um cultivo de *Saccharomyces cerevisiae* em um biorreator de 5 L, com caldo de cana como meio de cultura?

>> Formas de condução dos bioprocessos

Os bioprocessos podem ser conduzidos de diversas formas, e a escolha dependerá das características do microrganismo, do meio de cultivo, dos objetivos do processo e também da disponibilidade de equipamentos e recursos.

As formas mais utilizadas de conduzir um bioprocesso são os cultivos submersos (descontínuo, descontínuo alimentado ou contínuo), os cultivos com células imobilizadas e os cultivos em estado sólido. Cada uma delas é descrita em detalhes nas próximas seções.

Cultivo descontínuo ou cultivo em batelada

Este processo se caracteriza pela não adição de nutrientes ao longo do cultivo. É o método de condução mais utilizado industrialmente, principalmente por sua facilidade de operação, descrita no Quadro 4.2.

Quadro 4.2 >> Etapas do cultivo descontínuo ou em batelada

1. No instante inicial, a solução de nutrientes esterilizada no biorreator é inoculada com a suspensão de microrganismos, previamente preparada, e são mantidas condições ótimas de crescimento e/ou produção do bioproduto em questão
2. No decorrer do cultivo, nada é adicionado, exceto oxigênio, no caso de processos aeróbios, e componentes para controle do bioprocesso (antiespumante, ácidos, hidróxidos)
3. Terminado o cultivo, o biorreator é descarregado, e o meio segue para os tratamentos posteriores de recuperação e purificação.

Fonte: Os autores.

Vantagens:

- menor risco de contaminação;
- grande flexibilidade de operação, pois pode ser utilizado para produção de diferentes bioprodutos.

Desvantagens:

- baixa eficiência, refletida no baixo rendimento e/ou produtividade (Quadro 4.3);
- possibilidade de exercer efeitos de inibição, repressão ou desvio do metabolismo celular, uma vez que o substrato é adicionado de uma só vez no início do cultivo.

Quadro 4.3 >> Rendimento versus produtividade do cultivo descontínuo

Rendimento	Produtividade
Quantidade de produto que se consegue obter a partir de uma quantidade de substrato Ligado ao fator de conversão: $y_{P/S} = -\Delta P/\Delta S \; (g_{produto}/g_{substrato})$ O aumento do fator de conversão, e assim do rendimento, depende: • Afinidade do microrganismo com o meio de cultivo • Presença de nutrientes específicos • Qualidade do inóculo • Controle das variáveis do processo	Ideia de tempo necessário Ligada à formação de produto: $Prod\ A = \Delta A/\Delta t$ Para obter a produtividade de um bioprocesso devem ser considerados os tempos: Tempos mortos { Limpeza; Carga e descarga do biorreator; Esterilização; Inoculação; Cultivo.

Fonte: Os autores.

Cultivo descontínuo alimentado

Nesta técnica, um ou mais nutrientes são adicionados ao biorreator durante o processo de cultivo. O meio de cultura e os produtos gerados permanecem até o final do processo dentro do biorreator (SCHMIDELL et al., 2001). Normalmente ocorre aumento de volume, a menos que a taxa de evaporação do sistema compense a adição de meio nutriente. Logo, um fator limitante é o volume do biorreator.

A vazão de alimentação pode ser constante ou variar com o tempo, e a adição do meio nutriente pode ser contínua ou intermitente. As metodologias de alimentação podem ser com ou sem controle de *feedback*.

Alimentação sem controle *feedback*: Determina a vazão de alimentação independentemente do andamento do cultivo, como é o caso da alimentação linear e exponencial.

Alimentação com controle *feedback*: É mais sofisticada, baseando-se em medidas de parâmetros físicos do cultivo, como oxigênio dissolvido, pH e velocidade de formação de CO_2, para alterar a vazão de alimentação.

A principal finalidade da condução de cultivos descontínuos alimentados está relacionada ao controle da concentração do substrato limitante (quase sempre uma fonte de carbono) no meio de cultivo e envolve a minimização da formação de produtos de metabolismo tóxicos, dos efeitos de inibição, repressão ou desvio do metabolismo.

Em cultivos de microrganismos, a presença de glicose ou outras fontes de carbono rapidamente metabolizáveis reprime a expressão de genes que codificam enzimas relacionadas ao metabolismo de outras fontes de carbono. Muitas enzimas, principalmente aquelas que estão envolvidas em caminhos catabólicos, estão sujeitas a essa regulação repressiva. Uma importante técnica para superar a repressão catabólica na biossíntese de enzimas é a realização de cultivos descontínuos alimentados, onde a concentração de glicose no meio de cultivo é controlada. Dessa forma, o crescimento é restringido e a biossíntese de enzimas desreprimida.

Cultivo contínuo

Caracteriza-se por possuir uma alimentação contínua de meio de cultivo a uma determinada vazão constante, sendo o volume do meio reacional mantido constante por meio da retirada contínua de meio cultivado (SCHMIDELL et al., 2001).

É fundamental que o sistema atinja a condição de estado estacionário ou regime permanente, condição na qual as variáveis de estado (concentrações de célula, de substrato limitante e de produto) permanecem constantes ao longo do tempo de operação do sistema. O processo contínuo pode operar por longos períodos de tempo.

Quadro 4.4 » Etapas do cultivo contínuo

1. O processo normalmente tem início em um processo descontínuo, ou seja, carrega-se o biorreator com meio de cultura e procede-se a inoculação.
2. Após um período de operação descontínua, inicia-se a alimentação de meio de cultivo e a retirada de meio cultivado.
3. Verifica-se a conversão à situação de estado estacionário; o tempo para isso depende da condição do cultivo no momento de iniciar o processo contínuo e da vazão empregada.

Fonte: Os autores.

As principais vantagens e desvantagens do processo contínuo em relação ao descontínuo estão apresentadas a seguir (SCHMIDELL et al., 2001).

Vantagens:

- aumento da produtividade do processo, em função da redução de tempos mortos;
- obtenção de meio cultivado uniforme, facilitando os processos de recuperação de produtos;
- manutenção das células em um mesmo estado fisiológico;
- possibilidade de associação com outras operações contínuas;
- menor necessidade de mão de obra.

Desvantagens:

- maior investimento inicial;
- possibilidade de ocorrência de mutações genéticas espontâneas;
- maior possibilidade de contaminações, devido a ser um sistema aberto.

PARA REFLETIR

Na condição de futuro profissional da área de tecnologia do cultivo de microrganismos, você acha que a menor necessidade de mão de obra para os processos contínuos constitui uma vantagem?

Cultivos com células imobilizadas

Esses sistemas se caracterizam por manterem as células adsorvidas, ligadas ou confinadas em alguma estrutura física, chamada de suporte de imobilização. Os suportes mais utilizados na imobilização de células são os seguintes:

- polímeros naturais, como alginato, carragena, ágar, pectina, celulose;
- polímeros sintéticos, como poliacrilamida, poliestireno, poliuretano;
- materiais inorgânicos, como alumina, sílica, vidro, diatomita.

Os métodos de imobilização podem ser classificados em duas categorias básicas: imobilização por ligação em suportes e encapsulamento (Fig. 4.4).

Ligação em suportes: Pode ser realizada através da ligação das células ao suporte por adsorção. A imobilização pode ocorrer por ligações de baixa energia, tais como interações hidrofóbicas e ligações iônicas. Ou então a imobilização pode ocorrer por ligação covalente, onde o suporte é funcionalizado, ou seja, ocorre uma ativação de grupos químicos que serão responsáveis pela ligação da célula ao suporte.

Encapsulamento: Consiste no confinamento físico das células em uma matriz polimérica formadora de um gel. Os poros da matriz formadora são menores que as células contidas no seu interior e, em contato com o meio de cultivo, há o estabelecimento de um fluxo de substratos para dentro das partículas do gel, onde são utilizados pelos microrganismos. Os produtos formados difundem-se através do gel e se acumulam no meio de cultivo.

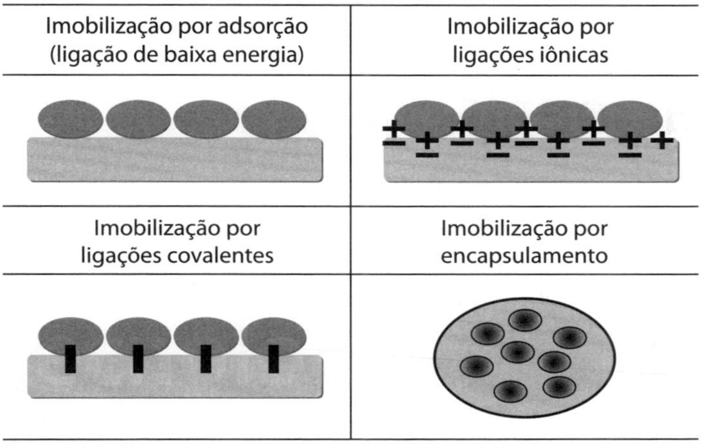

Figura 4.4 >> Métodos de imobilização.
Fonte: Adaptada de Pilkington et al. (1998).

Cultivo em estado sólido (CES)

Esta forma de cultivo pode ser definida como o crescimento controlado de microrganismos em substratos insolúveis, na ausência de água livre. Os substratos utilizados normalmente possuem estrutura macromolecular (p.ex., celulose, amido, pectina e lignocelulose). Em geral, substratos para CES apresentam uma composição heterogênea e são resíduos agroindustriais.

Vantagens:

- economia de espaços necessários para os cultivos;
- simplicidade do meio de cultivo;
- utilização de menores volumes de água;
- maior facilidade no controle de contaminações bacterianas;
- alta concentração dos produtos;
- menor custo do processo, por apresentarem plantas industriais e equipamentos menos complexos.

Desvantagens:

- dificuldade de remoção do calor metabólico;
- difícil controle de parâmetros (pH, temperatura, etc.);
- baixa reprodutibilidade;
- tempos de cultivo relativamente longos;
- restrita a microrganismos capazes de suportar baixas atividade de água (Aw).

Controle de parâmetros operacionais

O êxito de um bioprocesso depende de condições adequadas para a produção de biomassa e a formação do produto. As condições operacionais do processo envolvem principalmente nível de oxigênio dissolvido, pH, temperatura e agitação. Todas elas podem ser controladas em um biorreator, à medida que o processo ocorre. Além disso, é necessário determinar as condições ótimas para cada microrganismo e produto a ser formado.

As condições ótimas para a multiplicação celular não necessariamente são iguais às de formação do produto desejado. Assim, temperatura, pH, velocidade de agitação, concentração de oxigênio dissolvido no meio de cultivo e outros fatores devem ser monitorados durante todo o processo por meio de um sistema de controle, a fim de manter as condições ótimas.

Temperatura

Como a temperatura influencia na atividade enzimática e no metabolismo microbiano, constitui um importante parâmetro a ser controlado nos bioprocessos. Para cada microrganismo existe uma temperatura ótima de multiplicação celular e de formação do produto desejado em um substrato adequado. Em bioprocessos industriais, esses valores são otimizados durante a etapa de pesquisa e desenvolvimento do processo.

Ao longo do bioprocesso, a temperatura é determinada por meio de um termômetro colocado dentro do meio de cultivo. Os biorreatores são encamisados ou têm serpentinas na parte interna, o que permite a circulação de água e a consequente alteração da temperatura do sistema de cultivo se for necessário.

pH

Assim como a temperatura, o pH também interfere na atividade enzimática e no metabolismo do microrganismo. Esse parâmetro é determinado potenciometricamente nos bioprocessos por meio de sondas esterilizáveis – uma combinação de eletrodo de vidro com eletrodo de referência.

Na maioria das vezes é necessário corrigir o pH, a fim de neutralizar os compostos secretados durante o crescimento microbiano. Para isso, adiciona-se base (geralmente NaOH 1,0 mol/L) ou ácido (geralmente HCl ou H_3PO_4 1,0 mol/L), conforme a necessidade. Os processos microbiológicos frequentemente originam ácidos (acidogênicos), mas, em determinados casos, em razão da liberação extracelular de aminoácidos básicos, podem ser alcalinos.

>> Oxigênio dissolvido

Nos processos aeróbios, ou seja, quando os microrganismos consomem oxigênio para a respiração, deve-se adicionar oxigênio (O_2 puro ou na forma de ar) ao biorreator. A concentração de oxigênio dissolvido no meio de cultivo é determinada por sondas que medem o potencial polarizador do meio.

A manutenção do nível apropriado de oxigênio dissolvido em um biorreator não é uma tarefa fácil, em razão da baixa solubilidade do oxigênio em água (aproximadamente 7 mg O_2/l (7 ppm) a 35°C e a pressão de 1 atm (SCHMIDELL et al., 2001; SMITH, 2004). Nos processos anaeróbios, o oxigênio é excluído por causa de seu caráter inibitório, por meio da adição de nitrogênio no início do cultivo.

>> Agitação

A agitação adequada dos meios de cultivo durante os bioprocessos possibilita que o sistema se mantenha homogêneo, principalmente em relação a temperatura, pH, células em suspensão e concentração de nutrientes. Além disso, provoca a dispersão das bolhas de ar no meio líquido, com consequente suprimento de oxigênio aos microrganismos e dispersão de líquidos imiscíveis (SCHMIDELL et al., 2001; SMITH, 2004).

A agitação excessiva pode romper as células microbianas e aumentar a temperatura, o que ocasiona uma redução na viabilidade celular. Portanto, deve-se buscar o equilíbrio entre a necessidade de mistura do meio de cultivo e a agitação empregada, evitando-se o dano celular.

>> Espuma

A espuma é frequentemente produzida nos processos de cultivo de microrganismos em decorrência da agitação e aeração dos biorreatores. Além disso, a desnaturação das proteínas na interface gás-líquido intensifica a quantidade de espuma, de modo que meios ricos em proteínas tendem a formar mais espuma.

> Se não for controlada, a espuma pode ocupar totalmente a cabeça do biorreator e ocasionar a perda de grande parte do conteúdo do equipamento através da saída de ar, bem como bloquear linhas e filtro de exaustão.

Para minimizar a quantidade de espuma, geralmente são adicionados antiespumantes – agentes tensoativos que atuam reduzindo a tensão superficial das espumas até dispersá-las. No entanto, como essas substâncias podem afetar a multiplicação celular e a transferência de oxigênio para o meio, sua adição deve ser controlada.

Na parte superior do biorreator há uma haste condutora de eletricidade que, ao entrar em contato com a espuma, ativa um circuito elétrico que liga uma bomba peristáltica e adiciona de forma controlada o antiespumante. Com a redução da quantidade de espuma, o circuito é interrompido, desligando a bomba (SCHMIDELL et al., 2001).

AGORA É A SUA VEZ

Você trabalha em uma empresa que produz glutamato monossódico (realçador de sabor muito utilizado nas indústrias de alimentos) por bioprocesso empregando o microrganismo *Bacillus* spp. Como você faria para determinar o melhor pH e temperatura para esse cultivo visando maximizar a produção dessa substância?

>> Recuperação de bioprodutos

A recuperação e purificação de bioprodutos originados por cultivos de microrganismos é uma etapa que apresenta alta complexidade. Isso se deve aos constituintes do meio de cultivo pós-bioprocesso, que contêm diversos metabólitos formados e os nutrientes residuais do meio de cultivo inicial.

Outra questão de extrema importância é o tipo de bioproduto que se pretende recuperar, que está relacionada com sua natureza e aplicação. Por exemplo, no caso de bioprodutos para utilização terapêutica, este deve ser altamente purificado e passar por testes de toxicidade para comprovar sua pureza.

Assim, não se pode definir uma única sistemática de recuperação e purificação de bioprodutos. O Quadro 4.4 mostra, de forma resumida, os principais processos envolvidos e suas peculiaridades.

Quadro 4.4 >> Etapas de purificação, seus princípios e métodos utilizados

Etapa da purificação	Princípio	Principais métodos
Clarificação	Separação das células do meio de cultivo	Filtração convencional; filtração tangencial; centrifugação
Rompimento celular	Separação de produtos intracelulares	Métodos mecânicos (homogeinizadores de alta pressão, ultrassom, pérolas de vidro, moinhos); métodos químicos ou enzimáticos
Concentração ou purificação de baixa resolução	Concentração pela retirada de água; primeira etapa de separação de bioprodutos; apresenta moderado poder de purificação	Precipitação com sais; precipitação com solventes; ultrafiltração
Purificação de alta resolução	Separação do bioproduto alvo	Cromatografia de troca iônica; cromatografia de afinidade; cromatografia de interação hidrofóbica; gel filtração

Fonte: Adaptado de Pessoa e Kilikian (2005).

AGORA É A SUA VEZ

Você é o responsável por uma indústria biotecnológica que iniciou a produção de *Bacillus subtilis* para ser utilizado no tratamento do esgoto residencial em fossa asséptica. O produto será comercializado no Brasil, bem como exportado para vários países da Europa. Quais etapas de purificação você utilizaria para esse produto?

>> Aplicações

A partir do cultivo de microrganismos é possível produzir diversas substâncias de interesse comercial, desde os produtos como bebidas alcoólicas, vinagre, pães, derivados lácteos e cárneos fermentados até vacinas e agentes terapêuticos. Estes bioprodutos de importância comercial podem ser classificados nos seguintes grupos (PELCZAR; CHAN; KRIEG, 1996; TORTORA; FUNKE; CASE, 2012):

- produtos do metabolismo primário dos microrganismos que são essenciais para o crescimento celular e são formados durante a fase exponencial de crescimento (quando o microrganismo está crescendo à velocidade máxima), como por exemplo, vitaminas e aminoácidos;

- produtos do metabolismo secundário dos microrganismos que não são necessários para o crescimento celular e são produzidos durante a fase estacionária de crescimento, como por exemplo, antibióticos;
- produtos obtidos na fase de morte celular, como por exemplo, a enzima transglutaminase (promove a reticulação de cadeias proteicas, esta enzima é utilizada principalmente na indústria de carnes) que é produzida no processo de esporulação microbiana;
- células microbianas que podem ser utilizadas como suplemento alimentar, vacinas, fermento biológico para panificação, cultura iniciadora de produtos lácteos ou cárneos, controle biológico de pragas e em tratamento biológico de efluentes.

O Quadro 4.5 apresenta alguns exemplos de produtos de importância comercial obtidos a partir do cultivo de microrganismos.

Quadro 4.5 >> Exemplos de produtos obtidos por meio de bioprocessos

Produto	Microrganismo	Uso
Cobalamina (vitamina B12)	*Streptomyces olivaceus*	Suplemento em alimentos
Ácido glutâmico	*Corynebacterium glutamicum*	Realçador de sabor em alimentos
Lisina	*Brevibacterium flavum*	Aditivo em alimentos
Etanol	*Saccharomyces cerevisiae* (sacarose como fonte de açúcar), *Kluyveromyces marxianus, K. fragilis* e *K. lactis* (lactose como fonte de açúcar)	Combustível, solvente industrial e bebidas alcoólicas
Glicerol	*Saccharomyces cerevisiae*	Produção de explosivos
Ácido cítrico	*Aspergillus niger*	Aditivo em alimentos
Ácido láctico	*Lactobacillus bulgaricus*	Aditivo na indústria alimentícia e farmacêutica
Nisina	*Lactococcus lactis*	Conservante natural de alimentos
Penicilina	*Penicillium chrysogenum*	Antibiótico
Eritromicina	*Streptomyces erythreus*	Antibiótico
Insulina e interferon	*Escherichia coli recombinante*	Terapia humana
Proteína microbiana (*Single Cell Protein – SCP*)	*Candida utilis, Pseudomonas methylotroph*	Suplemento em alimentos
Leveduras	*Saccharomyces cerevisiae*	Fermento biológico para pão, fabricação de vinho
Bactérias lácticas	*Lactobacillus acidophilus, L. casei, Streptococcus thermophiles*	Elaboração de iogurte, queijo, bebida láctea, leite fermentado

Produto	Microrganismo	Uso
Amilase	*Aspergillus niger, A. oryzae, Bacillus subtilis*	Hidrólise do amido, melhorador de farinhas, produção de xaropes
Protease	*Aspergillus oryzae, Bacillus subtilis*	Clarificação de cerveja e amaciamento de carne
Pectinase	*Rhizopus spp., Aspergillus niger*	Clarificação de vinho e de sucos de frutas
Lipase	*Aspergillus niger, Pseudomonas aeruginosa, Staphylococcus aureus, S. warneri*	Indústria de alimentos e de produtos de limpeza e na produção de biodiesel
Lactase	*Kluyveromyces marxianus, K. lactis, Aspergillus oryzae*	Hidrólise da lactose de leite e derivados
Transglutaminase	*Streptoverticilium mobarense, Bacillus circulans*	Reticulação de produtos cárneos e lácteos
Xilanase	*Rhizopus oryzae, Bacillus circulans, Penicillium capsulatum, Talaromyces emersonni*	Panificação, agente de branqueamento de polpa na indústria de papel
Goma xantana	*Xanthomonas campestris*	Espessante em alimentos
Polihidroxialcanoatos (PHAs)	*Pseudomonas oleovorans, Alcaligenes latus*	Bioplásticos

Fonte: Os autores.

>> REFERÊNCIAS

MADIGAN, M. T.; MARTINKO, J. M.; PARKER, J. *Microbiologia de Brock*. 10. ed. São Paulo: Prentice Hall, 2008.

PELCZAR, M. J.; CHAN, E. C. S.; KRIEG, N. R. *Microbiologia*: conceitos e aplicações. 2. ed. São Paulo: Makron Books, 1996. 2 v.

PESSOA JR., A.; KILIKIAN, B. V. (Coord.). *Purificação de produtos biotecnológicos*. Barueri: Manole, 2005.

PILKINGTON, P. H. et al. Fundamentals of immobilized yeasts cells for continuous beer fermentation: a review. *Journal of the Institute of Bewing*, v. 104, n. 1, p. 19-31, 1998.

SCHMIDELL, W. et al. *Biotecnologia industrial:* engenharia bioquímica. São Paulo: Edgard Blücher, 2001. 2 v.

SMITH, J. E. *Biotechnology*. 4th ed. Cambridge: Cambridge University, 2004.

TORTORA, G. J.; FUNKE, B. R.; CASE, C. L. *Microbiologia*. 10. ed. Porto Alegre: Artmed, 2012.

>> LEITURAS RECOMENDADAS

BUCHHOLZ, K.; KASCHE, V.; BORNSCHEUER, U. *Biocatalysts and enzyme technology*. Weinheim: Wiley-VCH, 2005.

HECK, J. X. et al. Statistical optimization of thermo-tolerant xylanase activity from Amazon isolated *Bacillus circulans* on solid-state cultivation. *Bioresource Technology*, v. 97, n. 15, p. 1902-1906, 2006.

LEE, Y. S. High cell-density culture of Escherichia coli. *IBTECH*, v. 14, n. 3, p. 98-105, 1996.

PANDEY, A. Solid-state fermentation: an overview. *Process Biochemistry*, v. 27, n. 2, p. 109-117, 1992.

PERERA, J.; TORMO, A.; GARCÍA, J. L. *Ingeniería genética volumen 1:* preparación, análisis, manipulación y clonaje de DNA. Madrid: Sintesis, 2002.

VOLPATO, G. et al. Purification, immobilization, and characterization of a specific lipase from *Staphylococcus warneri* EX17 by enzyme fractionating via adsorption on different hydrophobic supports. *Biotechnology Progress*, v. 27, n. 3, p. 717-723, 2011.

Rodrigo Juliani Siqueira Dalmolin

Diego Hepp

CAPÍTULO 5

Bioinformática e biologia de sistemas

A bioinformática é uma área multidisciplinar recente que se dedica ao estudo da aplicação de técnicas computacionais e matemáticas à geração e ao gerenciamento de informações biológicas. Dessa forma, a bioinformática desenvolve ferramentas para pesquisas e aplicações em diversas áreas da ciência, como genética, biologia molecular, biotecnologia, genômica, bioquímica, evolução e ecologia, entre outras.

Ao longo deste capítulo, você terá contato com as principais ferramentas de análise e manipulação de informações biológicas, bem como com a biologia de sistemas e suas principais potencialidades. Além disso, serão apresentados os principais bancos de dados de informação biológica e como utilizar essas informações em suas pesquisas.

OBJETIVOS DE APRENDIZAGEM

- Entender os princípios da bioinformática, suas ferramentas e aplicações.
- Conhecer os bancos de dados de sequências de ácidos nucleicos e aminoácidos.
- Aprender os pontos básicos para a utilização dos programas de análises, alinhamento, edição e manipulação de sequências de nucleotídeos e aminoácidos.
- Familiarizar-se com a biologia de sistemas e identificar as suas principais potencialidades.
- Aprender a montar uma rede de interações proteína-proteína e a projetar informações funcionais sobre essa rede.

PARA COMEÇAR

Um dos principais objetivos da bioinformática é propiciar aos pesquisadores o acesso à informação genética dos organismos. Essa informação está contida nos ácidos nucleicos, o ácido desoxirribonucleico (DNA) e o ácido ribonucleico (RNA), sob a forma de sequências de nucleotídeos. Essas moléculas são passadas de geração em geração por meio de sua replicação e contêm as instruções necessárias para a construção de cada novo organismo.

O conhecimento científico sobre a informação genética começou a ser construído a partir das descobertas no século XX da estrutura do DNA e dos mecanismos envolvidos no processamento da informação genética do DNA até as proteínas e demais constituintes celulares. Com o avanço das técnicas de sequenciamento de DNA resultantes do crescimento da biologia molecular, grandes quantidades de informação genética começaram a ser produzidas, consistindo de sequências de DNA, RNA e proteínas de diversas espécies.

A fim de permitir o compartilhamento dessa informação, foram criados bancos de dados públicos com a tarefa de armazenar e disponibilizar as sequências. Além disso, foram desenvolvidos programas computacionais para a manipulação da informação das sequências. O acesso a esses bancos de dados, além dos demais recursos da bioinformática, tem permitido a realização de grandes avanços científicos que beneficiam diferentes áreas, como medicina, agropecuária, conservação do meio ambiente, ciência forense, engenharia de materiais e diversas outras.

>> Análise de sequências

A bioinformática apresenta diversas ferramentas que permitem a manipulação da informação genética contida nas sequências de **ácidos nucleicos** dos organismos e que têm sido de grande importância para utilização em aplicações variadas nas áreas de biologia molecular, farmacologia e medicina.

Ácidos nucleicos são macromoléculas formadas por nucleotídeos. Há dois tipos: o ácido desoxirribonucleico (DNA) e o ácido ribonucleico (RNA).

As aplicações nas quais essas informações são utilizadas incluem a realização de análises moleculares através da técnica de **reação em cadeia da polimerase** (PCR). Essa técnica pode ser utilizada para diversos fins, como:

- detecção de um microrganismo;
- genotipagem de alelos de um gene associado a uma doença ou de um marcador microssatélite;
- sequenciamento de uma região do DNA mitocondrial para a identificação filogenética de uma espécie;
- produção de organismos transgênicos;
- elaboração de novos fármacos e produtos biotecnológicos.

Todas essas aplicações têm um aspecto em comum: a necessidade do conhecimento prévio de uma sequência de nucleotídeos contendo o gene ou o marcador molecular de interesse. Por meio das ferramentas da bioinformática, a informação genética servirá de base para o desenvolvimento do procedimento de análise molecular. Portanto, o passo inicial desse processo é a obtenção da sequência de DNA.

O método de **sequenciamento de DNA**, conhecido como método terminação de Sanger, permitiu que as sequências dos nucleotídeos que compõem o DNA dos organismos fossem determinadas, resultando em grandes avanços no estudo da genética. Associado ao desenvolvimento de diversas outras técnicas de laboratório, como a clonagem de DNA, a PCR e a eletroforese de ácidos nucleicos, o sequenciamento de DNA tornou possível o início das análises das sequências de muitas espécies.

A aplicação das técnicas de análise das moléculas envolvidas na regulação genética dos organismos originou a **biologia molecular**, que trouxe muitos resultados para a ciência nas últimas décadas, culminando nos projetos de sequenciamento do genoma inteiro de organismos de interesse, principalmente o genoma humano.

A fim de organizar a grande quantidade de dados produzida e permitir o compartilhamento dessas informações, foram criados diferentes bancos de dados nos quais as sequências de DNA ou de aminoácidos de proteínas são depositadas pelos pesquisadores.

>> Como obter uma sequência de um banco de dados

Existem alguns bancos de dados de sequências disponíveis na Internet, nos quais é possível obter a informação desejada. Enquanto alguns bancos são específicos de uma espécie ou de um grupo de espécies, outros contêm sequências de qualquer organismo que já tenha sido estudado, permitindo o acesso fácil a essa informação (Quadro 5.1).

Quadro 5.1 >> Exemplos de bancos de dados de sequências de DNA e proteínas

Banco	Site	Dados
NCBI - National Center for Biotechnology Information	www.ncbi.nlm.nih.gov/genbank	Nucleotídeos (DNA, RNA) proteínas, genomas, moléculas
EBI-EMBL- The European Bioinformatics Institute- European Molecular Biology Laboratory	www.ebi.ac.uk	Nucleotídeos (DNA, RNA)
DDBJ - DNA Data Bank of Japan	www.ddbj.nig.ac.jp	Nucleotídeos (DNA, RNA)
UNIPROT - Universal Protein Resource	www.uniprot.org	Proteínas

Fonte: Os autores.

Utilizando os mecanismos de busca, é possível localizar a sequência contendo a região desejada por meio de identificadores relacionados ao tema, como palavras-chave, nome do gene ou do marcador molecular, nome científico da espécie ou cepa específica.

O GenBank é o banco de dados do National Center for Biotechnology Information (NCBI) e contêm sequências DNA e RNA de diversas espécies depositadas por pesquisadores, Assim como outros bancos de dados existentes, o GenBank é de livre acesso, ou seja, é possível realizar pesquisas em qualquer computador com acesso à Internet.

AGORA É A SUA VEZ

- Acesse o site www.ncbi.nlm.nih.gov/genbank.
- Clique em "Search Genbank".
- Digite no buscador do site os identificadores "*Mycoplasma gallisepticum* cytadhesin".

Serão mostrados os resultados obtidos. Normalmente o título do arquivo da sequência apresenta o nome da espécie, a cepa, a variante ou subespécie, o gene ou marcador e o tipo de molécula (DNA ou RNA). Abaixo do link, há informações sobre se a sequência contém o gene completo ou parcial, o tamanho em nucleotídeos (bp – *base pairs*) da sequência, o formato (linear ou circular) e o tipo de molécula (DNA ou RNA). Clique em um dos resultados para abrir a página da sequência.

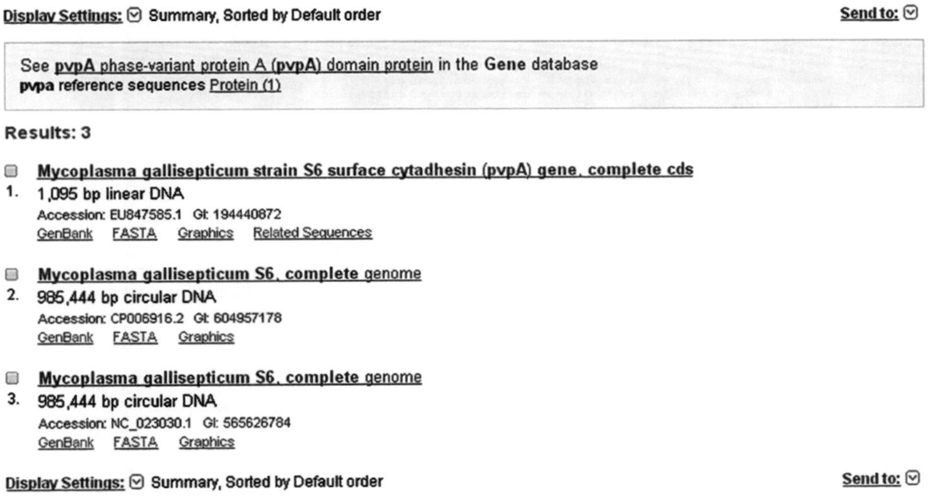
Display Settings: Summary, Sorted by Default order
Send to:

See pvpA phase-variant protein A (pvpA) domain protein in the Gene database
pvpa reference sequences Protein (1)

Results: 3

1. Mycoplasma gallisepticum strain S6 surface cytadhesin (pvpA) gene, complete cds
1,095 bp linear DNA
Accession: EU847585.1 GI: 194440872
GenBank FASTA Graphics Related Sequences

2. Mycoplasma gallisepticum S6, complete genome
985,444 bp circular DNA
Accession: CP006916.2 GI: 604957178
GenBank FASTA Graphics

3. Mycoplasma gallisepticum S6, complete genome
985,444 bp circular DNA
Accession: NC_023030.1 GI: 565626784
GenBank FASTA Graphics

Display Settings: Summary, Sorted by Default order
Send to:

Figura 5.1 >> Exemplo de resultado da página de busca por registro de sequências de nucleotídeos no banco de dados GenBank. São informados o título do registro (que contém a espécie e o gene), o tamanho em pares de bases (bp), o tipo de molécula e o número de acesso.

Fonte: National Center for Biotechnology Information Search Database (c2016a).

Cada sequência é identificada por um ID. Na Figura 5.1, por exemplo, o ID é EU847585.1, o qual pode ser utilizado para facilitar a busca e identificar a sequência utilizada. Dependendo do objetivo da busca, a página da sequência irá apresentar diversas informações úteis para a escolha.

Além dos dados contidos no título (espécie, cepa, gene, tamanho e tipo de molécula), podemos encontrar a classificação biológica da espécie e a referência bibliográfica na qual a sequência foi citada (Fig. 5.2). No caso de regiões codificantes, constarão a proteína transcrita pela sequência e o códon de iniciação, seguidos pelos nucleotídeos da sequência ordenados em grupos de 10 e numerados no início de cada linha.

Essa visualização apresenta todos os dados para a escolha da sequência com base nos critérios relacionados ao objetivo do pesquisador, porém não é prática para a manipulação da sequência. Para um formato mais prático e resumido, basta clicar no link "FASTA", localizado abaixo do cabeçalho (Fig. 5.2, indicado pela seta).

Mycoplasma gallisepticum strain S6 surface cytadhesin (pvpA) gene, complete cds

GenBank: EU847585.1

FASTA Graphics

```
LOCUS       EU847585             1095 bp    DNA     linear   BCT 18-SEP-2009
DEFINITION  Mycoplasma gallisepticum strain S6 surface cytadhesin (pvpA) gene,
            complete cds.
ACCESSION   EU847585
VERSION     EU847585.1  GI:194440872
KEYWORDS    .
SOURCE      Mycoplasma gallisepticum S6
  ORGANISM  Mycoplasma gallisepticum S6
            Bacteria; Tenericutes; Mollicutes; Mycoplasmataceae; Mycoplasma.
REFERENCE   1  (bases 1 to 1095)
  AUTHORS   Chernov,V.M., Chernova,O.A., Gorshkov,O.V. and Mouzykantov,A.A.
  TITLE     Mycoplasma Adaptation to Stress Factors: Nucleotide Sequences
            Absent in Vegetative Forms of Mycoplasma gallisepticum S6 Cells Are
            Found in Nonculturable Forms
  JOURNAL   Mol. Biol. (N.Y.) 43 (4), 591-595 (2009)
REFERENCE   2  (bases 1 to 1095)
  AUTHORS   Chernova,O.A., Gorshkov,O.V., Mouzykantov,A.A. and Chernov,V.M.
  TITLE     Direct Submission
  JOURNAL   Submitted (23-JUN-2008) Laboratory of Molecular Basis of
            Pathogenesis, Institute of Biochemistry and Biophysics,
            Lobachevskogo St., 2/31, P.O. 30, Kazan 420111, Russia
FEATURES             Location/Qualifiers
     source          1..1095
                     /organism="Mycoplasma gallisepticum S6"
                     /mol_type="genomic DNA"
                     /strain="S6"
                     /db_xref="taxon:1006581"
     gene            7..1092
                     /gene="pvpA"
     CDS             7..1092
                     /gene="pvpA"
                     /codon_start=1
                     /transl_table=4
                     /product="surface cytadhesin"
                     /protein_id="ACF70729.1"
                     /db_xref="GI:194440873"
                     /translation="MGQELNKLKKHKIISIVLMAIGALILLSGIALTAVIASPINSVE
                     VTEMMNGQEVTTTKKISTFAFLINMLPNYQLSTLGYLQITAAAAGLVVGIVLLALGAT
                     FFVKTRRKTNEMLAALQDAEEEEVAQEEQAEENVEVTPTQQAEVKTEQLIGTQLVTTD
                     VASNQAAGTEQVEGDLLRPSQQPTEMRPAPSPMGSPKLLGPNQAGHPQHGPRPMNAHP
                     GQPRPQQAGPRPMGAGGSNQPRPMPNGPQNQQGPRPMNPQGNPRPGPAGPRPNGPQNS
                     QPRPQPAGPRPMGAGRSNQPRPMPNGPQNQQGPRPMNPQGNPRPQPAGVRPNSPQANQ
                     PGPRPTPNNPQGPRPMGPRPNGGPNRA"
ORIGIN
        1 actaaaatgg ggcaagagtt aaataaatta aaaaaacata agatcatatc gatcgtttta
       61 atggctattg gggctcttat tttattgtca gggattgcac taacagcagt tatagcaagc
      121 ccaattaact cagtagaagt tacagagatg atgaatggtc aagaagtcac aacaactaaa
      181 aagattagta cgtttgcctt cttaatcaac atgttaccaa attaccaact aagtacactt
      241 ggttacttac agattacagc agctgctgct ggacttgtag tagggattgt attacttgca
      301 ttaggcgcaa cattctttgt taaaactaga cgtaaaacaa atgaaatgct tgctgcactt
      361 caagatgctg aagaagaaga agtggcacaa gaagaacaag ctgaagaaaa tgttgaagtc
      421 actccaactc aacaagctga agttaagact gaacaattaa ttggcacaca attagtaaca
      481 actgatgtag ctagcaatca agctgcaggt actgaacaag ttgaaggtga tttattacgt
      541 cctagtcaac aaccaacgga aatgcgtcca gctccttcac caatgggtag tcctaagtta
      601 ttaggtccaa accaagctgg tcatccacaa cacggaccac gtccgatgaa tgctcatcca
      661 ggtcaaccac gtcctcaaca agctggccca cgtccaatgg gagctggtgg atctaaccaa
      721 ccaagaccca tgccaaatgg tccacaaaac caacaaggtc caagaccaat gaaccctcaa
      781 ggcaatcctc gtcctggacc agctggccca cgacctaacg gcccacaaaa ttctcaacca
      841 cgtcctcaac cagctggccc acgtccaatg ggagctggta gatctaacca accaagacca
      901 atgccaaatg gtccacaaaa ccaacaaggt ccaagaccaa tgaaccctca aggcaatcct
      961 cgtcctcaac cagctggtgt cagacctaac agcccacaag ctaaccagcc aggaccacgt
     1021 ccaacgccaa ataatcctca aggaccacgg ccaatgggtc caagaccaaa tggagggcca
     1081 aaccgagctt aatta
```

Figura 5.2 » **Exemplo de apresentação das informações referentes à sequência armazenada no GenBank. A seta indica o link para a visualização resumida no modelo FASTA.**

Fonte: National Center for Biotechnology Information Search Database (c2016b).

A página irá apresentar um resumo dos dados contendo um cabeçalho com as principais informações e a sequência em uma única linha (Fig. 5.3). Copie a sequência para um editor de texto (Word ou bloco de notas), mantendo o cabeçalho que inicia com o sinal de maior que (>) para a posterior identificação da sequência.

Também é possível salvar a sequência diretamente do site. Para isso, basta clicar no link "Send", selecionar a informação desejada (completa ou apenas a sequência), clicar na opção de baixar como arquivo (*file*) e escolher o destino. É possível salvar o arquivo em um formato de análise (.fasta) ou como texto (.txt). Dessa forma, sequências de genes, cepas ou espécies diferentes podem ser obtidas do banco de dados, conforme o objetivo desejado, e posteriormente analisadas.

Mycoplasma gallisepticum strain S6 surface cytadhesin (pvpA) gene, complete cds

GenBank: EU847585.1

GenBank Graphics

```
>gi|194440872|gb|EU847585.1| Mycoplasma gallisepticum strain S6 surface
cytadhesin (pvpA) gene, complete cds
ACTAAAATGGGGCAAGAGTTAAATAAATTAAAAAAACATAAGATCATATCGATCGTTTTAATGGCTATTG
GGGCTCTTATTTTATTGTCAGGGATTGCACTAACAGCAGTTATAGCAAGCCCAATTAACTCAGTAGAAGT
TACAGAGATGATGAATGGTCAAGAAGTCACAACAACTAAAAAGATTAGTACGTTTGCCTTCTTAATCAAC
ATGTTACCAAATTACCAACTAAGTACACTTGGTTACTTACAGATTACAGCAGCTGCTGCTGGACTTGTAG
TAGGGATTGTATTACTTGCATTAGGCGCAACATTCTTTGTTAAAACTAGACGTAAAACAAATGAAATGCT
TGCTGCACTTCAAGATGCTGAAGAAGAAGAAGTGGCACAAGAAGAACAAGCTGAAGAAAATGTTGAAGTC
ACTCCAACTCAACAAGCTGAAGTTAAGACTGAACAATTAATTGGCACACAATTAGTAACAACTGATGTAG
CTAGCAATCAAGCTGCAGGTACTGAACAAGTTGAAGGTGATTTATTACGTCCTAGTCAACAACCAACGGA
AATGCGTCCAGCTCCTTCACCAATGGGTAGTCCTAAGTTATTAGGTCCAAACCAAGCTGGTCATCCACAA
CACGGACCACGTCCGATGAATGCTCATCCAGGTCAACCACGTCCTCAACAAGCTGGCCCACGTCCAATGG
GAGCTGGTGGATCTAACCAACCAAGACCCATGCCAAATGGTCCACAAAACCAACAAGGTCCAAGACCAAT
GAACCCTCAAGGCAATCCTCGTCCTGGACCAGCTGGCCCACGACCTAACGGCCCACAAAATTCTCAACCA
CGTCCTCAACCAGCTGGCCCACGTCCAATGGGAGCTGGTAGATCTAACCAACCAAGACCAATGCCAAATG
GTCCACAAAACCAACAAGGTCCAAGACCAATGAACCCTCAAGGCAATCCTCGTCCTCAACCAGCTGGTGT
CAGACCTAACAGCCCACAAGCTAACCAGCCAGGACCACGTCCAACGCCAAATAATCCTCAAGGACCACGG
CCAATGGGTCCAAGACCAAATGGAGGGCCAAACCGAGCTTAATTA
```

Figura 5.3 >> Apresentação dos dados da sequência na visualização FASTA.

Fonte: National Center for Biotechnology Information Search Database (c2016b).

AGORA É A SUA VEZ

Realize buscas por sequências de nucleotídeos utilizando as seguintes palavras-chave: cytochrome b, tyrosinase, p53 protein, reverse transcriptase, human hemoglobin. Anote as principais informações sobre os resultados obtidos numa tabela composta pelas seguintes colunas: gene, espécie, ID, tipo de molécula e tamanho.

>> Comparação com outras sequências

Após a obtenção das sequências de nucleotídeos ou aminoácidos, é necessária a comparação entre estas e as demais sequências dos bancos de dados. Essa comparação é chamada de **alinhamento**, e existem diversos sites e programas disponíveis para sua realização. O primeiro passo a ser realizado é a comparação da sequência escolhida com o banco de dados, visando avaliar a especificidade desta. Uma ferramenta disponível é o BLAST (Basic Local Alignment Search Tool – http://blast.ncbi.nlm.nih.gov/Blast.cgi), o qual compara a sequência informada com todas as sequências existentes no GenBank quanto à similaridade.

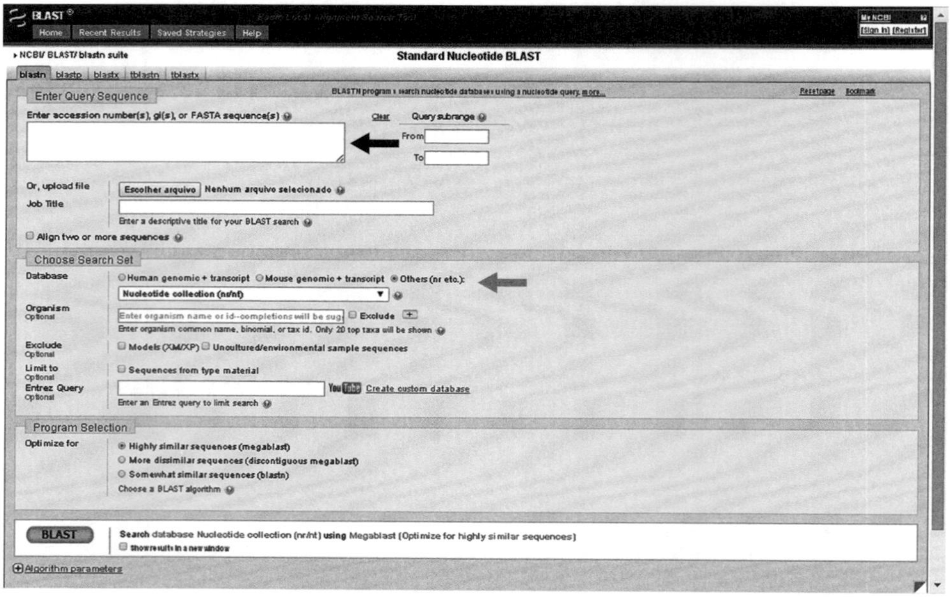

Figura 5.4 >> **Visualização da página do BLAST. A sequência é inserida na janela de busca para a comparação com o banco de dados do GenBank. A seta escura indica a janela do buscador, na qual deve ser inserida a sequência. A seta clara indica as opções de busca limitada a bancos de dados específicos (*human, mouse*) ou gerais (*others*).**

Fonte: National Center for Biotechnology Information Search Database (c2016c).

AGORA É A SUA VEZ

Siga os passos abaixo para a realização de uma busca utilizando o BLAST:

1. Acesse a página de busca do BLAST (http://blast.ncbi.nlm.nih.gov/).
2. Escolha a ferramenta de alinhamento de nucleotídeos - *nucleotide BLAST*.
3. A página apresenta uma janela para inserção da sequência que se deseja comparar ao banco de dados e algumas opções de configuração (Fig. 5.4).
4. Copie e cole a sequência obtida na atividade anterior na janela de busca (seta escura na Figura 5.4, *Enter Query Sequence*).
5. Também é possível carregar a sequência do arquivo FASTA salvo em seu computador.
6. Na seção "Database" (indicada pela seta clara na Figura 5.4 – *Choose Search Set*), é possível restringir a busca a sequências específicas de humanos (*human*), camundongo (*mouse*) ou de todas as espécies (*others*).
7. Para realizar o alinhamento com a sequência salva na atividade anterior, escolha *"others"*. As demais configurações podem ser mantidas como o padrão de busca.
8. Clique em BLAST (Fig. 5.4) para realizar a busca e aguarde a página de resultados ser carregada.

O BLAST exibe os resultados de diferentes maneiras, de modo que seja possível realizar uma avaliação crítica deles com base em diferentes parâmetros. Inicialmente é mostrado na forma de um gráfico interativo que reflete o grau de identidade utilizando barras coloridas.

Ao passar o cursor sobre cada barra, observa-se o nome da sequência representada (Fig. 5.5a). Clicando na barra, avança-se para o alinhamento com a respectiva sequência (Fig. 5.6). Abaixo do gráfico se observa um quadro com a identificação das sequências, o título, os parâmetros de identidade *"Max score"*, *"Total score"*, *"Query coverage"*, *"E-value"* e *"Max ident"*. Quanto maior o *score*, maior a similaridade com a sequência informada. O *E-value* é uma estimativa estatística da probabilidade de alinhamentos idênticos ao acaso. Quanto menor o *E-value*, mais expressivo é o alinhamento entre os pares de sequência.

Os resultados do alinhamento entre a sequência informada e o banco de dados do Genbank são apresentados por ordem de similaridade, começando com a que apresenta maior similaridade com a informada (Fig. 5.5b).

a)

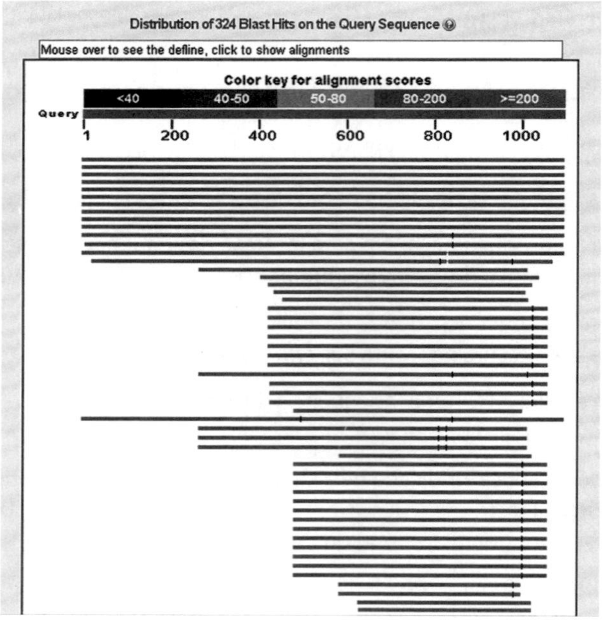

b)

Sequences producing significant alignments:

Select: All None Selected:0

Alignments Download GenBank Graphics Distance tree of results

Description	Max score	Total score	Query cover	E value	Ident	Accession
Mycoplasma gallisepticum strain S6 surface cytadhesin (pvpA) gene, complete cds	2023	2527	100%	0.0	100%	EU847585.1
Mycoplasma gallisepticum S6, complete genome	2012	2516	100%	0.0	99%	CP006916.2
Mycoplasma gallisepticum NC08_2008.031-4-3P, complete genome	1914	2402	100%	0.0	98%	CP003513.1
Mycoplasma gallisepticum WI01_2001.043-13-2P, complete genome	1914	2402	100%	0.0	98%	CP003510.1
Mycoplasma gallisepticum NY01_2001.047-5-1P, complete genome	1914	2402	100%	0.0	98%	CP003509.1
Mycoplasma gallisepticum CA06_2006.052-5-2P, complete genome	1901	2389	100%	0.0	98%	CP003512.1
Mycoplasma gallisepticum NC96_1596-4-2P, complete genome	1901	2389	100%	0.0	98%	CP003508.1
Mycoplasma gallisepticum NC95_13295-2-2P, complete genome	1901	2389	100%	0.0	98%	CP003507.1
Mycoplasma gallisepticum VA94_7994-1-7P, complete genome	1901	2389	100%	0.0	98%	CP003506.1
Mycoplasma gallisepticum NC06_2006.080-5-2P, complete genome	1895	2383	100%	0.0	98%	CP003511.1
Mycoplasma gallisepticum str. R(high), complete genome	1424	2358	100%	0.0	97%	CP001872.1
Mycoplasma gallisepticum putative variable cytadhesin protein (pvpA) gene, complete cds	1413	2342	99%	0.0	97%	AF224059.1
Mycoplasma gallisepticum str. F, complete genome	1347	1771	99%	0.0	96%	CP001873.1
Mycoplasma gallisepticum strain Pendik cytadhesin (pvpA) gene, partial cds	1301	2124	95%	0.0	96%	DQ989519.2
Mycoplasma gallisepticum strain PG31 cytadhesin (pvpA) gene, partial cds	1266	1809	68%	0.0	97%	HQ843990.1
Mycoplasma gallisepticum S6 PvpA (pvpA) gene, partial cds	1151	1656	57%	0.0	99%	JN001170.1
Mycoplasma gallisepticum strain Mg ss PvpA (pvpA) gene, partial cds	1011	1554	54%	0.0	97%	EF188270.1
Mycoplasma gallisepticum strain K5054 surface cytadhesin protein (pvpA) gene, partial cds	976	1464	52%	0.0	98%	AF525808.1
Mycoplasma gallisepticum strain MG TLS-2 putative cytoadhesion protein (pvpA) gene, partial (	961	1465	50%	0.0	98%	JN113336.1
Mycoplasma gallisepticum strain IRHB10CK06 PvpA (pvpA) gene, partial cds	904	1388	58%	0.0	94%	EF188269.1
Mycoplasma gallisepticum strain IRHB08CK06 PvpA (pvpA) gene, partial cds	904	1388	58%	0.0	94%	EF188267.1

Figura 5.5 >> Visualização dos resultados da busca do BLAST por sequências similares. (a) Gráfico de similaridade entre a sequência informada e as depositadas no GenBank. (b) Dados de identificação e parâmetros de identidade.

Fonte: National Center for Biotechnology Information Search Database (c2016d).

Abaixo do quadro são observados os alinhamentos entre a sequência informada e cada uma das sequências no banco de dados escolhidas pelo BLAST, na região com identidade e os nucleotídeos idênticos são indicados por meio de barras verticais entre estes. Os nucleotídeos que divergem não possuem barras.

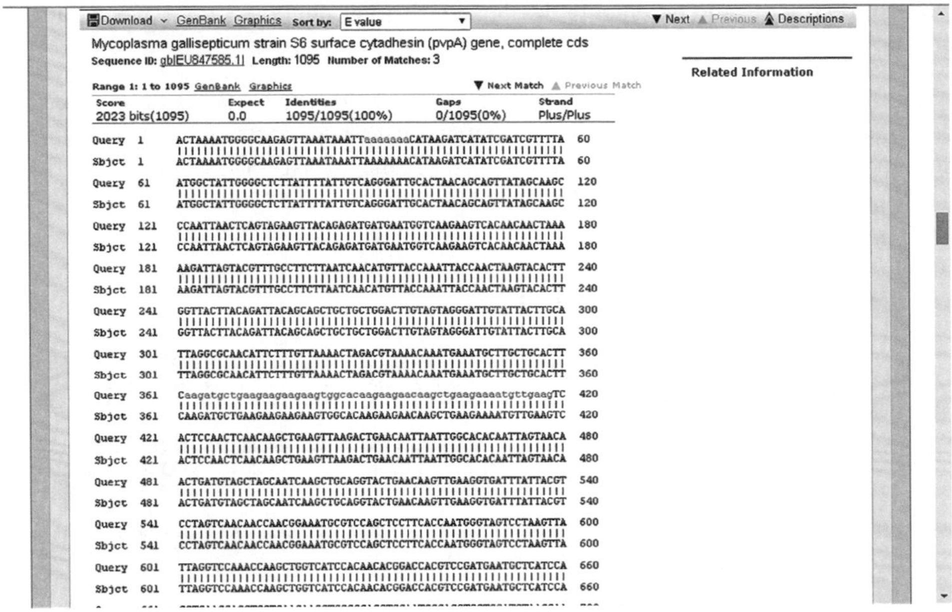

Figura 5.6 >> Demonstração do resultado obtido pelo BLAST da identidade entre a sequência submetida (*query*) e a depositada no GenBank (Sbjct).

Fonte: National Center for Biotechnology Information Search Database (c2016d).

> As sequências que apresentarem alta similaridade com aquela informada podem ser selecionadas para posterior utilização clicando no link para as respectivas páginas, como descrito anteriormente neste capítulo.

Com base no alinhamento, é possível identificar diferentes informações, como:

- a qual espécie a sequência pesquisada pertence, ou qual grupo de espécies apresentam maior similaridade;
- o gene;
- regiões de alta e baixa similaridade com outras espécies e outros genes a fim de desenvolver ferramentas de diagnóstico com alta especificidade.

Comparação entre duas ou mais sequências (alinhamento par a par)

Outro tipo de ferramenta de alinhamento permite a comparação entre duas ou mais sequências informadas pelo pesquisador. Um exemplo desse tipo de alinhamento é o ClustalW[1], que pode ser utilizado diretamente do site ou instalado no computador, sendo também utilizado como ferramenta de alinhamento por diferentes softwares de análise genética.

Neste caso, as sequências a serem comparadas são inseridas na janela de busca, iniciando pelo símbolo de maior que (>) e o nome da sequência, seguidos pela sequência, ou a partir de um arquivo FASTA. Após a submissão, o alinhamento é mostrado com as sequências em linhas paralelas e asteriscos abaixo dos nucleotídeos idênticos.

```
CLUSTAL 2.1 multiple sequence alignment


seq1            ACTAAAATGGGGCAAGAGTTAAATAAATTAAAAAAACATAAGATCATATCGATCGTTTTA 60
seq2            ACTAAAATGGGGCAAGAGTTAAATAAATTAAAAAAACATAAGATCATATCGATCGTTTTA 60
                ************************************************************

seq1            ATGGCTATTGGGGCTCTTATTTTATTGTCAGGGATTGCACTAACAGCAGTTATAGCAAGC 120
seq2            ATGGCTATTGGGGCTCATCTTTTATTCTCAGGCATTCCACTTACAGCAGCTATCGCAAGC 120
                **************** * ******* ***** *** **** ******* *** ******

seq1            CCAATTAACTCAGTAGAAGTTACAGAGATGATGAATGGTCAAGAAGTCACAACAACTAAA 180
seq2            CCAATTAACTCAGTAGAAGTTACAGATATGATGAATGGTCAAGAAGTCACAACAACTAAT 180
                ************************** ********************************* 

seq1            AAGATTAGTACGTTTGCCTTCTTAATCAACATGTTACCAAATTACCAACTAAGTACACTT 240
seq2            AAGATTAGTACGTTTGCCTTCTTAATCAACATGTTAGCAAATTACCAACTAAGTACACTT 240
                ************************************ ***********************

seq1            GGTTACTTACAGATTACAGCAGCTGCTGCTGGACTTGTAGTAGGGATTGTATTACTTGCA 300
seq2            GGTTACTTACAGATTACAGCAGCTGCTGCTGGACTTGTAGTAGGGACTGTCTTACATGCT 300
                ********************************************** *** **** *** 

seq1            TTAGGCGCAACATTCTTTGTTAAAACTAGACGTAAAACAAATGAAATGCTTGCTGCACTT 360
seq2            TTAGGCGCAACATTCTTGGTTAACACTAGACGTAAAACAAATGAAATGCTTGCTGCACTT 360
                ***************** ***** ************************************
```

Figura 5.7 >> Visualização do resultado do alinhamento entre duas sequências utilizando o programa ClustalW. Nucleotídeos idênticos entre as sequências são indicados por um asterisco.
Fonte: Clustal ... (c2016).

Dessa maneira, é possível tanto confirmar se uma sequência obtida em uma reação de sequenciamento equivale à esperada quanto escolher regiões conservadas entre diferentes espécies ou cepas para, por exemplo, desenvolver um teste de PCR ou identificar os nucleotídeos em que as sequências diferem a fim de desenhar iniciadores (primers) específicos para cada uma com base nessas diferenças.

[1] Disponível em http://www.ebi.ac.uk/Tools/msa/clustalw2/

>> Desenhando primers

A fim de realizar análises moleculares utilizando a técnica da PCR, é necessária a síntese de um par de primers específicos para a sequência que se deseja analisar. Esses primers devem apresentar identidade com a sequência-alvo e especificidade suficiente para que hibridizem apenas na região esperada da espécie-alvo. Utilizando os procedimentos descritos anteriormente, é possível obter a sequência desejada de um banco de dados e realizar alinhamentos a fim de identificar regiões que apresentem estas características.

O próximo passo é a escolha ou desenho dos primers. Por envolver etapas de desnaturação e hibridização entre moléculas realizadas a temperaturas variáveis, alguns critérios devem ser seguidos no desenho dos primers para garantir o sucesso da técnica, entre eles seu tamanho, o comprimento do fragmento amplificado (localizado entre os primers), a temperatura em que estes irão anelar ao DNA-alvo (*melting temperature* ou TM) e o conteúdo de citosina e guanina (G e C). Para facilitar a análise desses critérios, existem algumas ferramentas disponíveis, entre elas o PRIMER3.[2]

O site do PRIMER3 permite que seja fornecida uma sequência na qual serão escolhidas as regiões que mais se adequam a parâmetros preestabelecidos. Alguns dos critérios que podem ser informados são:

Alvo *(target)*: Uma região dentro da sequência informada que deve estar presente no fragmento amplificado, e os primers escolhidos pelo programa irão obrigatoriamente abranger essa região.

Excluir regiões *(excluded regions)*: Caso existam regiões em que os primers não devem ser escolhidos, essas podem ser indicadas ao programa. Por exemplo, regiões com baixa similaridade (no caso de reações que visam amplificar o mesmo gene em diferentes espécies) ou regiões pouco informativas (no caso de análises filogenéticas).

Tamanho do fragmento *(product size ranges)*: Faixas de tamanho do produto da PCR produzido pelos primers. Devem ser informadas conforme a aplicação da técnica, preferencialmente não sendo menor que 100 nucleotídeos. Fragmentos maiores fornecem mais informação caso o objetivo for o sequenciamento. Entretanto, as enzimas apresentam limitações, e fragmentos muito grandes (acima de 1.000 nucleotídeos) podem ter baixa eficiência.

Tamanho dos primers: Geralmente varia entre 18 e 27. Primers maiores ou menores podem apresentar problemas.

Temperatura de anelamento (Primer Tm)**:** Temperaturas entre 55 e 65°C são utilizadas com maior frequência.

[2] Disponível em http://frodo.wi.mit.edu/

Conteúdo de GC: Em razão das interações entre as moléculas, o excesso ou a falta de nucleotídeos G e C podem impedir a realização da reação e influenciar o Tm dos primers desenhados. Dependendo da sequência informada, valores muito estreitos podem reduzir a disponibilidade de regiões adequadas. Pode-se deixar entre 20 e 80%, escolhendo posteriormente aqueles com valores próximos a 50%.

Para iniciar a utilização do PRIMER3, os demais parâmetros podem ser mantidos no padrão. Os melhores primers desenhados pelo programa são mostrados com a posição dos primers na sequência informada, seu tamanho, Tm, conteúdo de GC e sequência dos primers na orientação direta (*left* primer ou *foward*) e contrária (*right* primer ou *reverse*). O tamanho da sequência (*product size*) inclui todo o fragmento que será amplificado pelo par de primers, de uma extremidade 5' a outra. Para a visualização, são mostradas as regiões de anelamento dos primers à sequência como setas (>) abaixo da sequência, indicando a orientação de cada primer. Pares de primers adicionais, desenhados em outras regiões, são apresentados abaixo.

Primer3 Output

```
No mispriming library specified
Using 1-based sequence positions
OLIGO            start  len      tm     gc%   any    3' seq
LEFT PRIMER        135   20   60.07   50.00  3.00  1.00 TACCCTGGAAGGATTTGCTG
RIGHT PRIMER       532   20   60.02   45.00  4.00  0.00 AGATTCGTTGCGCTTGTTCT
SEQUENCE SIZE: 1080
INCLUDED REGION SIZE: 1080

PRODUCT SIZE: 398, PAIR ANY COMPL: 3.00, PAIR 3' COMPL: 0.00

    1 CTGCGCAATCCTGGAAACCACGACAAAGCCAGGACCCCGAGGCTCCCCTCCTCGGCTGAT


   61 GTGGAGTTTTGCCTGAGTTTGACCCAGTATGAATCAGGTTCCATGGATAAAGCTGCCAAT


  121 TTCAGCTTTAGAAATACCCTGGAAGGATTTGCTGATCCAGTTACTGGGATAGCAGATGCC
                    >>>>>>>>>>>>>>>>>>>>

  181 TCTCAAAGCAGTATGCACAATGCCTTGCACATCTACATGAACGGAACGATGTCCCAGGTA


  241 CCAGGATCTGCCAATGATCCCATCTTCCTTCTTCATCACGCGTTTGTTGACAGTATTTTT


  301 GAACAGTGGCTTCGAAAGTATCATCCTCTTCAAGATGTTTATCCAGAAGCTAATGCACCC


  361 ATTGGGCACAACCGGGAATCCTACATGGTTCCTTTCATCCCTCTCTACAGAAACGGTGAC


  421 TTCTTTATTTCATCCAAAGATCTAGGCTACGACTATAGCTACCTACAAGATTCAGAACCG


  481 GACATTTTTCAAGATTACATTAAGCCCTACTTAGAACAAGCGCAACGAATCTGGCCGTGG
                                      <<<<<<<<<<<<<<<<<<<<
```

Figura 5.8 >> Resultados do PRIMER3. Os dados dos primers sugeridos são indicados acima: Localização (*start*), tamanho do primer (*len*), temperatura de anelamento (tm), conteúdo de G e C (gc%) e sequências dos primers (seq). O valor de *product size* indica o tamanho em nucleotídeos (pb) do fragmento que será obtido pela PCR utilizando o par de primers sugerido. As regiões da sequência na qual os primers estão localizados são indicadas pelos símbolos >. Observe o alinhamento e a complementaridade de cada primer.

Fonte: Primer 3 (2012).

>> Enzimas de restrição

As enzimas de restrição são muito utilizadas nas técnicas da biologia molecular com diferentes objetivos, como o de realizar manipulações genéticas para a criação de moléculas de DNA recombinantes, o mapeamento genético, a clonagem de genes para o diagnóstico por RFLP (*restriction fragment length polymorph* – polimorfismo do comprimento de fragmento de restrição) de mutações associadas a doenças genéticas e para a diferenciação entre cepas de microrganismos ou variantes virais.

O Capítulo 1 deste livro traz mais informações sobre polimorfismo do comprimento de fragmento de restrição.

Essas aplicações são possíveis graças à capacidade dessas enzimas de cortar as moléculas de DNA de fita dupla em sítios específicos. Os pontos da molécula de DNA nos quais serão realizadas as quebras ou os sítios de corte são constituídos por combinações específicas de nucleotídeos que possuem simetria inversa, ou seja, segmentos que apresentam a mesma ordem dos nucleotídeos no sentido 5' – 3' em ambas as fitas, chamados de palíndromos. Cada enzima reconhece apenas um sítio de corte específico, existindo atualmente centenas de enzimas conhecidas e disponíveis para utilização.

Saiba mais sobre mutações nas sequências de DNA lendo a seção Enzimas de restrição do Capítulo 1 deste livro.

Mutações nas sequências podem criar novos sítios ou eliminar sítios existentes, alterando o padrão de corte das enzimas. Essas mudanças resultam em diferentes combinações de fragmentos de DNA em cada sequência ou alelo. Dessa forma, ao planejar uma técnica ou ensaio que envolva quebra de uma molécula de DNA, é preciso analisar a sua sequência a fim de identificar os sítios de corte de enzimas de restrição que estão presentes antes de realizar o procedimento.

Como existem muitas combinações de nucleotídeos possíveis em cada sequência e diversas enzimas utilizáveis, o que torna a busca manual demorada, a utilização de um mecanismo de busca facilita esse processo. O programa NEBcutter é um exemplo de mecanismo de busca de sítios de restrição em sequências, elaborado por um fabricante de enzimas.

O link para o programa NEBcutter está disponível no site do Grupo A, loja.grupoa.com.br.

Essa ferramenta irá analisar a sequência informada e criará um gráfico dos pontos de corte existentes ao longo da fita para um conjunto predefinido de enzimas comerciais. É possível visualizar o sítio reconhecido e a posição do corte na sequência e, assim, prever o tamanho dos fragmentos gerados, bem como escolher a enzima mais adequada para cada análise. A comparação entre o resultado de sequências de diferentes alelos ou cepas permite identificar os sítios de corte que distinguem umas das outras. Dessa forma, é possível elaborar ensaios que permitam identificar qual o alelo ou a cepa presente por meio do padrão de fragmentos formado pelo corte com uma ou mais enzimas.

AGORA É A SUA VEZ

Identifique variações entre sequências nos sítios de corte para enzimas de restrição utilizando a ferramenta NEBcutter.

- Acesse o site loja.grupoa.com.br.
- Clique no link do NEBcutter e copie a sequência 1 para a janela de busca do site, clicando a seguir em "*Submit*".
- Anote as posições dos sítios de corte das enzimas Msp I, Bsg I, Taq I, Mse I e Hpy166 II.
- Copie a sequência 2 para a janela de busca e repita a operação.
- Anote as posições dos sítios de corte das enzimas Msp I, Bsg I, Taq I, Mse I e Hpy166 II.
- Compare os resultados das duas sequências.

Qual é o padrão de fragmentos formado pelo corte das enzimas nas sequências 1 e 2? De que maneira é possível diferenciar as duas sequências utilizando as enzimas?

>> Biologia de sistemas

A vida no planeta apresenta vários níveis de organização, desde sistemas moleculares com funcionamento restrito a organelas específicas até células, organismos pluricelulares e comunidades biológicas envolvendo um grande número de indivíduos de diferentes espécies. Esse tipo de organização é característico de sistemas complexos, em que cada nível hierárquico não pode ser explicado simplesmente pela compreensão de níveis hierárquicos inferiores. De fato, os sistemas biológicos representam o caso mais extremo de complexidade do universo conhecido, tornando a sua completa compreensão uma tarefa bastante difícil.

Historicamente, a forma de estudo da biologia foi desenvolvida a partir da segmentação dos sistemas, estudando-os separadamente para, por fim, entendê-los individualmente. Diferentes níveis organizacionais têm sido estudados por diferentes ramos das ciências biológicas, como ecologia, fisiologia, bioquímica, biologia molecular, entre outros. Da mesma maneira, sistemas celulares têm sido desmembrados, sendo cada parte fundamental, como biomoléculas ou rotas bioquímicas, estudada isoladamente a fim de se compreender o funcionamento do sistema como um todo.

Essa estratégia reducionista tem sido utilizada durante décadas, e praticamente todo o conhecimento biológico que se tem atualmente é fruto desses estudos. Entretanto, uma das características de sistemas complexos é a presença de propriedades emergentes, em que o todo não pode ser explicado simplesmente pela soma de suas partes. Dessa forma, metodologias que procurem compreender os sistemas como uma unidade, avaliando seus componentes em conjunto, podem contribuir para o entendimento da biologia.

A partir da década passada, a biologia de sistemas tem ganhado força como um promissor ramo da biologia que tem se dedicado a entender os sistemas a partir do estudo das interações entre seus componentes. Seu crescimento tem sido favorecido pelo desenvolvimento de técnicas capazes de gerar uma grande quantidade de dados biológicos em um curto espaço de tempo.

Dentre essas novas tecnologias, denominadas coletivamente de técnicas de alto processamento (*high-throughput*), destacam-se microarranjo de DNA, sequenciamento de última geração e hibridização de proteínas. Com o desenvolvimento dessas técnicas, além da disponibilização de uma grande quantidade de genomas completos, foi possível obter informações de quais genes estão sendo transcritos na célula em um determinado momento sob uma determinada condição, ou até mesmo como funciona a interação entre diferentes proteínas em um dado organismo. Esses dados proporcionam uma avaliação em larga escala do funcionamento de células e tecidos.

A estratégia principal da biologia de sistemas é fazer uma simplificação das relações entre os sistemas, para que se possa analisar uma maior quantidade de dados. Uma das bases da biologia de sistemas é a aplicação da **teoria de grafos** sobre dados biológicos a partir da representação dos sistemas biológicos como redes de interações. Os grafos são utilizados para modelar sistemas complexos em diversas áreas do conhecimento, como física, ciências da computação, ciências sociais e ciências biológicas. Cada elemento de um grafo é chamado de vértice (ou nó), e cada ligação entre dois elementos é chamado de aresta (ou link).

A **teoria dos grafos** é um ramo das ciências exatas que estuda conjuntos de objetos a partir de suas relações par a par.

Para entender um pouco melhor a teoria dos grafos, vamos usar um exemplo conhecido, que são as rotas bioquímicas. Em uma rota bioquímica, geralmente representamos uma ideia de fluxo de massa entre os diferentes agentes da reação (substratos, enzimas, etc.). Ou seja, os substratos são sequencialmente modificados por enzimas, com a entrada e a saída de subprodutos nas reações (Fig. 5.9a). Temos uma informação bastante completa nesse tipo de representação, pois conseguimos saber qual molécula está sendo modificada, qual enzima está envolvida na catálise e qual a direção da reação.

Para representarmos uma rota bioquímica como uma rede de interações, transformamos os agentes em nós (ou nodos) e a relação entre eles em links (ou arestas). Existem vários tipos de redes de interações. Dentre elas, podemos destacar as redes metabólicas envolvendo diferentes classes de moléculas, como enzimas, substratos e cofatores, chamadas de redes metabólicas (Fig. 5.9b). Temos também as redes de interação proteína-proteína, que envolvem somente interações entre proteínas (Fig. 5.9c).

Da mesma forma, podemos ter redes direcionadas ou não direcionadas, redes com ou sem peso (chamadas de redes ponderadas), entre outras (Fig. 5.10). Ao passo que em uma rota bioquímica a direção das reações é uma informação fundamental, em uma rede de interações a topologia da rede se torna uma característica importante a ser analisada.

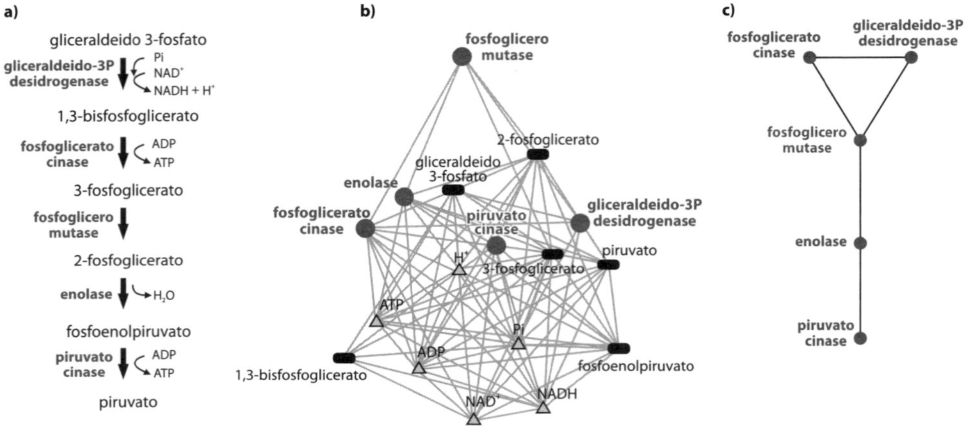

Figura 5.9 >> Três representações distintas da segunda fase da glicólise (fase de retorno). (A) Rota bioquímica clássica. (B) Rede metabólica. (C) Rede de interações proteína-proteína. As setas representam o fluxo de massa das modificações sofridas pelas moléculas, e as arestas representam interações entre as moléculas.

Fonte: Os autores.

Uma das formas de analisar as redes de interação é por meio de suas **propriedades topológicas**, ou seja, pela forma como as ligações se distribuem entre as diferentes componentes da rede. Tanto propriedades dos nós (p.ex., conectividade) quanto propriedades da rede (p.ex., coeficiente de clusterização e centralidade) têm sido amplamente utilizadas no estudo dos sistemas biológicos (Fig. 5.10).

A **conectividade** representa o número de nós da rede com o qual um determinado nó interage. Biologicamente, a conectividade de uma proteína pode ser interpretada como o número de outras proteínas com as quais ela interage. Algumas proteínas participam de processos bioquímicos específicos e interagem com um número limitado de outras proteínas. Em uma rede de interações proteína-proteína, essa proteína provavelmente apareceria com uma baixa conectividade. Outras proteínas, entretanto, podem participar de diferentes rotas bioquímicas. Consequentemente, essa proteína apresenta alta conectividade em sistemas biológicos.

O **coeficiente de clusterização** indica se os nós com os quais um determinado nó interage também são conectados entre si. Por exemplo, proteínas que fazem parte de complexos proteicos apresentam coeficiente de clusterização alto, visto que todos os membros do complexo interagem entre si, caracterizando um módulo biológico. De modo contrário, proteínas que participam de diversos processos metabólicos apresentam baixo coeficiente de clusterização por interagirem com várias outras proteínas que não interagem mutuamente entre si.

a)

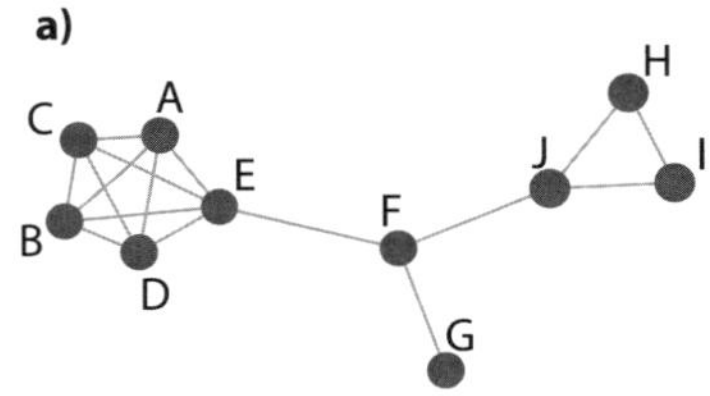

Rede não direcional e não ponderada

Aqui as interações entre os nós têm o mesmo peso e não há sentido direcional. O link simplesmente mostra que há uma ligação entre os nós.

Conectividade (K):

É o número total de conexões de um nó.
Ex.: $K_A = 5$; $K_G = 1$; $K_J = 3$.

Coeficiente de clusterização (C):

Indica se os vizinhos de um nó estão conectados entre si.
A fórmula é c = 2nA/kA(kA – 1), onde nA e o número de links entre os vizinhos de A e kA é o K de A.
Ex.: $C_A = 1$; $C_G = 0$; $C_J = 0.33$.

b)

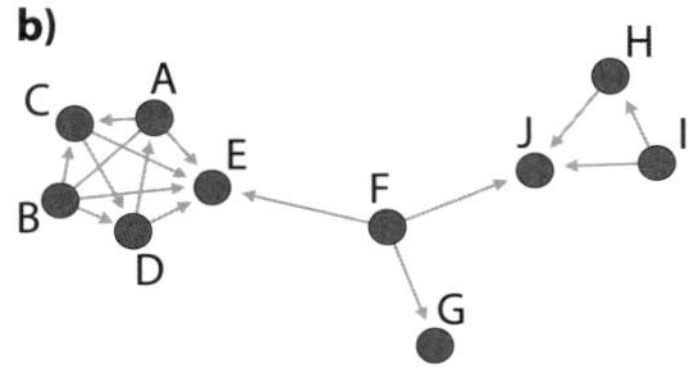

Rede direcional

Em uma rede direcional é possível representar o sentido da interação. É um tipo de representação bastante utilizado em redes regulatórias, onde determinados nós são regulados por outros, mas não o contrário. No exemplo ao lado, podemos interpretar que o nó F regula os nós G, E e J.

c)

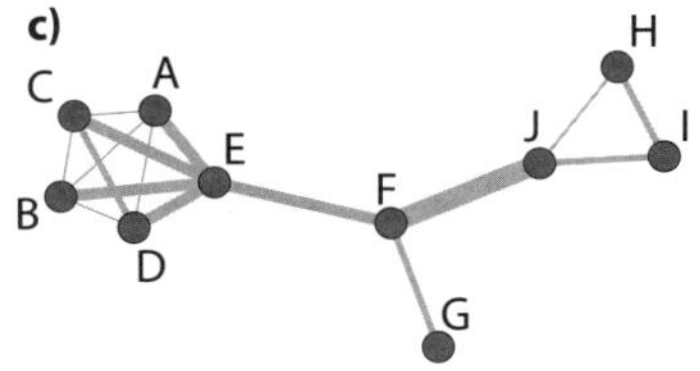

Rede ponderada (weighted network)

Em uma rede ponderada é possível representar diferentes intensidades de interação entre nós. Geralmente usa-se a espessura dos links para representar essa característica. Na rede ao lado, por exemplo, o nó F apresenta uma interação mais forte com o nó J do que com o nó G.

Figura 5.10 >> Diferentes tipos de redes de interação. (a) Rede não direcional e não ponderada. (b) Rede direcional. (c) Rede ponderada. Os links indicam ligação entre os nós. As setas indicam o sentido da ligação em B. A espessura dos links indica a intensidade da interação em C.

Fonte: Os autores.

>> Rede de interações proteína-proteína

Em uma rede de interações proteína-proteína - IPP (ou rede de interação proteica), os nós representam proteínas e os links representam a interação entre as proteínas. Podemos utilizar o mesmo tipo de rede para representar a interação gênica, em que os nós representam genes e os links representam a interação entre seus produtos proteicos. Essa interação pode ser de diferentes naturezas, como a fosforilação direta de uma proteína pela outra, a ligação física entre duas proteínas ou a participação de ambas em uma mesma rota bioquímica.

A informação acerca das ligações entre um par de determinadas proteínas advém de diferentes fontes. Atualmente, há grande quantidade de informação organizada e disponibilizada em diferentes bancos de dados, a maioria de acesso gratuito. Dentre os principais repositórios sobre interação proteica encontra-se o banco de dados STRING, que reúne vasta informação acerca de interações proteicas por integrar dados de diferentes repositórios.

O repositório **STRING** possui informações sobre a interação proteica de mais de duas mil espécies e disponibiliza os dados de uma forma organizada, de modo que o usuário pode definir qual tipo de interação lhe é de interesse (participação em uma mesma rota, interação física, co-ocorrência, coexpressão, etc.), bem como o grau de confiança das ligações inferidas. A possibilidade da escolha do grau de confiança torna o repositório bastante robusto, sendo considerado um dos melhores em informação de interações proteína-proteína.

Além de repositórios contendo informações sobre interação proteína-proteína, existem diversos bancos de dados contendo informações sobre os mais diversificados processos e biomoléculas, que podem ser utilizados como fonte de informação para a seleção de genes na montagem de uma rede, bem como para agregar informação funcional às redes. O repositório **KEGG** (Enciclopédia de Genes e Genomas de Kyoto, do inglês, Kyoto Encyclopedia of Genes and Genomes) merece destaque aqui devido a sua grande utilidade no estudo de sistemas biomoleculares. Esse banco de dados possui um vasto repertório de informações, como nomenclatura de enzimas, metabólitos, dados sobre alterações bioquímicas em estados patológicos, além da descrição detalhada de centenas de rotas de referência e suas particularidades em diferentes organismos.

Outro repositório que merece destaque é o **Gene Ontology**, que reúne informação sobre função gênica. Esse repositório organiza os genes sob aspectos funcionais, dividindo-os em três grandes grupos: processo biológico, função molecular ou componente celular. Para cada um deles, há uma indexação do gene (chamado de termo do GO), de acordo o papel executado dentro de cada subdivisão.

Os termos de processo biológico envolvem questões funcionais do gene, como qual tipo de rota bioquímica está envolvido. Os termos de função molecular envolvem qual o tipo de reação o produto gênico executa e os termos do componente celular estão relacionados com a local de atuação do produto gênico no ambiente celular ou extracelular. Informações sobre outros repositórios importantes são apresentadas no Quadro 5.2.

WWW

Os links para os repositórios descritos neste capítulo estão disponíveis no site do Grupo A (loja.grupoa.com.br).

Quadro 5.2 >> Alguns dos principais repositórios com informações sobre sistemas biológicos

Repositório e endereço eletrônico	Principais informações contidas
STRING - Known and Predicted Protein-Protein Interactions (http://string-db.org/)	Apresenta informação acerca de interações proteína-proteína para 1133 espécies, envolvendo archaea, bactérias e eucariotos. Apresenta ainda a ferramenta COG (Clusters of Orthologous Groups), que traz informação acerca de relações de ortologia entre diferentes proteínas.
STITCH: Chemical-Protein Interactions (http://stitch.embl.de/)	É considerado um repositório irmão do STRING. Entretanto apresenta informações sobre interação entre proteínas e outras moléculas, como fármacos.
KEGG: Kyoto Encyclopedia of Genes and Genomes (http://www.genome.jp/kegg/)	É um repositório bastante completo, onde constam informações sobre rotas bioquímicas e seus componentes em diferentes organismos. Também constam informações sobre genes envolvidos com diferentes patologias, associação com fármacos e informações de ortologia, entre outros.
Gene Ontology (http://www.geneontology.org/)	Apresenta informações acerca de funções de genes. Organiza a informação de acordo com o processo biológico, a função molecular ou componente celular.
HUGO Gene Nomenclature Committee (http://www.genenames.org/)	É o repositório oficial de nomenclatura de genes humanos. Apresenta uma lista de links que redirecionam para outros sites contendo informações sobre os genes pesquisados.
BRENDA: The Comprehensive Enzyme Information System (http://www.brenda-enzymes.info/)	Contêm informações moleculares e bioquímicas sobre enzimas como reações executada, tipo de catálise, etc.
GenBank (http://www.ncbi.nlm.nih.gov/genbank/)	É um repositório que disponibiliza sequências gênicas disponíveis publicamente.
Gene Expression Omnibus (http://www.ncbi.nlm.nih.gov/geo/)	É um repositório de dados de expressão gênica. Como é abastecido por pesquisadores de todo o mundo, apresenta uma quantidade crescente de diferentes experimentos, realizados em diversos tipos celulares e diferentes organismos.

Fonte: Os autores.

Seleção dos componentes de uma rede partindo de um gene específico

Muitas vezes estamos interessados em estudar um gene específico. Para tanto, nada melhor do que avaliar quais são os genes que interagem com o personagem que queremos investigar. Primeiramente, devemos nos certificar de que estamos utilizando a nomenclatura correta do gene de interesse. No caso de genes humanos, podemos verificar o nome correto do gene em questão no repositório HUGO (Quadro 5.2). Uma vez obtidos os corretos identificadores, podemos buscar as informações referentes às interações proteína-proteína.

É conveniente observar todos os identificadores possíveis para o gene ou proteína em questão, como *entrez*, *uniprot*, entre outros. Na grande maioria das vezes, o repositório HUGO fornece os identificadores dos repositórios mais importantes.

O melhor local para efetuar essa busca é o STRING. Uma vez acessado o site, seleciona-se a opção *"Protein by name"*, coloca-se o nome da proteína/gene a ser investigado no buscador, seleciona-se o organismo em questão e submetem-se os dados. O site fará uma busca e dará uma lista de opções por ele encontradas. A seguir, seleciona-se a opção da proteína de interesse e continua-se a busca. Será exibida uma rede IPP na qual constará a proteína de interesse e as proteínas que interagem com ela. Nessa página, além da rede e da descrição das proteínas interagentes, aparecerá logo abaixo à rede um menu de abas com várias opções, como formas de exportar os dados, a explicação para os tipos de evidências utilizadas para a construção da rede, o significado dos parâmetros da rede, algumas análises da rede obtida, etc. Além disso, na aba *"Data settings"*, o usuário pode determinar o tipo de interação e a estringência desejada.

Estringência significa o quanto aceitamos ou não falsos positivos. Em relação a uma rede de interações, uma alta estringência significa que somente aceitamos uma ligação entre dois nós quando há indícios realmente fortes de que esta ligação de fato existe.

Na aba *"Tables / Export"* o usuário poderá exportar os dados obtidos na análise. São várias as opções de arquivos, desde arquivos de imagem até a informação das coordenadas da rede. Para que seja possível realizar análises posteriores, deve-se salvar o arquivo "Graph Layout (Data for the 'Coordinates' Network Viewer)". Esse arquivo contém a informação das coordenadas da rede que pode ser utilizada para análises posteriores.

Seleção dos componentes de um processo biológico ou de uma rota bioquímica

O primeiro passo para montar uma rede IPP de um processo biológico ou de uma rota bioquímica específica é identificar os genes que fazem parte da rota em questão. Há vários repositórios que trabalham com esse tipo de informação. Alguns são específicos de algum processo biológico, outros, no entanto, concentram informações sobre vários processos diferentes. Dentre estes, encontra-se o repositório KEGG, que muitas vezes serve como base para outros bancos de dados.

Na página deste banco de dados, pode-se tanto verificar as diferentes rotas e processos bioquímicos contidos no KEGG, como também fazer uma busca específica sobre algum conteúdo utilizando o buscador do site. Assim que o processo biológico de interesse é acessado, o site apresenta um diagrama contendo a rota em questão, bem como todos os componentes envolvidos.

Para ter acesso aos identificadores das proteínas/genes que fazem parte da rota, procure a opção "*Pathway entry*" para ter acesso a diversas informações importantes sobre a rota que está sendo investigada. Dentre essas informações, constam os identificadores dos genes que compõe a rota. O site fornece tanto o *entrez* como o *gene symbol* dos genes.

De posse do *gene symbol*, você poderá acessar o STRING e selecionar a aba "*Multiple proteins*". A partir de então, o procedimento é o mesmo descrito na seção anterior; entretanto, somente aparecerão os genes inseridos pelo pesquisador. Na seção anterior, apareciam os genes que interagiam com o gene investigado.

Visualização e edição da rede

Existem vários programas desenvolvidos para a visualização de redes IPP. O de mais simples utilização é o Medusa, um programa disponível gratuitamente que trabalha no ambiente Java e foi desenvolvido especialmente para lidar com dados do STRING. Você pode utilizar o Medusa para abrir diretamente o arquivo salvo no STRING. Isso permite a visualização da rede, bem como sua manipulação, usando os diferentes algoritmos presentes no programa.

> Para saber mais detalhes sobre o programa Medusa e outros programas desenvolvidos para lidar com redes biológicas, acesse o site do Grupo A, loja.grupoa.com.br.

>> REFERÊNCIAS

CLUSTAL Omega. [Site]. EMBL, c2016. Disponível em: <http://www.ebi.ac.uk/Tools/services/web/toolresult.ebi?jobId=clustalo-I-20160914-124531-0663-58076053-pg>. Acesso em: 15 set. 2016.

NATIONAL CENTER FOR BIOTECHNOLOGY INFORMATION SEARCH DATABASE. [BLAST *Results*]. [2015]. Disponível em: < http://blast.ncbi.nlm.nih.gov/Blast.cgi?CMD=Get&RID=XJCZ79Y101R>. Acesso em: 15 set. 2016.

NATIONAL CENTER FOR BIOTECHNOLOGY INFORMATION SEARCH DATABASE. [*Mycoplasma gallisepticum strain s6 surface cytadhesin*]. [c2016a]. Disponível em: < https://www.ncbi.nlm.nih.gov/nuccore/?term=mycoplasma%20gallisepticum%20strain%20s6%20surface%20cytadhesin>. Acesso em: 15 set. 2016.

NATIONAL CENTER FOR BIOTECHNOLOGY INFORMATION SEARCH DATABASE. [*Mycoplasma gallisepticum strain S6 surface cytadhesin (pvpA) gene, complete cds*]. [c2016b]. Disponível em: < https://www.ncbi.nlm.nih.gov/nuccore/eu847585>. Acesso em: 15 set. 2016.

NATIONAL CENTER FOR BIOTECHNOLOGY INFORMATION SEARCH DATABASE. *Standard Nucleotide BLAST*. [c2016c]. Disponível em: < http://blast.ncbi.nlm.nih.gov/Blast.cgi?PROGRAM=blastn&PAGE_TYPE=BlastSearch&LINK_LOC=blasthome>. Acesso em: 15 set. 2016.

NATIONAL CENTER FOR BIOTECHNOLOGY INFORMATION SEARCH DATABASE. *Basic local alignment search tool*. [c2016d]. Disponível em: < http://blast.ncbi.nlm.nih.gov/Blast.cgi>. Acesso em: 15 set. 2016.

PRIMER 3. [Site]. 2012. Disponível em: <http://bioinfo.ut.ee/primer3-0.4.0/>. Acesso em: 15 set. 2016.

>> LEITURAS RECOMENDADAS

AMARAL, L. A. N. ; OTTINO J. M. Complex networks. *The European Physical Journal B*, v. 38, n. 2, p. 147-162, 2004.

BARABÁSI, A. L.; OLTVAI, Z. N. Network biology: understanding the cell's functional organization. *Nature Reviews Genetics*, v. 5, p. 101-103, 2004.

CASTRO, M. A. A., et al. ViaComplex: software for landscape analysis of gene expression networks in genomic context. *Bioinformatics*, v. 25, p. 1468-1469, 2009.

CASTRO, M. A. A., et al. Impaired expression of NER gene network in sporadic solid tumors. *Nucleic Acids Research*, v. 35, p. 1859-1867, 2007.

FERREIRA, R. M., et al. Preferential duplication of intermodular hub genes: an evolutionary signature in eukaryotes genome networks. *PLoS One*, v. 8, n. 2, e56579, 2013.

GOLDENFELD N.; KADANOFF, L. P. Simple lessons from complexity. *Science*, v. 284, p. 87-89, 1999.

HARRINGTON, E. D.; JENSEN, L. J.; BORK, P. Predicting biological networks from genomic data. *FEBS Lett*, v. 582, p. 1251-1258, 2008.

HOOPER, S. D.; BORK, P. Medusa: a simple tool for interaction graph analysis. *Bioinformatics*, v. 21, p. 4432-4433, 2005.

OGATA, H., et al. KEGG: Kyoto Encyclopedia of Genes and Genomes. *Nucleic Acids Research*, v. 27, p. 29-34, 1999.

PUJOL, A., et al. Unveiling the role of network and systems biology in drug discovery. *Trends in Pharmacological Sciences*, v. 31, p. 115-123, 2010.

RYBARCZYK-FILHO, J. L. et al.Towards a genome-wide transcriptogram: the Saccharomyces cerevisiae case. *Nucleic Acids Research*, v. 39, n.8, 2010.

SENGUPTA, S.; HARRIS, C. C. Traffic cop at the crossroads of DNA repair and recombination. *Nature Reviews Molecular Cell Biology* , v. 6, p. 44-55, 2005.

SMOOT, M. E., et al. Cytoscape 2.8: new features for data integration and network visualization. *Bioinformatics*, v. 27, p. 431-432, 2011.

SZKLARCZYK, D., et al. The STRING database in 2011: functional interaction networks of proteins, globally integrated and scored. *Nucleic Acids Research*, v. 39, p. D561-D568, 2011.

WATSON, J. D. et al. *DNA recombinante*: genes e genomas. 3. ed. Porto Alegre: Artmed, 2009.

YAMADA, T.; BORK, P. Evolution of biomolecular networks: lessons from metabolic and protein interactions. *Nature Reviews Molecular Cell Biology*, v. 10, p. 791-803, 2009.

Sabrina Letícia Couto da Silva
Simone Soares Echeveste
Vera Lúcia Milani Martins

CAPÍTULO 6

Estatística aplicada à biotecnologia

A necessidade cada vez maior da compreensão dos fenômenos existentes e da grande complexidade das relações entre as variáveis que envolvem os estudos científicos faz da estatística uma ferramenta indispensável tanto para o pesquisador quanto para o usuário da informação oriunda das pesquisas. Ao longo deste capítulo, entenderemos como o conhecimento de estatística favorece a compreensão e avaliação crítica de resultados estatísticos, além de contribuir para a execução de atividades profissionais e pessoais.

OBJETIVOS DE APRENDIZAGEM

- Compreender o que é a estatística e qual a sua importância para a biotecnologia.
- Reconhecer e aplicar os principais conceitos estatísticos.
- Realizar a análise descritiva de dados, por meio de tabelas e gráficos.
- Realizar o cálculo e a interpretação das medidas estatísticas.

PARA COMEÇAR

O estudo da estatística é necessário e importante na formação de qualquer profissional que necessite do entendimento e da correta leitura das informações estatísticas que norteiam sua atividade. Para Ramos (2016), as ferramentas estatísticas podem ser consideradas uma conjunção de ciência, tecnologia e lógica para a resolução e investigação dos problemas de várias áreas do conhecimento humano. Por meio da estatística é possível avaliar e estudar as incertezas de fenômenos da natureza.

Cada vez mais estudos e pesquisas demandam um grande volume de informações que necessitam ser analisadas utilizando ferramentas adequadas. Na área da biotecnologia, muitas são as aplicações da estatística em pesquisas, como:

- análise de resultados de pesquisas para o desenvolvimento de produtos voltados para a saúde humana, como vacinas, novos fármacos para diferentes doenças e testes de diagnóstico;
- análise para o desenvolvimento de produtos de interesse em processos agronômicos e industriais;
- análise de genes para a identificação de fatores de risco de diferentes doenças;
- comparação e análise de diferentes técnicas e procedimentos usados em laboratório;
- testes de controle de qualidade de produtos biotecnológicos.

A estatística é uma ciência cujas ferramentas permitem ao pesquisador coletar, organizar, resumir e analisar dados, obtendo descrições e resultados que permitem o entendimento do que passou, viabilizando a previsão e organização do futuro.

Não há pesquisa quantitativa que prescinda da utilização das ferramentas estatísticas, seja no seu projeto, no seu desenvolvimento ou na obtenção das conclusões do estudo realizado. Uma boa análise estatística viabiliza o surgimento de ideias e teorias e ilumina o campo de dúvidas do pesquisador, de modo que este tenha um melhor entendimento acerca das variáveis investigadas e das relações que possam existir entre elas.

Para investigar o comportamento das variáveis de estudo, inicia-se pela determinação da população de pesquisa e da seleção da amostra.

População e amostra

População é o conjunto de elementos de interesse em um determinado estudo. Podem ser pessoas, animais, plantas, objetos resultados experimentais, etc., com uma ou mais características comuns, que se pretendem estudar. Em muitas pesquisas, o levantamento das informações necessárias em toda a população de pesquisa não é possível, motivo pelo qual é necessário realizar uma seleção de uma parte da população, definida como **amostra**.

Ao delimitar o foco de uma pesquisa, o pesquisador também necessita delimitar a população-alvo de seu estudo.

A utilização de uma amostra é necessária sempre que a coleta de dados em toda a população (o que chamamos de censo) for inviável, seja em razão do custo muito elevado, da necessidade de um tempo muito longo ou no caso de estudos que requerem coletas de sangue, análise da qualidade do solo, entre outros.

Amostra é um subconjunto da população usado para obter informação acerca do todo. Obtemos uma amostra para fazer inferências de uma população. Nossas inferências são válidas somente se a amostra é representativa da população.

A partir da seleção da amostra, considerando critérios previamente estabelecidos, a coleta dos dados é realizada nos elementos selecionados. Os dados obtidos são então analisados estatisticamente, e seus resultados fornecem a informação desejada. O pesquisador, por fim, utiliza essa informação de forma genérica para toda a população de interesse, conforme podemos observar na Figura 6.1.

Figura 6.1 >> Método estatístico.
Fonte: Os autores.

A seleção da amostra que fará parte do estudo é de suma importância no método estatístico, já que os resultados obtidos com esse grupo de elementos selecionados serão utilizados para representar todo o universo (população) de interesse. A seleção da amostra deve seguir critérios que abrangem desde o seu tamanho até a forma como os elementos deverão ser selecionados, procurando sempre ser o mais fidedigna possível em relação à população da qual foi extraída.

Variável

Toda análise estatística de dados tem por objetivo investigar o comportamento de algumas características, os elementos investigados. Essas características são denominadas **variáveis de estudo**, as quais podem ser qualitativas ou quantitativas.

Variável é uma característica de uma população que difere de um elemento para outro e sobre a qual temos interesse em estudar. Cada unidade (membro) da população que é escolhida como parte de uma amostra fornece uma medida de uma ou mais variáveis, chamadas observações.

As variáveis **qualitativas** são aquelas definidas por várias categorias, ou seja, representam uma classificação dos indivíduos. Nas variáveis qualitativas **nominais**, não existe ordenação entre as categorias (p. ex., tipo de câncer, raça, cor da pele, intensidade da dor). Já nas variáveis qualitativas **ordinais**, há uma ordenação entre as categorias (p. ex., grau de infecção, que pode ser leve, moderado, grave, etc.).

As variáveis **quantitativas** são aquelas características que podem ser medidas em uma escala quantitativa, ou seja, apresentam valores numéricos/quantidades. As variáveis quantitativas **discretas** constituem características mensuráveis que podem assumir apenas um número finito ou infinito contável de valores e, assim, somente fazem sentido valores inteiros (p.ex., número de filhos, número de bactérias por litro de leite, número de casos infectados). Já as variáveis quantitativas **contínuas** correspondem a características mensuráveis que assumem valores em uma escala para as quais valores fracionários fazem sentido (p.ex., taxa de glicose, peso ao nascer, tamanho da raiz da planta).

» EXEMPLO

Uma pesquisa realizada na cidade de Nova Petrópolis, no Rio Grande do Sul, tinha o objetivo de investigar a distribuição da população de acordo com o seu tipo sanguíneo. A cidade possui 17.747 habitantes. Para esse estudo, foram selecionados 1.200 habitantes, dos quais identificou-se o tipo sanguíneo, a idade e o sexo.

População: 17.747 habitantes da cidade de Nova Petrópolis

Amostra: 1200 habitantes da cidade de Nova Petrópolis

Variável 1: Tipo sanguíneo → **Classificação**: Qualitativa nominal

Variável 2: Idade (em anos) → **Classificação**: Quantitativa contínua

Variável 3: Sexo → **Classificação**: Qualitativa nominal

>> Apresentação de dados

Ao realizar uma pesquisa, nossa primeira necessidade refere-se à organização, ao resumo e à apresentação dos dados coletados. Isso é feito com a construção de tabelas de frequência e gráficos, por meio dos quais os dados recebem o seu primeiro tratamento estatístico.

>> Tabelas de frequência

As tabelas de frequência têm por objetivo apresentar os resultados de cada variável de uma forma organizada e resumida. Nelas encontramos o número de repetições de cada categoria de resposta de uma variável, bem como o seu percentual no grupo investigado.

A tabela de frequência **simples** apresenta de forma resumida o número de ocorrências (absoluta e relativa) dos valores de uma variável. É uma forma de representação dos resultados ocorridos para uma determinada variável por meio do seu resumo, ordenação e, quando necessário, agrupamento em classes de valores repetidos ou de valores distribuídos por intervalos.

Na construção de uma tabela de frequência simples, devemos considerar alguns elementos indispensáveis que contribuem para a interpretação correta das informações apresentadas, conforme é apresentado no Quadro 6.1.

Quadro 6.1 >> Elementos de uma tabela de frequência

Título Fornece informações importantes sobre a variável. Além da descrição da característica apresentada na tabela, podem constar dados, como localidade em que a pesquisa foi realizada e o período em que os dados foram coletados. Um bom título deve responder às perguntas: O quê? Onde? Quando?
Cabeçalho Indica a natureza do conteúdo de cada coluna da tabela e sempre é delimitado por dois traços horizontais (um superior e outro inferior). A primeira coluna destina-se à variável pesquisada, a segunda coluna destina-se à frequência simples (número de vezes que cada valor ou categoria de resposta se repetiu) e a terceira coluna destina-se à frequência relativa, que representa o percentual de ocorrência.
Corpo É a parte da tabela composta por linha e colunas; é composto por três colunas (variável, frequência e porcentagem) e por tantas linhas quantas forem as categorias ou os valores de resposta da variável.
Fonte No caso de os dados apresentados serem secundários (não coletados pelo pesquisador), deve constar no rodapé da tabela a origem da informação, ou seja, a entidade que organizou ou forneceu os dados ali expostos.

Fonte: Os autores.

De acordo com as normas do Instituto Brasileiro de Geografia e Estatística (IBGE), as tabelas não devem ser fechadas nos lados nem possuir linhas. As únicas linhas necessárias são as que delimitam o cabeçalho e as que delimitam o total.

Para ilustrar o uso da tabela de frequência, usaremos como exemplo uma pesquisa fictícia realizada em 2013 pelo Hospital Veterinário da cidade de Canoas, RS, relativa à ocorrência de Diabetes Melito em cães. Para uma melhor compreensão desse exemplo, esclarecemos que o Diabetes Melito é uma condição decorrente da ausência do hormônio insulina ou da falta dos efeitos desse hormônio, o que resulta em um aumento das taxas sanguíneas de Glicose, chamado de hiperglicemia.

A variável de pesquisa, nesse caso, é a taxa de glicemia, medida em mg/dL. Glicemia é a taxa de Glicose no sangue, que, em cães normais, deve ser entre 60 e 100 mg/dL. Os valores observados são os seguintes:

150	120	100	100	120	110	110	120
100	110	150	150	120	110	100	110
120	120	110	100	150	110	120	120

Já a amostra investigada corresponde a 24 cães. Para a construção da tabela de frequência, precisamos das seguintes informações:

- valores da variável observados, que correspondem aos valores distintos observados das taxas de Glicemia (neste caso, os valores são 100, 110, 120 e 150 mg/dL);
- frequência (f) de cada valor da variável, que corresponde ao número de vezes que cada valor se repetiu na amostra (contagem).

Inicialmente, devem-se listar os valores assumidos pela variável e realizar a contagem da sua frequência (tabulação). Para o caso da variável em questão (quantitativa), os valores devem ser dispostos sempre em **ordem crescente** (Tab. 6.1). Após a tabulação desses dados, a tabela deve ser formatada conforme as normas propostas pelo IBGE (Tab. 6.2).

Tabela 6.1 » Exemplo de tabulação de dados obtidos na pesquisa

Taxas de Glicemia		Quantidade de cães com cada taxa
100	→	5 cães
110	→	7 cães
120	→	8 cães
150	→	4 cães
		Total: 24 cães

Tabela 6.2 >> Taxas de Glicemia (em mg/dL) em cães diagnosticados com Diabetes Melito – Hospital Veterinário de Canoas, RS – 2013

Taxa de Glicemia (mg/dL)	Nº de cães	%
100	5	20,8
110	7	29,2
120	8	33,3
150	4	16,7
Total	24	100,0

Fonte: Pesquisa fictícia.

Expressão geral para cálculo da porcentagem:

$$\% = \frac{\text{Frequência } (f)}{\text{Total da amostra } (n)} \times 100$$

>> Análise gráfica

De acordo com Levin (1987), enquanto algumas pessoas parecem "desligar-se" ao serem expostas a informações estatísticas em forma de tabelas, elas podem prestar bastante atenção às mesmas informações quando apresentadas em forma gráfica. Esse fato justifica a grande utilização por parte dos pesquisadores e da mídia escrita, impressa e eletrônica, de representações gráficas em substituição à representação por meio de tabelas.

Os gráficos são utilizados para descrever um conjunto de dados por meio de um desenho. A representação gráfica deve ser utilizada levando-se em conta três qualidades essenciais básicas em sua construção: simplicidade, clareza e veracidade. A seguir, são apresentados os gráficos estatísticos mais utilizados nas diversas áreas do conhecimento.

O gráfico estatístico é uma forma de apresentação dos dados estatísticos cujo objetivo é o de reproduzir, no investigador ou no público em geral, uma impressão mais rápida e viva do fenômeno em estudo (CRESPO, 1996).

Gráfico de setores

O gráfico de setores é um dos mais simples recursos gráficos, sendo utilizado para a representação de dados qualitativos nominais. Para sua construção, é necessário determinar o ângulo dos setores circulares correspondentes à contribuição percentual de cada valor no total (Fig. 6.2).

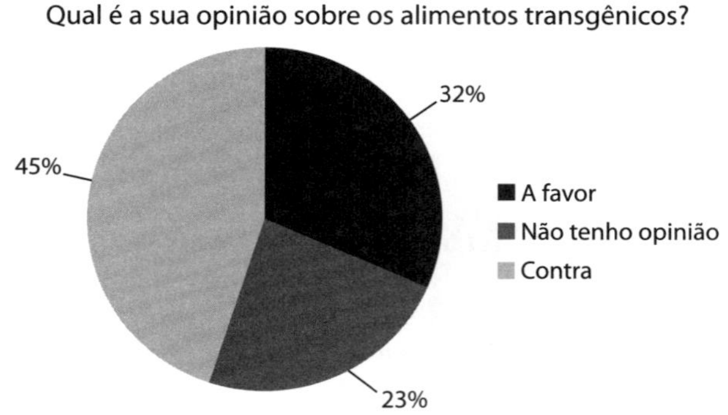

Figura 6.2 >> Distribuição das opiniões sobre os alimentos transgênicos.
Fonte: Os autores.

Gráfico de colunas

O gráfico de colunas corresponde à representação de uma série de dados por meio de retângulos dispostos verticalmente. Esse gráfico pode ser utilizado para representar qualquer tipo de variável em qualquer nível de mensuração (Fig. 6.3).

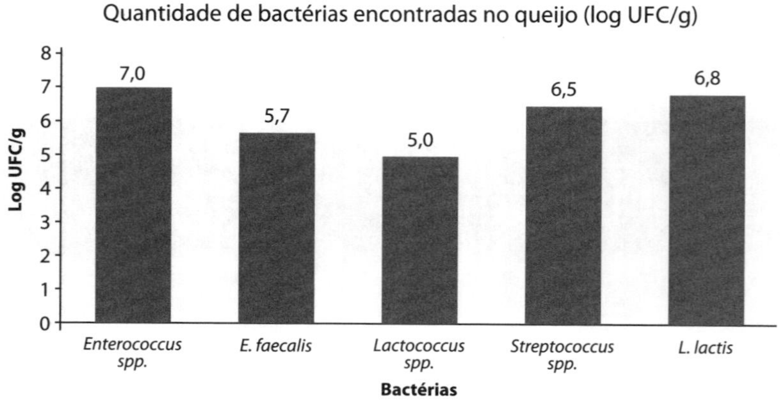

Figura 6.3 >> Distribuição da quantidade de bactérias encontradas no queijo.
Fonte: Os autores.

Gráfico de barras

O gráfico de barras é semelhante ao gráfico de colunas, mas há uma mudança na posição da escala e da frequência. Na linha horizontal, temos a frequência de casos observados; na linha vertical, temos as categorias da variável de estudo (Fig. 6.4).

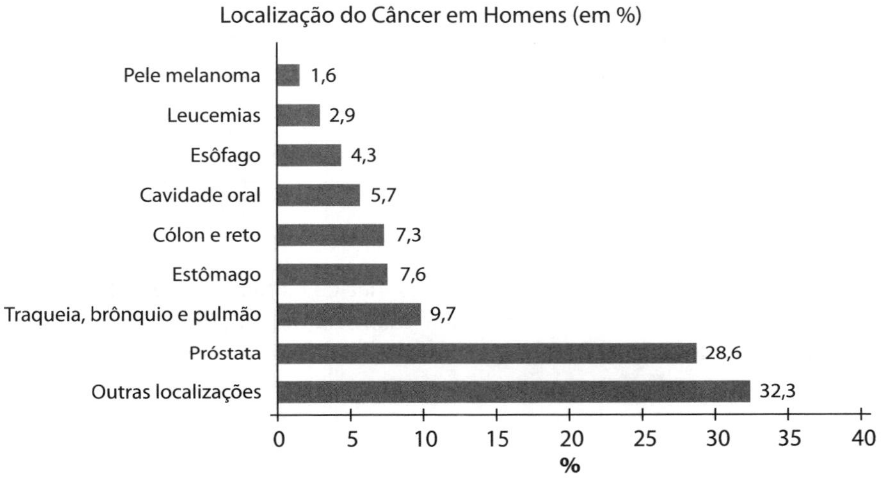

Figura 6.4 >> Distribuição da localização do câncer diagnosticado em homens.
Fonte: Os autores.

Gráfico de linhas

No gráfico de linhas, utiliza-se de uma linha para representar uma série estatística. Seu principal objetivo é evidenciar a tendência ou a forma como o fenômeno está ocorrendo em um período de tempo (Fig. 6.5).

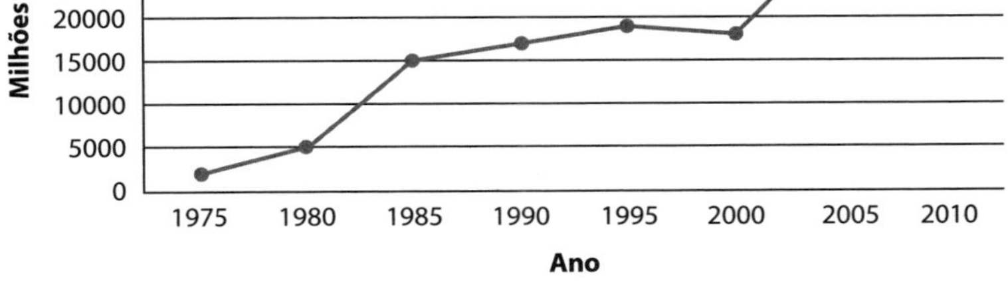

Figura 6.5 >> Distribuição da evolução da produção mundial de etanol (1975 – 2010).
Fonte: Os autores.

>> Medidas de tendência central

As medidas de tendência central têm por objetivo encontrar um único valor que possa representar todos os valores de um conjunto de dados. Essas medidas são muito importantes, pois, quando as variáveis de um estudo são quantitativas, é comum encontrar um grande volume de valores que devem ser resumidos, procurando descrever o comportamento desse conjunto de dados. As medidas de tendência central mais utilizadas são a média, a mediana e a moda, detalhadas a seguir.

>> Média

A média é a medida de tendência central mais conhecida e utilizada. É obtida por meio da soma de todos os valores da variável investigada (valores de X) dividida pelo número total de valores no conjunto de dados (tamanho da amostra = *n*). É representada pelos símbolos $\overline{X}$ na amostra e por μ na população.

Notação:

μ = média populacional $\overline{X}$ = média amostral

Fórmula:

$$\overline{X} = \frac{\sum_{i=1}^{n} x_i}{n}$$

Onde:

Σ = somatório

x = variável (valores obtidos para a variável investigada)

n = tamanho da amostra

Para exemplificar o cálculo da média, usaremos um estudo sobre o tempo de germinação (em dias) de uma amostra de oito sementes de milho. A partir do cálculo da média, estimou-se que o tempo médio de germinação das sementes de milho é de 5,5 dias.

5	5	6	6	7	5	6	4

Amostra (*n*): 8 sementes de milho

Variável (*x*): Tempo de germinação (em dias)

Média:

$$\overline{X} = \frac{\sum x}{n} = \frac{5+5+6+6+7+5+6+4}{8}$$

$$\overline{X} = \frac{44}{8} = 5{,}5 \implies \overline{X} = 5{,}5 \text{ dias}$$

>> Mediana

A mediana, representada pelo símbolo M_d, é o valor considerado como o ponto central que divide a amostra ao meio, isto é, metade dos elementos da amostra é menor ou igual à mediana, e a outra metade é maior ou igual à mediana. Para a obtenção da mediana, todos os valores do conjunto de dados devem ser colocados em ordem crescente. Caso haja algum valor que se repita mais de uma vez, ele também deve ser repetido na ordenação.

Devemos encontrar a posição da mediana considerando a seguinte regra: se o tamanho da amostra (n) é ímpar, a mediana será o valor central; se o tamanho da amostra (n) for par, a mediana será a média dos dois valores centrais.

Para exemplificar o cálculo da mediana, consideraremos uma pesquisa fictícia realizada com cinco homens adultos com o objetivo de verificar, por meio de exames de sangue, o valor do colesterol total de cada indivíduo investigado.

200,0	200,0	185,2	176,4	190,0

Amostra (*n*): 5 homens adultos

Variável (*x*): Colesterol total

Valores observados na amostra em ordem crescente:

176,4	185,2	190,0	200,0	200,0

Valor central no conjunto de dados:

176,4	185,2	190,0	200,0	200,0
		↑		

Md = 190 mg/dL

Colocando os valores encontrados em ordem crescente, é possível encontrar o valor central do conjunto de dados. Assim, estima-se que metade dos homens possuem um valor de colesterol total menor ou igual a 190 mg/dL, e a outra metade possui um valor maior ou igual a 190 mg/dL.

>> Moda

A moda, representada pelo símbolo Mo, é simplesmente o valor do conjunto de dados que ocorreu com maior frequência, ou seja, o valor que mais se repetiu. Considerando os mesmos dados do exemplo utilizado para ilustrar o cálculo da mediana, concluímos que o valor de colesterol total que ocorreu com maior frequência entre os homens pesquisados foi o de 200 mg/dL.

200,0	200,0	185,2	176,4	190,0

Mo = 200 mg/dL, pois f = 2 (o valor 200 mg/dL se repetiu duas vezes na amostra).

>> Medidas de variabilidade

Tão importante quanto representarmos todos os valores de um conjunto de dados por meio de medidas de tendência central é conhecermos a variação que ocorre em torno dessa medida. As medidas de variabilidade são extremamente úteis no tratamento de dados, pois indicam a variação existente em torno da média.

>> Variância

A variância de uma amostra corresponde à média dos quadrados dos desvios dos valores em relação à média. Assim, quanto maior for a variação dos valores do conjunto de dados em torno de sua média, maior será a sua variância.

Notação:

σ^2 = variância populacional s^2 = variância amostral

Fórmula:

$$s^2 = \frac{\sum_{i=1}^{n} (x_i - \overline{X})^2}{n - 1}$$

Onde:

x = valores da variável investigada

$\overline{X}$ = média da amostra

n = tamanho da amostra

Σ = somatório

Considerando o mesmo exemplo anteriormente utilizado com o objetivo de verificar, por meio de exames de sangue, o valor do colesterol total em cinco homens, o cálculo da variância se dá da conforme segue:

200,0	200,0	185,2	176,4	190,0

Média:

$$\overline{X} = \frac{\sum x}{n} = \frac{200 + 200 + 185{,}2 + 176{,}4 + 190}{5} = \frac{951{,}6}{5} = 190{,}3\ \frac{\text{mg}}{\text{dl}}$$

Variância:

$$s^2 = \frac{(200 - 190{,}3)^2 + (200 - 190{,}3)^2 + (185{,}2 - 190{,}3)^2 + (176{,}4 - 190{,}3)^2 + (190 - 190{,}3)^2}{5 - 1}$$

$$s^2 = \frac{94{,}09 + 94{,}09 + 26{,}01 + 193{,}21 + 0{,}09}{4} = \frac{407{,}49}{4} = 101{,}87$$

$$s^2 = \mathbf{101{,}87\ (mg/dL)^2}$$

No cálculo da variância, pode-se observar que a unidade de medida da variável estudada fica elevada ao quadrado, dificultando, assim, a interpretação prática de seu resultado final. A solução para esse problema é extrair a raiz quadrada da variância, permitindo que se volte à unidade de medida original da variável. Essa nova medida (a raiz quadrada da variância) é chamada de **desvio-padrão**.

>> Desvio-padrão

O desvio-padrão corresponde à raiz quadrada da variância. Essa medida expressa a variação média do conjunto de dados em torno da média, **na mesma unidade de medida da média**.

Notação:

σ = desvio-padrão populacional s = desvio-padrão amostral

Fórmula:

$$s = \sqrt{\frac{\sum_{i=1}^{n} (x_i - \overline{X})^2}{n - 1}}$$

Onde:

x = valores da variável investigada

$\overline{X}$ = média da amostra

n = tamanho da amostra

Σ = somatório

Considerando novamente o exemplo do estudo relativo ao valor do colesterol total de uma amostra de cinco indivíduos do sexo masculino, o cálculo do desvio-padrão resultaria na estimativa de que o valor médio de colesterol total dos homens é de 190,3 mg/dL, com uma variação em torno da média de 10,09 mg/dL.

$$s = \sqrt{\frac{\Sigma\,(x-\overline{X})^2}{n-1}} = \sqrt{101{,}87} = 10{,}09\ \frac{\text{mg}}{\text{dl}} \quad \Longrightarrow \quad \mathbf{s = 10{,}09\ mg/dL}$$

>> Coeficiente de variação

O coeficiente de variação representa a relação entre os valores do desvio-padrão e da média, expressa por meio de uma porcentagem. Aplicando essa fórmula ao exemplo do estudo sobre a taxa de colesterol total, podemos estimar que há uma variação de 5,30% ao redor do valor médio de colesterol total dos homens.

Fórmula:

$$C.V. = \frac{s}{\overline{X}} \times 100$$

Onde:

$\overline{X}$ = média da amostra

s = desvio-padrão

Para o exemplo dos valores de colesterol total:

$$C.V. = \frac{10{,}09}{190{,}3} \times 100 = 5{,}30\%$$

>> Amostragem

A amostragem pode ser definida como o conjunto de procedimentos e técnicas para a extração de elementos da população para compor a amostra. Um dos principais objetivos da amostragem é a obtenção de amostras que sejam representativas das populações em estudo. As técnicas de amostragem podem ser probabilísticas ou não probabilísticas, conforme detalhado a seguir.

Amostragem é o processo de escolha dos indivíduos que pertencerão a uma amostra de pesquisa.

Técnicas de amostragem probabilísticas

As técnicas de amostragem probabilísticas são aquelas nas quais todos os elementos da população têm uma probabilidade não nula de serem selecionados. Essas técnicas podem ser divididas em três tipos.

Amostragem aleatória simples: A seleção é feita de tal forma que todos os elementos constituintes da população tenham a mesma chance de serem escolhidos.

Amostragem sistemática: Poderá ser tratada como uma amostragem aleatória simples se os elementos da população estiverem ordenados aleatoriamente e a seleção for realizada por meio de uma escolha sistemática, por exemplo, de um a cada cinco elementos; de um a cada dez elementos, etc.

Amostragem estratificada: Essa técnica consiste em dividir a população em subgrupos, que são denominados estratos. Os estratos devem ser internamente mais homogêneos do que a população toda, com respeito às variáveis em estudo.

Técnicas de amostragem não probabilísticas

Nas técnicas de amostragem não probabilísticas, não podemos garantir que todos os elementos têm probabilidade de serem selecionados para a amostra. A seguir, são descritos os diferentes tipos desse tipo de amostragem.

Amostragem por cotas: Nessa técnica, a população é vista de forma segregada, dividida em diversos subgrupos. Em uma pesquisa socioeconômica, por exemplo, a população pode ser dividida por faixas de renda, faixas de idade, nível de instrução, etc.

Amostragem por julgamento: Os elementos escolhidos são aqueles julgados como típicos da população que se deseja estudar, representando grande subjetividade na escolha e um risco considerável desse obter uma amostra viciada.

Amostragem por conveniência: Os elementos são selecionados de acordo com seu fluxo em determinado local. Por exemplo, considere uma pesquisa referente à opinião das pessoas sobre a administração da cidade. A amostra pode ser selecionada considerando o fluxo das pessoas no centro da cidade.

"Amostras muito pequenas podem ser excelentes estudos de caso, mas não permitem fazer inferência estatística. Talvez você nunca faça um trabalho que exija amostragem, mas muito provavelmente você lerá ou usará resultados de trabalhos cujos dados foram obtidos através de amostragem. Quando você se depara com os resultados de uma pesquisa você deve sempre perguntar: Qual é a população? Como a amostra foi selecionada? Qual é o tamanho da amostra?" (VIEIRA, 1999).

Erro amostral

Quando estamos trabalhando com amostras, não temos como evitar a ocorrência do chamado **erro amostral**, porém podemos limitar seu valor através da escolha de uma amostra de tamanho adequado e que seja representativa da população de estudo. Obviamente, o erro amostral e o tamanho da amostra têm uma relação inversa, ou seja, quanto maior for o tamanho da amostra, menor será o erro amostral cometido e vice-versa (Fig. 6.6).

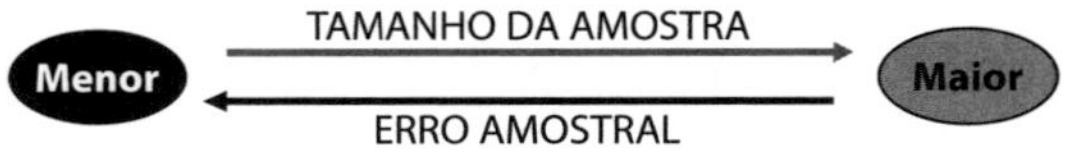

Figura 6.6 >> Relação entre tamanho da amostra e erro amostral.

>> Distribuição normal

A distribuição normal ou curva de Gauss é, sem dúvida, o modelo probabilístico mais conhecido nas diversas áreas do conhecimento. Trata-se de uma função de uma variável aleatória quantitativa contínua, representada graficamente por uma curva simétrica em torno do valor da média populacional. Seu formato (espalhamento) é definido pelo desvio-padrão populacional.

Muitas técnicas estatísticas necessitam da suposição de que os dados se distribuam normalmente para serem corretamente empregadas. Na natureza, diversas variáveis apresentam esse formato para a distribuição de seus valores, como ocorre, por exemplo, na distribuição das estaturas (m) de pessoas de uma comunidade.

O gráfico dessa função tem um formato aproximado a um "sino" e está apresentado na Figura 6.7.

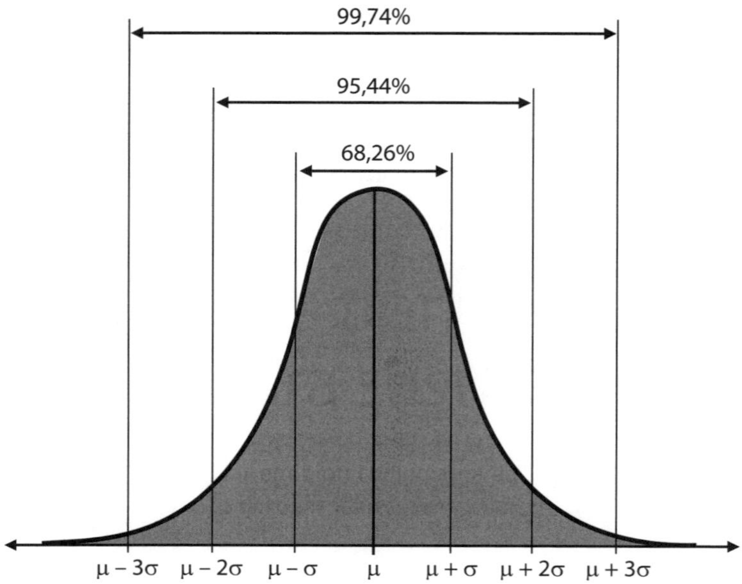

Figura 6.7 >> Gráfico da distribuição normal de uma variável X com média μ e desvio-padrão σ.

>> Distribuição normal padrão

Seja X uma variável aleatória normalmente distribuída com quaisquer parâmetros média μ e desvio-padrão σ. Toda variável X com distribuição normal pode ser padronizada, ou seja, pode ser realizada uma mudança na escala da variável original, criando-se uma nova variável Z que terá uma distribuição normal padrão. Essa distribuição padronizada é tabelada, e a variável Z tem média igual a zero ($\mu = 0$) e desvio-padrão igual a um ($\sigma = 1$).

A forma de obtenção da padronização é pela utilização da equação a seguir, com a qual obtém-se a variável Z com média igual a zero e o desvio-padrão igual a um.

$$Z = \frac{x - \mu}{\sigma}$$

Onde:

x = valor de interesse da variável

μ = média da variável x

σ = desvio-padrão da variável x

>> Padronização e uso da tabela

Seja X uma variável qualquer com distribuição normal e que tenha média igual a 10 e desvio-padrão igual a 4.

Situação 1: Probabilidade de X ser menor que um valor qualquer, por exemplo, X ser inferior a 12.

$$P(X < 12) = P\left(\frac{X - 10}{4}\right) < P\left(\frac{12 - 10}{4}\right) = P(Z < +0{,}50)$$

Na Tabela Z de valores positivos, procure o valor de probabilidade correspondente ao cruzamento da linha +0,5 com a coluna 0,00. Assim:

$$P(Z < +0{,}50) = 0{,}6915 \text{ ou } 69{,}15\%$$

Situação 2: Probabilidade de X ser maior que um valor qualquer, por exemplo, X ser superior a 7.

$$P(X > 7) = 1 - P(X < 7) = 1 - P\left(\frac{7 - 10}{4}\right) = 1 - P(Z < -0{,}75)$$

Na Tabela Z de valores negativos, procure o valor de probabilidade correspondente ao cruzamento da linha -0,7 com a coluna 0,05. Assim:

$$1 - P(Z < -0{,}75) = 1 - 0{,}2266 = 0{,}7734 \text{ ou } 77{,}34\%$$

Situação 3: Probabilidade de X ser um valor entre dois valores, por exemplo, X estar entre 9 e 15.

$$P(9 < X < 15) = P(X < 15) - P(X < 9) = P\left(\frac{15 - 10}{4}\right) - P\left(\frac{9 - 10}{4}\right)$$

$$= P(Z < +1{,}25) - P(Z < -0{,}25)$$

Na tabela Z de valores positivos, procure o valor de probabilidade correspondente ao cruzamento da linha +1,2 com a coluna 0,05. Na tabela Z de valores negativos, procure o valor correspondente ao cruzamento da linha -0,2 com a coluna 0,05. Assim:

$$= P(Z < +1{,}25) - P(Z < -0{,}25) = 0{,}8944 - 0{,}4013 = 0{,}4931 \text{ ou } 49{,}31\%$$

Você encontra os valores positivos e negativos da Tabela Z no site do Grupo A, loja.grupoa.com.br. www.

>> Estimação

Muitas vezes não é viável a observação de toda uma população, como visto no início deste capítulo. Nesses casos, é usual a coleta de dados utilizando um processo amostral. Quando a amostra for obtida por um procedimento probabilístico, os resultados podem ser generalizados para toda a população.

Um dos objetivos da coleta de dados é, então, a estimação de parâmetros, ou seja, estimar valores para uma população mediante dados extraídos de uma amostra aleatória. Ao observar dados resultantes de uma amostragem, é razoável pensar que, ao generalizar essa informação para toda a população, estaremos sujeitos a um grau de incerteza ou risco.

Os procedimentos utilizados para conferir um determinado grau de confiabilidade às informações generalizadas para a população é o que se denomina de **inferência estatística**. Neste capítulo, abordaremos duas formas de estimação: por ponto e por intervalo.

Estimação pontual

A distribuição de probabilidades de uma população fica determinada ao conhecermos os seus parâmetros. Em geral, esses parâmetros são estimados com base em uma amostra. Assim, por exemplo, uma média amostral $\overline{x}$ é utilizada como estimativa de uma média populacional μ ou ainda, um desvio-padrão amostral s é utilizado para estimar o desvio-padrão populacional σ.

Estimação intervalar

A estimação pontual de um parâmetro não possui uma medida do possível erro cometido durante a realização da estimativa. Uma forma de trabalhar com esse possível erro é "ampliar" a estimativa pontual, adicionando um valor para o erro em torno do parâmetro, de modo que estes "limites" incluam o verdadeiro valor do parâmetro na população, com determinada probabilidade.

Esses limites são conhecidos como limites de confiança e determinam um intervalo de confiança, no qual deverá estar o verdadeiro valor do parâmetro populacional. Assim, a estimação por intervalo consiste na fixação de dois valores, tais que $(1 - \alpha)$ seja a probabilidade de que o intervalo, por eles delimitado, contenha o verdadeiro valor do parâmetro. Considerando que α representa o nível de significância ou grau de incerteza e seu complementar $(1 - \alpha)$ representa o coeficiente de confiança. A Figura 6.8 representa a estrutura dessas probabilidades.

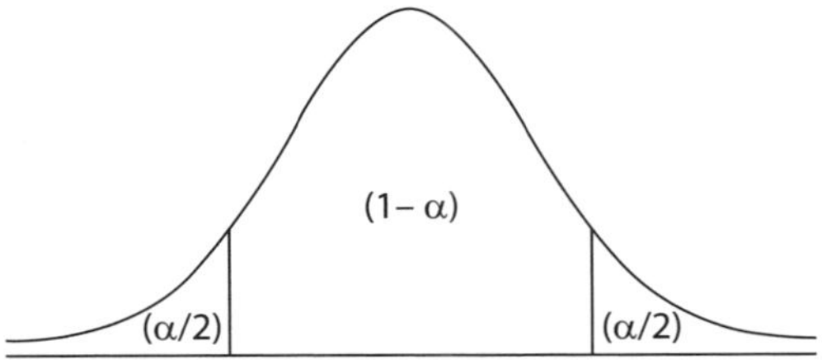

Figura 6.8 >> Curva normal e a representação dos níveis de confiança e significância.

>> Intervalo de confiança para μ

Em um intervalo de confiança (IC), o que se deseja é observar um parâmetro em uma amostra e realizar uma estimativa para o verdadeiro parâmetro populacional, por exemplo, observar $\overline{X}$ e inferir sobre μ. Para obter um IC, é necessário o conhecimento de basicamente três medidas: o tamanho da amostra, o desvio-padrão e a estimativa pontual do parâmetro a ser estimado. Além disso, é necessário que o pesquisador tenha definido previamente o nível de significância para a obtenção de uma margem de erro desta estimativa.

Um parâmetro comumente estimado é a média, que será utilizada para apresentar como obter um intervalo de confiança. O intervalo de confiança para μ terá probabilidade igual a 1 - α de o parâmetro populacional estar entre dois valores e pode ser obtido considerando a seguinte equação:

$$P(x - e_0 < \mu < x + e_0) = 1 - \alpha$$

Ao fixar previamente um nível de significância α, podemos observar que o intervalo de confiança será obtido pela equação a seguir:

$$IC_{\mu} = \overline{X} \pm e_0$$

onde, $e_0 = t_{(n-1;\, \alpha/2)} * \frac{s}{\sqrt{n}}$, e t é a distribuição t-Student, com n - 1 graus de liberdade.

Na seção Leituras Recomendadas ao final do capítulo há mais material sobre a distribuição t-Student.

Para exemplificar a obtenção do IC, usaremos como exemplo um estudo fictício sobre o tamanho de grãos de café, cujo objetivo é a obtenção de uma espécie transgênica que apresente grãos maiores e mais uniformes. Coletou-se nas mudas, após a primeira floração, uma amostra de 18 grãos e calculou-se o valor médio de diâmetro (milímetros) de 6,5 mm e desvio-padrão de 1,1 mm.

Abaixo estão os dados necessários e a fórmula para a construção de um intervalo de 95% de confiança para o verdadeiro diâmetro médio de grãos de café da espécie transgênica, no nível de significância de 0,05.

X = diâmetro de grãos de café de uma espécie transgênica

$\overline{X} = 6{,}5$ mm

$s = 1{,}1$ mm

$n = 18$

$\alpha = 0{,}05 \longrightarrow 1 - \alpha = 0{,}95$

$t_{(n-1;\, \alpha/2)} \longrightarrow t_{(17;\, 0{,}05 \text{ bilateral})} = 2{,}110$

$$IC_{\mu} = \overline{x} \pm e_0$$

$$e_0 = t_{(n-1;\, \alpha/2)} * \frac{s}{\sqrt{n}} = 2{,}110 * \frac{1{,}1}{\sqrt{18}} = 0{,}5471$$

$$IC_{\mu} = 6{,}5 \pm 0{,}5471$$

Com base nos cálculos acima, podemos estimar, com 95% de confiança, que o verdadeiro diâmetro médio de grãos de café de uma espécie transgênica está entre 5,9529 mm e 7,0471 mm.

>> Teste de hipóteses (TH)

Muitas vezes, ao iniciar um estudo, temos uma expectativa quanto ao seu resultado, a qual pode ser assumida como uma hipótese. Nesse contexto, podemos admitir que as hipóteses são afirmações ou suposições sobre um parâmetro populacional que necessitam, portanto, ser verificadas quanto a sua veracidade.

Há dois tipos de hipóteses:

- **hipótese nula**, representada por H_0, que corresponde à suposição testada.
- **hipótese alternativa**, representada por H_1, que corresponde à suposição apresentada contra a H_0.

As estruturas alternativas de um TH são definidas de acordo com a suposição apresentada em H_1. Lembrando que um teste de hipóteses é matematicamente elaborado para a suposição de igualdade, ou seja, H_0, e que os resultados obtidos somente podem se referir a essa suposição. Assim como fizemos para os intervalos de confiança, ilustraremos o TH para uma média populacional. As estruturas possíveis para os TH são apresentadas na Figura 6.9.

A) Teste bilateral

$$\begin{cases} H_0 : \mu = \mu_0 \\ H_1 : \mu \neq \mu_0 \end{cases}$$

B) Teste unilateral à direita

$$\begin{cases} H_0 : \mu = \mu_0 \\ H_1 : \mu > \mu_0 \end{cases}$$

C) Teste unilateral à esquerda

$$\begin{cases} H_0 : \mu = \mu_0 \\ H_1 : \mu < \mu_0 \end{cases}$$

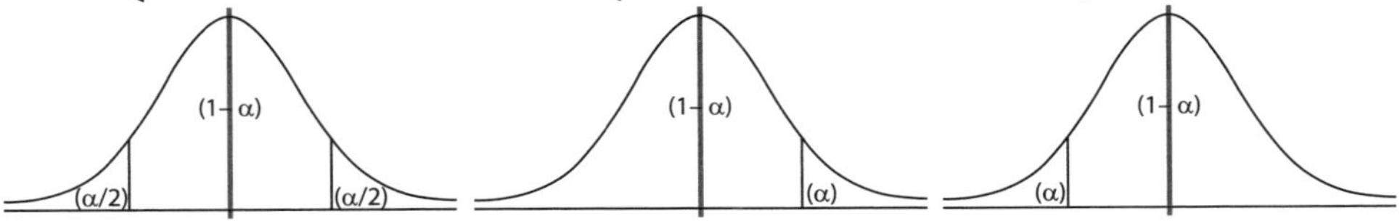

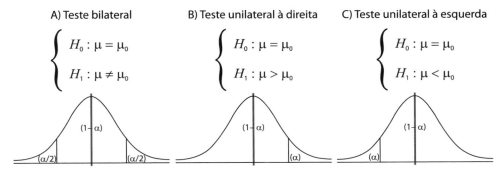

Figura 6.9 >> Região crítica do TH de acordo com a respectiva estrutura A, B ou C.

Após a formulação de uma determinada hipótese, é necessário coletar dados e, com base neles, decidir sobre a validade ou não da hipótese. Podemos considerar então que os TH são as regras de decisão utilizadas para rejeitar ou não uma hipótese estatística utilizando como base os elementos amostrais e a probabilidade de decidir de forma incorreta (α). Assim como no IC, o pesquisador fixa o valor de α, que definirá a regra de decisão. Pode-se então calcular a estatística teste $t_{calculado}$ conforme a seguinte fórmula:

$$t_{\text{calculado}} = \frac{\overline{X} - \mu_0}{s/\sqrt{n}}$$

> A tabela de valores críticos (valor $t_{tabelado}$) da distribuição t-Student está disponível no site do Grupo A (loja.grupoa.com.br).

De modo geral, rejeitamos a hipótese nula (H_0) seguindo a seguinte regra de decisão:

- Se $t_{calculado} > |t_{tabelado}|$, que corresponde aos valores extremos quando observarmos esses valores na distribuição de probabilidade t de Student (região de rejeição).
- Caso contrário, aceita-se a hipótese nula.

ex

>> EXEMPLO

Uma das medidas utilizadas para definir a qualidade e preço de grãos de café é o seu diâmetro. No intuito de obter uma planta com produção mais uniforme e com grãos maiores realizou-se um estudo com a obtenção de uma espécie transgênica. Antes da obtenção de uma espécie transgênica os grãos apresentavam diâmetro médio de 5,6 mm. Coletou-se nas mudas, após a primeira floração, uma amostra de 18 grãos e calculou-se valor médio de diâmetro (milímetros) de 6,5 mm e desvio-padrão de 1,1 mm.

Agora vamos testar a hipótese ao nível de significância de 0,05 ou 5%.

Organizando os dados, obtemos:

X = diâmetro de grãos de café de uma espécie transgênica

$\overline{X} = 6{,}5$ mm

$s = 1{,}1$ mm

$n = 18$

$\alpha = 0{,}05 \longrightarrow 1 - \alpha = 0{,}95$

$\mu = 5{,}6$ mm

$t_{(n-1;\,\alpha)} \longrightarrow t_{(17;\,0{,}05\ \text{unilateral})} = 1.740$

Tipo de teste = Unilateral à direita, pois a interferência (transgenia) foi realizada no intuito de aumentar o diâmetro médio dos grãos de café

$$\begin{cases} H_0 : \mu = 5{,}6mm \\ H_1 : \mu > 5{,}6mm \end{cases}$$

Calculando a estatística teste:

$$t_{\text{calculado}} = \frac{\overline{X} - \mu_0}{s/\sqrt{n}} = \frac{6{,}5 - 5{,}6}{1{,}1/\sqrt{18}} = 3{,}47$$

Decisão: Como 3,47 > 1,740, rejeita-se H_0.

Ao nível de significância de 5%, rejeita-se a hipótese de que a média do diâmetro dos grãos de café permaneça igual a 5,6 mm após a transgenia. O teste realizado e a média da amostra observada (6,5 mm) indicam que o estudo foi efetivo no que diz respeito ao aumento do diâmetro médio dos grãos deste tipo de café.

>> A análise de variâncias – ANOVA

Há situações nas quais precisamos comparar múltiplas médias a partir de grupos diferentes, e não apenas com um único valor, como apresentado anteriormente. A análise de variâncias testa essas diferenças, utilizando como base a decomposição da variabilidade, que dá origem ao nome deste teste – ANOVA (do inglês, *analysis of variance*).

As hipóteses envolvidas nessa análise são:

$$\begin{cases} H_0 : \mu_1 = \mu_2 = \cdots = \mu_k \\ H_1 : \mu_1 \neq \mu_2 \neq \cdots \neq \mu_k \end{cases}$$

Os cálculos associados à ANOVA e seus resultados são geralmente apresentados em uma tabela, chamada de Tabela de Análise de Variância ou Tabela ANOVA. No TH para uma média, utilizava-se a distribuição t-Student; na ANOVA, utiliza-se a distribuição F-Snedecor, com a seguinte regra de decisão:

Quando F calculado > F tabelado, rejeita-se a hipótese nula.

Na seção Leituras Recomendadas ao final do capítulo, podem-se obter mais informações sobre a distribuição F-Snedecor.

Tabela 6.3 >> Tabela ANOVA

Fonte de variação	*SQ*	*g.l.*	*MQ*	*Teste F*
Entre grupos	SQG	k – 1	MQG	MQG/MQR
Dentro de grupos (residual)	SQR	n – k	MQR	
Total	SQT	n – 1		

$$SQT = SQG + SQR$$

Onde:

SQT = soma dos quadrados totais

SQG = soma dos quadrados dos grupos, associada exclusivamente ao efeito dos grupos

SQR = soma dos quadrados dos resíduos, devida ao erro aleatório, dentro dos grupos

O cálculo das somas quadradas pode ser obtido conforme as equações a seguir:

$TC = \frac{(T..)^2}{N}$, chamado de termo de correção.

$$SQT = \left(\sum_{i,j=1}^{n,k} (Y_{ij}^2)\right) - TC$$

$$SQG = \left(\sum_{i=1}^{n} \left(\frac{T_{i.}^2}{n_i}\right)\right) - TC$$

$$SQR = \left(\sum_{i,j=1}^{n,k} (Y_{ij}^2)\right) - \left(\sum_{i=1}^{n} \left(T_{i.}^2/n_i\right)\right) = SQT - SQG$$

Onde

T.. é a soma de todas as observações;

T_i. é a soma das observações no grupo i.

Ilustraremos a aplicação da análise de variâncias com outro exemplo relativo à produção de café. A espécie obtida a partir do exemplo citado anteriormente foi cultivada com três diferentes tipos de adubo: orgânico, misto e químico. Coletou-se nas mudas de cada adubo, após a primeira floração, uma amostra de quatro grãos e observou-se o diâmetro (milímetros) de cada grão. Resta agora verificar, no nível de significância de 5%, se há influência do tipo de adubo no tamanho do grão obtido (Fig. 6.22 e Tabs. 6.4 e 6.5).

Hipóteses:

$$\begin{cases} H_0 : \mu_{Orgânico} = \mu_{Misto} = \cdots = \mu_{Químico} \\ H_1 : \mu_{Orgânico} \neq \mu_{Misto} \neq \cdots \neq \mu_{Químico} \end{cases}$$

Tabela 6.4 » Resumo das medidas de tamanho dos grãos de café

Adubos (fator fixo)	Orgânico	Misto	Químico	
	6,3	5,9	6,7	
	6,8	6,1	6,5	
	6,2	6,0	6,6	
	6,5	6,1	6,4	
Totais	25,8	24,1	26,2	T.. = 76,1
n	4	4	4	n =16
Média	6,450	6,025	6,550	$\overline{\overline{Y}}$ = 6,3417

Tabela 6.5 » Tabela ANOVA - tamanho dos grãos de café

Fonte de variação	SQ	g.l.	MQ	F Calculado
Entre grupos	0,621667	2	0,310833	9,730435
Dentro de grupos (residual)	0,207500	9	0,031944	
Total	0,909167	11		

O valor tabelado de distribuição F-Snedecor$_{(0,05;\ 2;\ 9)}$ é igual a 4,2565. Como F calculado (ou crítico) é maior que F tabelado (9,730435 > 4,2565), rejeita-se H_0, ou seja, rejeita-se, no nível de significância de 5%, a hipótese de que as médias dos tamanhos dos grãos de café nos grupos de adubos sejam iguais, indicando que ao menos a média de um dos grupos difere das demais e que há influência do tipo de adubo utilizado no tamanho médio do grão de café gerado.

Você pode fazer uso de alguns softwares de análise estatística que o ajudarão na elaboração de gráficos, análises descritivas e algumas estatísticas inferenciais, tais como BioStat (comercial), Minitab (comercial), SPSS (comercial), S-Plus (comercial), Statistica (comercial), Microsoft Excel (comercial), R-Project (Livre).

AGORA É A SUA VEZ

Lembra-se do estudo sobre Diabetes Melito realizado em cães, apresentado no início deste capítulo?

Após a coleta e apresentação dos dados de glicemia, os 24 cães foram separados em quatro grupos de mesmo tamanho amostral. Três grupos foram tratados com diferentes doses de uma droga específica e um grupo controle de cães recebeu apenas solução fisiológica no lugar da droga. Ao final do período de tratamento, os percentuais de redução da glicemia encontrados em cada grupo foram os seguintes:

Grupo controle	1 mg/mL	1,5 mg/mL	2 mg/mL
-4,00	-16,00	-25,00	-39,09
2,00	-12,00	-20,83	-40,00
5,00	-20,00	-28,00	-45,83
5,00	-10,00	-22,73	-41,67
-6,36	-16,67	-18,18	-30,00
0,00	-18,00	-22,73	-35,00

Agora responda:

1. Quais são a média e o desvio-padrão dos grupos controle e de cada um dos tratamentos?
2. Considere agora que os dados do grupo de tratamento 3 seguem distribuição Normal. Qual é a probabilidade de um cão que tenha recebido esse tratamento apresentar redução no percentual de glicemia entre -40% e -37%?
3. Qual é o teste estatístico indicado para verificar se existe diferença média significativa entre os resultados do grupo controle e dos tratamentos?
4. Existe diferença média significativa entre os grupos, considerando significância de 0,05?

As respostas destes exercícios e exercícios complementares estão disponíveis no site do Grupo A (loja.grupoa.com.br).

>> REFERÊNCIAS

BUSSAB, W. O.; MORETTIN, P. A. *Estatística Básica*. 8. ed. São Paulo: Saraiva, 2013.

CLARK, J.; DOWNING, D. *Estatística aplicada*. São Paulo: Saraiva, 1998.

IGNÁCIO, S. *Importância da estatística para o processo de conhecimento e tomada de decisão*. REVISTA PARANAENSE DE DESENVOLVIMENTO, Curitiba, n.118, p.175-192, jan./jun. 2010

LEVIN, J. *Estatística Aplicada a Ciências Humanas*. Editora Harbra, 1987.

MOORE, D. A *Estatística Básica e sua prática*. Rio de Janeiro: Ed. LTC, 2000.

>> LEITURAS RECOMENDADAS

RAMOS, E. *Opinião: Estatística: poderosa ciência ao alcance de todos*. Jornal da Universidade Federal do Pará. Ano XXVIII Nº 115. Outubro e Novembro de 2013.

SIMON, G. A. FREUND, J. E. *Estatística Aplicada*. Porto Alegre: Bookman, 2000. 404 p.

TRIOLA, M. *Introdução à Estatística*. Ed LTC: Rio de Janeiro, 2005.

VIEIRA, S. *Elementos de Estatística*. São Paulo: Ed. Atlas, 1999.

CALLEGARI-JACQUES, S. M. *Bioestatística: princípios e aplicações*. Porto Alegre: ARTMED, 2003.

Cintia Pinheiro dos Santos

Karin Tallini

CAPÍTULO 7

Biotecnologia ambiental

A biotecnologia ambiental consiste na aplicação de técnicas biológicas para resolver e/ou prevenir problemas de contaminação ambiental, visando à preservação do ambiente e de seus recursos e à redução das ações realizadas pelo homem, como esgotos, lixo e uso de agrotóxicos. As aplicações da biotecnologia ambiental são inúmeras, mas neste capítulo abordaremos principalmente o tratamento da água e os processos usados para reduzir ou remover poluentes do ambiente.

OBJETIVOS DE APRENDIZAGEM

» Diferenciar os diferentes tipos de água no planeta e seu uso, bem como a composição da água limpa e poluída.

» Compreender a importância da aplicação da biotecnologia ambiental em relação à água.

» Identificar algumas fontes de poluição da água.

» Conhecer os biomarcadores mais empregados no ambiente aquático.

» Identificar as formas de tratamento de água mais usadas em biotecnologia.

» Conhecer alguns exemplos de biorremediação aplicados ao ambiente aquático.

PARA COMEÇAR

A biotecnologia ambiental tem um futuro muito promissor quando pensamos em água e tratamento da água, pois a cada dia poluímos mais nossos rios, lagos e oceanos. Descobrir novas tecnologias para o tratamento de água e despoluição de ambientes serão essenciais para a vida no planeta terra nos próximos anos. A questão da prevenção, do monitoramento e da despoluição de ambientes aquáticos faz com que hoje o homem venha a buscar novos processos de tratamento de água e assim a biotecnologia ambiental tende a ampliar seus estudos nesta direção.

Vejamos que os processos da biotecnologia ambiental levam em conta, em primeira instância, cinco elementos básicos:

- o composto tóxico (ou a mistura) a ser eliminado ou ter sua concentração reduzida;
- o meio em que o composto se encontra (ar, líquido, sólido);
- as características do local ou corrente que o contém;
- o agente biológico que conduzirá à biodegradação (microrganismos, enzimas e plantas);
- as condições do processo (temperatura, pH, umidade, condições aeróbias ou anaeróbias).

Para cada um desses elementos, existem várias opções. A combinação de todos eles gera um potencial muito grande de possíveis tecnologias biológicas aplicadas aos problemas ambientais (CAMMAROTA, 2013). Desse modo, na área ambiental, a biotecnologia permite:

- implementar e monitorar processos de tratamento biológico de águas residuais (p.ex., advindas de processos industriais), de resíduos sólidos e de emissões gasosas;
- promover processos de produção de bioenergia e técnicas de biorremediação, com vistas à redução da poluição de ecossistemas aquáticos e terrestres;
- selecionar indicadores biológicos (p. ex., biomarcadores) a fim de avaliar o estado dos ecossistemas;
- desenvolver processos tecnológicos para a obtenção de produtos com menor impacto ambiental;
- identificar e selecionar microrganismos e plantas em processos ambientais específicos.

>> Água

A água é um dos recursos naturais mais preciosos da Terra e também um dos mais intensamente utilizados. É fundamental para a existência e a manutenção da vida e, para isso, deve estar presente no ambiente em quantidade e qualidade apropriadas.

A água doce flui através da superfície terrestre para rios, córregos, lagos, áreas úmidas e estuários. A água da chuva que não retorna à atmosfera por evaporação ou que não infiltra no solo é chamada de superficial. A região da qual a água superficial é drenada para um rio, lago, área úmida ou outro corpo d'água é chamada de bacia vertente ou bacia de drenagem.

Água superficial é aquela que não evapora no ar ou que não penetra no solo e escorre da terra para os corpos de água.

Dois terços do escoamento anual mundial são perdidos em enchentes sazonais e não estão disponíveis para uso humano. O terço restante é o escoamento seguro: a quantidade de escoamento com a qual geralmente podemos contar como fonte estável de água doce de ano a ano. A Figura 7.1 apresenta os percentuais de água no planeta. A partir desses dados, pode-se verificar que apenas uma pequena fração por volume da reserva de água no mundo é composta por água doce disponível para uso humano.

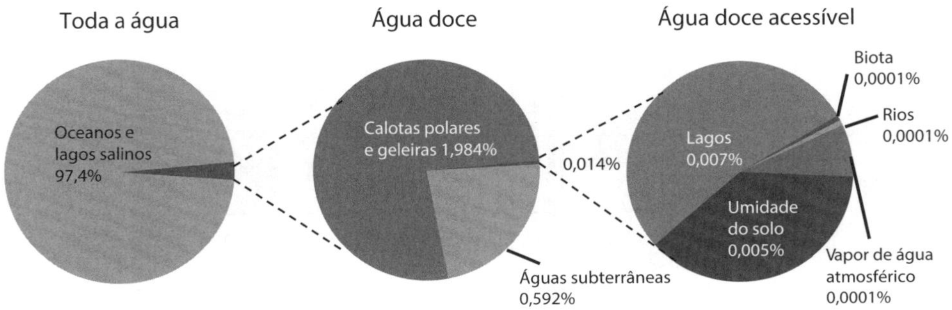

Figura 7.1 >> Percentuais de água no planeta.
Fonte: Adaptada de Miller (2011).

A água subterrânea, uma das mais importantes fontes de água doce do planeta, é formada por um pouco da precipitação que infiltra na terra e é armazenada em espaços do solo e de rochas. Perto da superfície, os espaços no solo e nas rochas detêm pouca umidade. A certa profundidade, na zona de saturação, esses espaços são totalmente preenchidos com água.

O lençol freático localiza-se na parte superior da zona de saturação. A uma profundidade maior estão camadas geológicas chamadas de aquíferos, estruturas geológicas formadas por camadas de areia, cascalho ou leito de rochas porosas saturadas de água, pelas quais fluem as águas subterrâneas. A maioria dos aquíferos é abastecida pela água da chuva que se infiltra através do solo e das rochas.

Zona de saturação é um local em que a maioria dos poros e das fraturas do solo se encontram saturados com água.

O maior aquífero brasileiro é o de Botucatu, localizado no estado de São Paulo.

O homem tem usado a água não só para suprir suas necessidades básicas (p.ex., tomar banho, matar a sede, etc.), mas também para outros fins, como consumo agrícola (p.ex., irrigação e criação de animais), consumo industrial (p.ex., solvente, processos de resfriamento, fabricação de bebidas e alimentos), pesca, transporte, atividades recreativas e turísticas, hidrelétricas (geração de energia), mineração, laboratórios, hospitais, entre várias atividades.

Os corpos de água podem ainda ter a finalidade de assimilar e transportar os despejos neles lançados. Nesse caso, a diluição de despejos de origem humana (p. ex., industrial e agrícola) pode degradar a qualidade das águas, afetando outros usos, como o abastecimento humano e industrial, a irrigação, a preservação do meio ambiente e a recreação.

Existem várias combinações da água no ambiente. A água natural pode ser doce, salgada (mar), salobra ou mineral, entre outros tipos. Temos ainda a água que é usada em indústria, radioativa, poluída, contaminada e residuária. O Quadro 7.1 exemplifica alguns tipos de águas encontrados nos diversos ambientes.

Quadro 7.1 >> Exemplos de tipos de água encontrados em diversos ambientes

Tipo	Características
Água doce	Existe em rios, lagos e ribeiras; possui quantidade de sais significativamente inferior à agua do mar.
Água salgada	Água do mar; possui uma grande quantidade de sais dissolvidos, em especial o cloreto de sódio.
Água residuária	Águas descartadas, resultantes de diversos processos. Exemplos: fontes domésticas (advindas de banhos e cozinhas), processos de fabricação, lavagem de pavimentos e fontes urbanas que resultam de chuvas.
Água poluída	Água que apresenta alterações físicas, como odor, turbidez, cor ou sabor, em geral provocadas pela contaminação química, ou seja, devido à presença de substâncias, como elementos estranhos ou tóxicos.
Água contaminada	Água que contém agentes patogênicos vivos (bactérias, vermes, protozoários ou vírus); não é potável, logo, não deve ser utilizada.
Água potável	Inofensiva à saúde, agradável aos sentidos e adequada aos usos domésticos.

Fonte: Baseado em Botkin e Keller (2011) e Mihelcic e Zimmermann (2012).

A água natural (também denominada água bruta ou água não tratada) possui vários componentes que podem vir tanto do seu ambiente natural quanto de atividades antropogênicas. Por esse motivo, suas características variam bastante conforme o local ou a fonte que queremos estudar. De maneira geral, para conhecer as características da água, são estudados diversos parâmetros que representam suas características físicas, químicas e biológicas (Tabela 7.1). Tais parâmetros também servem de indicadores da qualidade da água.

A legislação brasileira estabelece os padrões de qualidade da água para cada tipo de uso. Acesse o site do Grupo A (loja.grupoa.com.br) para conhecer a resolução do Conama relativa aos padrões de lançamento de efluentes e a resolução do Ministério da Saúde sobre a potabilidade da água.

Tabela 7.1 >> Concentração dos principais constituintes químicos e biológicos encontrados na água natural

Classificação geral	Constituintes específicos	Faixa típica de concentração
Principais constituintes inorgânicos primários	Cálcio, cloreto, ferro, manganês, nitrato, sódio e enxofre	1 – 1.000 mg/L
Constituintes inorgânicos secundários	Cádmio, cromo, cobre, chumbo, mercúrio, níquel, zinco e arsênico	0,1 – 10 µ/L
Compostos orgânicos de ocorrência natural	Matéria orgânica de ocorrência natural, que é medida como carbono orgânico total (COT)	1 – 20 mg/L
Compostos orgânicos antropogênicos	Compostos químicos orgânicos sintéticos e compostos químicos emergentes preocupantes utilizados na indústria, em residências e na agricultura (p.ex., benzeno, éter metil-tercio-butílico, tetracloroetileno, cloreto de vinila, alacloro)	Abaixo de 1 µg/L a dezenas de mg/L
Organismos vivos	Bactérias, algas, fungos e vírus	Milhões

Fonte: Adaptada de Mihelcic e Zimmermann (2012).

As características físicas da água resumidamente são cor, temperatura, sabor, odor, turbidez e condutividade elétrica. A seguir, cada um desses aspectos é detalhado.

Cor: É indicada pela combinação de fatores como a matéria orgânica dissolvida, turbidez e íons, principalmente, ferro e manganês.

Temperatura: Varia conforme a estação, localização e profundidade.

Sabor e odor: Pode ser de causas naturais (algas, fungos, bactérias, vegetação em decomposição) e artificiais (esgotos domésticos e industriais).

Turbidez: Pode ocorrer em razão da presença de matéria em suspensão na água, como argila, silte, organismos microscópicos e outras partículas.

Condutividade elétrica: É a capacidade que a água possui de conduzir corrente elétrica. Essa característica está relacionada, principalmente, com a presença de íons dissolvidos na água, que são partículas carregadas eletricamente. Quanto maior for a quantidade de íons dissolvidos, maior será a condutividade elétrica na água.

Silte é todo e qualquer fragmento de mineral ou rocha menor do que areia fina e maior do que argila.

AGORA É A SUA VEZ

A partir do que você leu até aqui, faça uma pesquisa sobre a qualidade da água potável no Brasil ou na sua cidade.

>> Poluição da água

A poluição causa danos aos recursos naturais como a água e o solo e pode impedir atividades econômicas como a pesca e a agricultura. Uma água é dita poluída quando sujeita a qualquer alteração das suas características químicas, físicas ou biológicas. As causas podem ser naturais ou provocadas pelo homem.

Poluição é toda alteração das propriedades naturais do meio ambiente que seja prejudicial à saúde, à segurança ou ao bem-estar da população sujeita aos seus efeitos por agente de qualquer espécie.

Os poluentes são despejados em sistemas aquáticos a partir de fontes pontuais e não pontuais. As fontes pontuais são fixas, isto é, são introduzidas por lançamentos individualizados, como o que ocorre no lançamento de esgotos sanitários ou de efluentes industriais. São facilmente identificadas e, portanto, seu controle é mais eficiente e rápido.

As fontes não pontuais ou difusas não possuem um ponto de lançamento específico e, por não advirem de um ponto preciso de geração, são de difícil controle e identificação. São exemplos o escoamento superficial da água da chuva, a infiltração de agrotóxicos no solo provenientes de campos agrícolas, o aporte de nutrientes em córregos e rios através da drenagem urbana, entre outros. Dessa maneira, a concentração de contaminantes originários de fontes não pontuais pode variar no tempo e no espaço.

A entrada de poluentes no ambiente aquático pode ter origem de diversas fontes, e cada uma delas tem características próprias. O efluente doméstico, por exemplo, contém contaminantes orgânicos biodegradáveis, nutrientes e bactérias. O Quadro 7.2 apresenta alguns tipos de poluentes e sua provável fonte.

Quadro 7.2 >> Categorias de poluentes da água e sua provável fonte

Categoria de poluente	Exemplo de fonte
Matéria orgânica morta	Esgoto in natura, resíduos agrícolas, lixo urbano
Patógenos	Excremento e urina humana e animal
Remédios	Águas residuárias urbanas, analgésicos, pílulas anticoncepcionais, antidepressivos, antibióticos
Químicos orgânicos	Uso agrícola de pesticidas e herbicidas; processos industriais que produzem dioxina
Nutrientes	Fósforo e nitrogênio de terras agrícolas e urbanas (fertilizantes) e águas residuárias do tratamento de esgoto
Metais pesados	Uso agrícola, urbano e industrial do mercúrio, chumbo, selênio, cádmio, etc.
Ácidos	Ácido sulfúrico (H_2SO_4) a partir do carvão ou de alguma mina de metal; processos industriais que dispõem ácidos impropriamente
Sedimentos	Escoamento superficial de locais de construção, escoamento superficial agrícola e erosão natural
Calor (poluição térmica)	Aquecimento da água em usinas de energia e outras facilidades industriais
Radioatividade	Contaminação por usinas nucleares, militares e fontes naturais

Fonte: Adaptada de Botkin e Keller (2011).

A água não é o único meio de dispersão de contaminantes na biosfera. Outros meios de dispersão de contaminantes incluem:

- a atmosfera, que é o meio de dispersão de partículas naturais, como os gerados por vulcões;
- os contaminantes antrópicos de origens industriais e compostos gasosos (produtos de combustão e outros volatilizáveis) por grandes distâncias.

Após algumas alterações sofridas ainda na atmosfera, principalmente por reações fotoquímicas, os contaminantes invariavelmente alcançam diretamente a superfície dos corpos d'água ou depositam-se nos solos e sobre a cobertura vegetal. Depois, pela adição das águas das chuvas, são transportados aos recursos hídricos.

Reações fotoquímicas são aquelas influenciadas pela incidência de luz ou por qualquer radiação eletromagnética, como o processo de fotossíntese.

A concentração, o transporte, a transformação e a disposição final de um contaminante introduzido no ambiente aquático dependem principalmente das propriedades do ambiente e das características do contaminante. As constantes emissões de contaminantes no ar, no solo e nas águas estão relacionadas aos processos naturais e, principalmente, às atividades humanas.

De acordo com Azevedo e Chasin (2004), a transformação, degradação e sequestração de substâncias químicas e/ou de contaminantes no ambiente podem ocorrer por três processos:

- químico (p.ex., oxidação atmosférica pelo oxigênio atmosférico e reações fotoquímicas);
- biológico (quando a degradação se deve à ação de microrganismos – principalmente bactérias –, mais comum no solo e nos sedimentos aquáticos);
- físico (p.ex., solubilidade e sedimentação por gravidade).

Uma vez no ambiente, os contaminantes estão sujeitos a uma combinação de processos que pode afetar o seu destino e comportamento. As substâncias potencialmente tóxicas podem ser degradadas por processos abióticos e bióticos que ocorrem na natureza. No entanto, algumas delas resistem aos processos de degradação e, por isso, são capazes de persistir no ambiente por longos períodos (TALLINI, 2010).

Biótico (bio = vida) são os seres vivos; são exemplos: vegetais, animais, homem, fungos, protozoários e bactérias.

Abiótico (A = não, bio = vida) são exemplos: água, gases atmosféricos, sais minerais, temperatura, umidade, solo e todos os tipos de radiação.

Acesse o site do Grupo A (loja.grupoa.com.br) e assista ao vídeo sobre soluções para a escassez da água.

>> Efeitos dos contaminantes na água

A avaliação dos efeitos adversos causados pelas substâncias químicas liberadas pelo ambiente sobre os organismos vivos pode ser feita com o auxílio de duas ciências: a toxicologia ambiental e a ecotoxicologia. A primeira aborda os efeitos das substâncias químicas sobre os seres humanos, enquanto a segunda trata dos efeitos desses compostos sobre os ecossistemas e seus componentes não humanos. A ecotoxicologia permite avaliar os danos ocorridos nos diversos ecossistemas após a contaminação e também prever os impactos futuros da comercialização de produtos químicos e/ou lançamentos de despejos num determinado ambiente.

A fim de avaliar ecotoxicologicamente um ambiente, é fundamental ter conhecimento das fontes de emissão dos poluentes, bem como de suas transformações, difusões e destinos. É importante conhecer os riscos potenciais desses poluentes à flora e à fauna, incluindo o homem (ZAGATTO; BERTOLETTI, 2008).

Uso de biomarcadores e bioindicadores na biotecnologia ambiental

A avaliação de ambientes inclui diversos estudos. Na área da biotecnologia ambiental, podemos citar como exemplo os estudos com biomarcadores, que podem ser usados para vários propósitos, dependendo da finalidade do estudo e do tipo de exposição química. Podem ter como objetivos avaliar a exposição (quantidade absorvida ou dose interna), avaliar os efeitos das substâncias químicas e avaliar a suscetibilidade individual. Além disso, podem ser utilizados independentemente da fonte de exposição, seja através da dieta, do meio ambiente geral ou ocupacional.

Biomarcadores ou marcadores biológicos são moléculas que podem ser medidas experimentalmente e indicam a ocorrência de um determinado processo em um organismo.

Os biomarcadores podem ser usados em conjunto com espécies bioindicadoras, também chamadas de bioindicadores, cuja utilização permite a avaliação integrada dos efeitos ecológicos causados por múltiplas fontes de poluição (CALLISTO; GONÇALVES, 2002). São exemplos de bioindicadores peixes, minhocas e moscas. Nos ambientes aquáticos, podemos citar o zooplâncton, que é formado por protozoários (flagelados, sarcodinas e ciliados) e por vários grupos metazoários, destacando-se crustáceos e larvas de dípteros (insetos).

Bioindicadores são espécies, grupos de espécies ou comunidades biológicas cuja presença, quantidade e distribuição indicam a magnitude de impactos ambientais em um ecossistema aquático.

Os biomarcadores são amplamente estudados e aplicados na biotecnologia ambiental para diferentes propósitos. A seguir, são apresentados alguns deles.

A membrana lisossomal é usada como um biomarcador de estresse à poluição (NICHOLSON; LAM, 2005) por meio do teste de "tempo de retenção do vermelho neutro" (NRRT), um corante que ultrapassa a membrana celular. Com o auxílio de um microscópio óptico, é possível visualizar e avaliar a entrada do corante até o citosol da célula caso tenha havido algum tipo de dano à membrana lisossomal, indicando o estresse induzido pelo poluente. Os bivalves (p.ex., mexilhões) são exemplos de espécies utilizadas como bioindicadores.

Entre os quelantes de metais mais utilizados como bioindicadores, destacam-se:

- indução do citocromo P-4501A (CYP1A), que indica a exposição dos organismos a compostos indutores de dano celular;
- medida da atividade de enzimas como a acetilcolinesterase (AChE), que possibilita a detecção de efeitos toxicológicos subletais;
- catalase (CAT) e glutationa S-transferase (GST), eficientes como biomarcadores bioquímicos na avaliação da toxicidade por exposição a herbicidas em peixes.

Quelante é uma substância usada para capturar, transportar e/ou eliminar substâncias (principalmente metais) do organismo.

Efeitos toxicológicos subletais são aqueles em que os indivíduos afetados podem sofrer uma alteração de comportamento, crescimento e/ou reprodução.

A determinação da atividade da enzima acetilcolinesterase em peixes (músculo dos acarás e tilápia) permite a avaliação dos efeitos dos agrotóxicos organofosforados e carbamatos em cultivos agrícolas (ARIAS et al., 2007). Esses compostos, muito utilizados na agricultura, na pecuária e no ambiente doméstico, não se acumulam na natureza e são de decomposição relativamente rápida após a aplicação. Contudo, embora ofereçam menor risco para o meio ambiente, são altamente tóxicos para animais e humanos.

O citocromo P450 é uma hemeproteína envolvida na transformação de vários compostos de origem endógena e exógena. Está envolvida na conversão de compostos insolúveis, como fármacos ou outras moléculas, em substâncias solúveis em água, facilitando sua excreção através da urina, da bile, do suor, do leite ou da saliva.

Biomarcadores também podem ser usados para testes de genotoxicidade, como o ensaio de eletroforese em gel de célula única (Ensaio Cometa), que detecta vários tipos de danos no DNA, e o teste de micronúcleos, capaz de avaliar a frequência de danos cromossômicos. Ambos os testes já foram utilizados para avaliação da espécie bioindicadora de contaminação ambiental, o mexilhão dourado (*Limnoperna fortunei*), na bacia do Lago Guaíba na cidade de Porto Alegre (VILLELA, 2006).

AGORA É A SUA VEZ

Faça uma pesquisa sobre biomarcadores e bioindicadores em rios e lagos do Brasil e cite outros exemplos de uso desses elementos.

No site do Grupo A (loja.grupoa.com.br) estão disponíveis dois artigos sobre a utilização de biomarcadores para monitoração ambiental aquática.

>> Tratamento da água

O tratamento da água refere-se a diversos procedimentos físicos e químicos utilizados para a remoção de impurezas e contaminantes, com o objetivo de torná-la potável para consumo humano ou para a sua utilização em outras atividades. O tipo de tratamento depende da finalidade a que a água se destina. Entre tais finalidades, destacam-se:

- consumo humano (potabilidade) e animal;
- uso em atividades de laboratório, indústria, fabricação de medicamentos e uso em hospitais e clínicas de hemodiálise;
- uso na agricultura;
- uso para recreação e navegação.

Potabilidade é definida como a qualidade do que é potável. Potável, por sua vez, é o que se pode beber. No Brasil, a potabilidade da água para consumo é regida pela Portaria de Potabilidade da Água de número 2914/11 (BRASIL, 2011).

Leia na íntegra o texto da Portaria de Potabilidade da Água acessando o site do Grupo A (loja.grupoa.com.br).

A água pode ser tratada de diversas formas dependendo do local, do tipo de uso e conforme a sua captação.

Tratamento da água para consumo humano

A desinfecção das águas tratadas tem como objetivo a remoção dos organismos patogênicos. Existem vários métodos que podem ser utilizados, cada um com suas vantagens e desvantagens, dependendo do tipo de água e a situação dos poluentes. O Quadro 7.3 apresenta, de uma forma simplificada, o processo de tratamento de água superficial para consumo humano.

Quadro 7.3 >> Processo de tratamento tradicional de água superficial para consumo humano

Mistura rápida	Adição de um coagulante na água captada para remoção de impurezas.
Floculação	Ação dos produtos coagulantes onde ocorre a aglutinação das partículas dificilmente sedimentáveis.
Sedimentação ou decantação	Etapa seguinte, em que os flocos se sedimentam no fundo de um tanque.
Filtração	Remoção de impurezas por retenção dos flocos menores em camadas filtrantes (de areia, antracito, diatomita e outros materiais de granulometria muito fina).
Desinfecção	Aplicação de cloro ou compostos de cloro para eliminação de organismos patogênicos (controle de qualidade bacteriológica).
Fluoretação	Adição de compostos de flúor.

Fonte: Baseado em Cunha e Calijuri (2013).

Entre as diferentes maneiras de desinfecção de águas, a cloração é o processo mais utilizado no Brasil. As demais técnicas incluem ozonização, incidência de radiação ultravioleta e processos oxidativos avançados, como peróxido de hidrogênio e dióxido de titânio (FIGUEIREDO, 2007) (Quadro 7.4).

No site do Grupo A (loja.grupoa.com.br) está disponível uma animação sobre o tratamento da água.

WWW.

Quadro 7.4 >> Demais técnicas de desinfecção de água

Processo	Tipo	
Cloração	Químico	Penetra nas células dos microrganismos e reage com suas enzimas, destruindo-as e provocando a morte dos organismos.
Ozonização	Químico	Desinfecção bacteriana, a partir do ataque do ozônio às membranas, às proteínas, ao DNA e a outros componentes das células patogênicas.
Radiação ultravioleta (UV)	Físico	Desinfecção dos microrganismos por meio da inativação do DNA.

Fonte: Adaptado de Cunha e Calijuri (2013).

AGORA É A SUA VEZ

A partir do que você leu, faça uma pesquisa na internet sobre os processos de desinfecção da água para torná-la potável.

Tratamento da água de captação subterrânea

A água captada por meio de poços profundos, na maioria das vezes, não precisa ser tratada, porque não apresenta qualquer turbidez. Em geral, a desinfecção com cloro é suficiente, não sendo necessária a realização de todas as etapas que ocorrem no tratamento das águas superficiais.

Tratamento de águas residuais e efluentes

Para a realização do tratamento de água residuais ou efluentes, são construídas infraestruturas especiais chamadas de estações de tratamento de águas residuais (ETARs) ou estações de tratamento de águas efluentes (ETEs). As águas a serem tratadas nestas estações são provenientes de áreas domésticas, industriais e urbanas. Após o tratamento, será possível a sua reutilização de forma não potável ou potável. Os diversos processos de tratamento realizados nas ETARs para separar, retirar ou diminuir a quantidade de poluentes são descritos a seguir (Fig. 7.2).

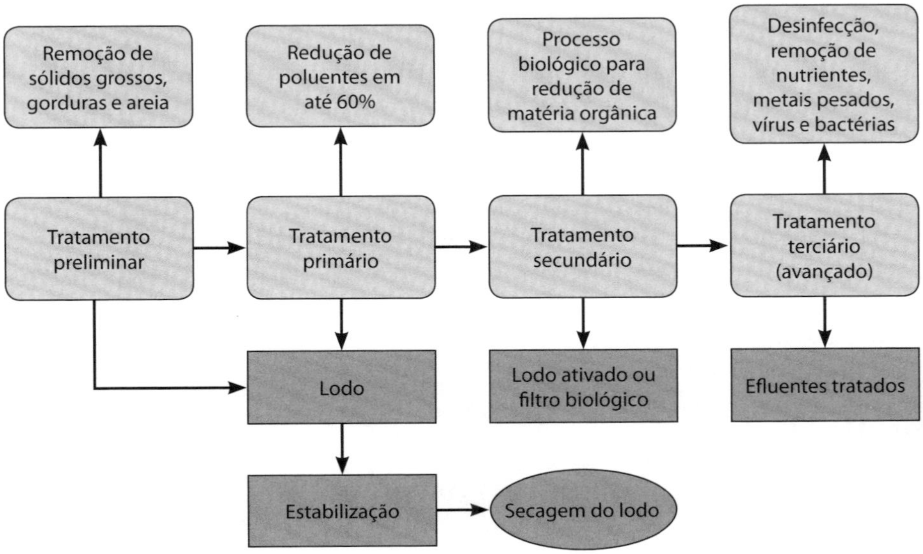

Figura 7.2 >> Esquema simplificado do processo de tratamento de água residuária.
Fonte: Adaptada de Cunha e Calijuri (2013)

Tratamento preliminar: Nessa fase, o esgoto é sujeito aos processos de separação dos sólidos, sendo preparado para as fases de tratamento subsequentes.

Tratamento primário: É a primeira fase de tratamento da água, na qual a matéria poluente é separada da água por sedimentação mediante um processo de ação física que pode ser auxiliado pela adição de agentes químicos por coagulação/floculação. Tais agentes possibilitam a obtenção de flocos de matéria poluente de maiores dimensões, tornando a decantação mais fácil. Após o tratamento primário, a matéria poluente que permanece na água apresenta dimensões reduzidas, sendo normalmente constituída por coloides, os quais não podem ser removidos por processos físico-químicos. A eficiência de um tratamento primário pode chegar a 60% ou mais, dependendo do tipo de tratamento e da operação da ETE.

Tratamento secundário: O tratamento secundário é um processo biológico, do tipo lodo ativado ou do tipo filtro biológico, no qual a matéria orgânica (poluente) é consumida por microrganismos chamados de reatores biológicos. O resíduo do reator biológico contém uma grande quantidade de microrganismos, que é reduzida a matéria orgânica. A seguir, os microrganismos sofrem um processo de sedimentação. No final, as águas residuais tratadas apresentam um reduzido nível de poluição por matéria orgânica e podem, na maioria dos casos, ser despejadas no meio ambiente receptor.

Reatores biológicos geralmente são constituídos por tanques com grande quantidade de microrganismos aeróbios (em presença de ar), havendo por isso a necessidade de promover o seu arejamento.

Tratamento terciário (avançado): Para o lançamento final no corpo receptor, é necessário realizar uma desinfecção das águas residuais para a remoção dos organismos patogênicos ou nutrientes, como o nitrogênio e o fósforo. Tais organismos podem potenciar, isoladamente e/ou em conjunto, a eutrofização das águas receptoras, fenômeno causado por excesso de nutrientes em uma massa de água que provoca o aumento excessivo de algas. Esse aumento pode ocasionar a diminuição de oxigênio, provocando a morte e a consequente decomposição de muitos organismos, o que diminui a qualidade da água e muitas vezes altera o ecossistema. Esses processos podem ocorrer de forma natural nos corpos de água, pela ação do homem ou descarga de efluentes urbanos e industriais.

No site do Grupo A (loja.grupoa.com.br) estão disponíveis vídeos sobre o processo de tratamento de água das cidades de São Paulo e Porto Alegre.

>> Biorremediação

A biorremediação é o processo pelo qual organismos vivos, tais como microrganismos, fungos, plantas, algas verdes ou suas enzimas, são utilizados tecnologicamente para reduzir ou remover (remediar) poluentes no ambiente (PEREIRA; FREITAS, 2012). A biorremediação pode ser aeróbica e/ou anaeróbica. Utilizando processos biodegradáveis para tratamento de resíduos, esse processo permite a regeneração do equilíbrio do ecossistema original.

Biorremediação é o tratamento biológico de poluentes com o objetivo de restaurar o equilíbrio do ecossistema.

Fitorremediação consiste no uso de plantas para o tratamento de poluentes da água e do solo.

A biorremediação pode ser aplicada para descontaminar tanto a água quanto o solo contaminados por problemas ocasionados por diversas áreas (Quadro 7.5). Entre as principais aplicações da biorremediação, podem ser citadas:

- a recuperação do ambiente após liberação de petróleo no mar ou em rios;
- a remoção da contaminação do lençol freático por vazamento em postos de combustíveis;
- a remoção da contaminação das águas e do solo por substâncias tóxicas;
- a diminuição da ocorrência de esgoto e de lixões.

Quadro 7.5 >> Exemplos de biorremediação em diversas áreas

Agricultura	Adubo composto, pesticidas, silagem, mudas de plantas ou árvores, plantas transgênicas, etc.
Eletrônica	Biossensores
Energia	Etanol, biogás
Ambiente	Remoção do petróleo, purificação da água, tratamento de resíduos
Saúde	Antibióticos, vacinas, hormônios e outros produtos farmacêuticos

Fonte: Adaptado de Carneiro e Gariglio (2010).

A maior parte dos componentes do petróleo é biodegradável, porém uma pequena parte em estado bruto causa a poluição do ambiente. O destino desses compostos após um dano ambiental depende de vários fatores, como a degradação por microrganismos que utilizam o petróleo como fonte de carbono e energia. No processo de degradação microbiana, as bactérias usam o carbono para produzir energia, promovendo o seu crescimento. São exemplos de bactérias degradadoras de compostos do petróleo os gêneros *Agrobacterium, Bacillus, Microbacterium, Mycobacterium, Nocardia, Paracoccus, Pseudomonas, Ralstonia e Rhodococcus* (TONINI et al., 2010).

A biorremediação pode ser classificada em duas categorias: *in situ* e *ex situ*. A biorremediação *in situ* é o tratamento do solo ou da água contaminada realizado no próprio local. A biorremediação *ex situ* é indicada nos casos em que há risco de alastramento da contaminação e quando não é possível o tratamento no local, por exemplo em locais de difícil acesso.

>> Uso de biorreatores na biorremediação

O uso de biorreatores é eficiente na recuperação de solos e águas contaminados com compostos orgânicos, como hidrocarbonetos. Muitas vezes são adicionados nutrientes aos biorreatores para otimizar a taxa de crescimento dos microrganismos.

A utilização de biorreatores expandiu-se nas últimas décadas no tratamento de efluentes urbanos e industriais. Também é muito utilizado para sistemas de tratamento em regiões afastadas, como as rurais, devido a exigências da legislação e ao avanço contínuo desta tecnologia (STEPHENSON et al., 2000).

No contexto do solo e da biorremediação do solo, o termo biorreator refere-se a qualquer recipiente no qual a degradação biológica do contaminante está isolada e controlada.

O Quadro 7.6 apresenta alguns exemplos de contaminantes e os tipos de biorremediação.

Quadro 7.6 >> Exemplos de contaminantes e tipos de biorremediação

Gasolina e óleo	Biorremediação fácil, anaeróbica e aeróbica
Álcool, acetona e éster	Biorremediação fácil, anaeróbica e aeróbica
Éter	Biorremediação anaeróbica e aeróbica sob condições específicas
Cloro	Biorremediação fácil, aeróbica
Metais como Cr, Cu, Ni, Pb, Hg, Cd, Zn, entre outros	Processos microbianos afetam sua solubilidade e reatividade

Fonte: Adaptado de Carneiro e Gariglio (2010).

Para que a biorremediação traga resultados satisfatórios, é fundamental o conhecimento do princípio dos procedimentos aplicados e das técnicas realizadas. Isso possibilita a utilização e seleção correta do tipo de biorremediação de acordo com as condições específicas de cada local e de cada contaminante presente (CARNEIRO; GARIGLIO, 2010).

Para saber mais, acesse o site do Grupo A (loja.grupoa.com.br) e assista ao vídeo sobre o funcionamento de biorreatores para o tratamento da água em regiões rurais e para outros sistemas domésticos e industriais.

>> ATIVIDADES

1. Ao lado da sua casa existe um riacho. Observando esse local, você seria capaz de identificar as suas fontes poluidoras?
2. De forma resumida, quais são os exemplos de aplicação da biotecnologia ambiental em relação à água?
3. Dê um exemplo de aplicação de biomarcadores.
4. Por quais motivos devemos fazer o tratamento da água?
5. As biotecnologias de biorremediação são técnicas inovadoras para redução de problemas ambientais e recuperação de águas e solo. Pesquise outras informações sobre o uso de biorreatores.

>> REFERÊNCIAS

ARIAS, A. R. L. et al. Utilização de bioindicadores na avaliação de impacto e no monitoramento da contaminação de rios e córregos por agrotóxicos. *Ciência Saúde Coletiva*, v. 12, n. 1, 2007. Disponível em:< http://www.scielo.br/s cielo.php?script=sci_arttext&pid= S1413-81232007000100011>. Acesso em: 18 jul. 2016.

AZEVEDO, F. A.; CHASIN, A. A. M. (Coord.). *As bases toxicológicas da ecotoxicologia*. São Carlos: RIMA, 2003.

BOTKIN, D. B.; KELLER, E. K. *Ciência ambiental*: terra, um planeta vivo. 7. ed. São Paulo: LTC, 2011.

BRASIL. *Portaria MS nº 2914, de 12 de dezembro de 2011*. Brasília: MS, 2011. Disponível em: <http://www.comitepcj.sp.gov.br/dow nload/Portaria_MS_2914-11.pdf>. Acesso em: 18 jul. 2016.

CALLISTO, M.; GONÇALVES, J. F. Jr. A vida nas águas das montanhas. *Ciência Hoje*, v. 31, n. 182, p. 68-71, 2002.

CAMMAROTA, M. C. *EQB-365 biotecnologia ambiental*. Rio de Janeiro: UFRJ, 2013. Notas de aula. Disponível em: <http://www.eq.ufrj.br/docentes/magalicammarota/2013/apostila_eqbB365.pdf>. Acesso em: 18 jul. 2016.

CARNEIRO, D. A.; GARIGLIO, L. P. A biorremediação como ferramenta para a descontaminação de ambientes terrestres e aquáticos para descontaminação de ambientes terrestres e aquáticos. *Revista Tecer*, v. 3, n. 4, p. 82-95, 2010. Disponível em: <http://www3.izabelahendrix.edu.br/ojs/index.php/tec/article/view/10/8>. Acesso em: 18 jul. 2016.

CUNHA, D. G. F.; CALIJURI. M. C. *Engenharia ambiental*: conceitos, tecnologia e gestão. Rio de Janeiro: Campus, 2013.

FIGUEIREDO, M. E. M. *O uso de fotoeletrooxidação para a remoção de Microcystis aeruginosa no tratamento de água*. 2007. Trabalho de Conclusão de Curso (Graduação em Engenharia de Bioprocessos e Biotecnologia)– Universidade Estadual do Rio Grande do Sul, Porto Alegre, 2007.

MIHELCIC, J. R.; ZIMMERMAN, J. B. *Engenharia ambiental:* fundamentos, sustentabilidade e projeto. São Paulo: LTC, 2012.

MILLER Jr., G. T. *Ciência ambiental*. São Paulo: Cengage Learning, 2011.

NICHOLSON, S.; LAMB, P. K. S. Pollution monitoring in Southeast Asia using biomarkers in the mytilid mussel Perna viridis (Mytilidae: Bivalvia). *Environment International*, v. 31, n. 2, p. 121–132, 2005.

PEREIRA, A. R. B.; FREITAS, D. A. F. Uso de microorganismos para a biorremediação de ambientes impactados. *Revista Eletrônica em Gestão, Educação e Tecnologia Ambiental,* v.6, n. 6, p. 975-1006, 2012. Disponível em:<http://periodicos.ufsm.br/reget/article/view/4818/2993>. Acesso em: 18 jul. 2016.

STEPHENSON, T., et al. *Membrane bioreactors for wastewater treatment*. London: IWA, 2000.

TALLINI, K. *Metodologia de avaliação de risco ecológico em ambiente aquático a partir de evidências químicas, biológicas e ecotoxicológicas.* 2010. Tese de Doutorado (Programa de Pós-Graduação em Ecologia)–Universidade Federal do Rio Grande do Sul, Porto Alegre, 2010. Disponível em: <http://www.lume.ufrgs.br/bitstream/handle/10183/29986/000776971.pdf?sequence=1>. Acesso em: 18 jul. 2016.

TONINI, R. M. C. W.; REZENDE, C. E.; GRATIVOL, A. D. Degradação e biorremediação de compostos de petróleo por bactérias: revisão. *Oecologia Australis,* v.14, n. 4, p.1025-1035, dez. 2010. Disponível em: <http://www.inct-tmcocean.com.br/pdfs/Produtos/Artigos_periodicos/62_ToniniRezende.pdf>. Acesso em: 18 jul. 2016.

VILLELA, I. V. *Avaliação do potencial genotóxico de amostras ambientais da região hidrográfica da bacia do Lago Guaíba*, 2006. Tese de Doutorado (Programa de Pós-Graduação em Biologia Celular e Molecular)–Universidade Federal do Rio Grande do Sul, Porto Alegre, 2006. Disponível em:<http://www.lume.ufrgs.br/handle/10183/7527>. Acesso em: 18 jul. 2016.

ZAGATTO, P. A.; BERTOLETTI, E. *Ecotoxicologia aquática:* princípios e aplicações. São Carlos: RIMA, 2008.

Rosana Matos de Morais
Benjamin Dias Osorio Filho

CAPÍTULO 8

Biotecnologia e agricultura sustentável

A biotecnologia pode ser uma grande aliada na identificação de organismos vivos, genes, enzimas, compostos e bioprocessos fundamentais para fomentar uma agricultura menos agressiva ao meio ambiente e com maiores garantias de segurança alimentar. Este capítulo abordará algumas discussões sobre a agricultura atual no Brasil e os desafios que devem ser encarados para torná-la sustentável, como o uso da biotecnologia em busca da diminuição ou supressão de agrotóxicos e em busca de fontes alternativas de fertilizantes.

OBJETIVOS DE APRENDIZAGEM

- Entender o que é a agricultura sustentável e a mudança de paradigma que precisa ser assumida para alcançá-la.
- Compreender as consequências do melhoramento vegetal e de que forma a biotecnologia pode mudar esse cenário.
- Discutir a importância das interações entre as plantas e os demais seres vivos que habitam o agroecossistema na busca de uma agricultura sustentável.
- Identificar os principais casos de interações benéficas entre plantas e microrganismos na busca de uma agricultura de menor impacto e o papel da biotecnologia no estudo dessas interações.
- Compreender o papel fundamental da biotecnologia no desenvolvimento de métodos alternativos ao uso de agrotóxicos para o controle de pragas agrícolas.

PARA COMEÇAR

Os recursos naturais e a saúde humana estão sendo comprometidos pela agricultura moderna em razão da devastação de campos e florestas naturais, do uso indiscriminado de agrotóxicos e do esgotamento de reservas de minerais e de energia. A agricultura sustentável surge como uma resposta a esse conjunto de problemas.

O conceito de sustentabilidade tem trazido muita discussão, mas também um consenso sobre a necessidade de mudanças na agricultura convencional, tornando-a mais compatível com as demandas ambientais, sociais e econômicas. Nesse contexto, os agrotóxicos e fertilizantes minerais são alvo de redução ou mesmo eliminação, sendo substituídos por fontes orgânicas para nutrição vegetal e por um manejo adequado de plantas e organismos, como forma de redução de pragas que assolam o cultivo agrícola.

Até o período conhecido como **revolução verde**, a agricultura no Brasil baseava-se predominantemente na utilização de variedades de plantas crioulas, no uso de tração animal, no emprego de mão de obra familiar e na não utilização de insumos industrializados. Desde o advento das tecnologias químicas e mecânicas oriundas dos países desenvolvidos no período pós-guerra, o Brasil tem aumentado muito sua produção agrícola.

O termo **revolução verde** refere-se a um período que iniciou entre as décadas de 1960 e 1990, dependendo do país e da região, e que perdura até os dias atuais, caracterizado pela intensa adoção de máquinas agrícolas, combustíveis fósseis, eletricidade, sementes melhoradas, fertilizantes e agrotóxicos.

A partir de então, passaram a ser disponibilizadas aos agricultores variedades melhoradas de plantas, que produzem muito mais. Contudo, essa alta produtividade sobrevive às custas da dependência de fertilizantes minerais, máquinas e implementos agrícolas que facilitam as operações e do uso exaustivo de defensivos químicos que garantem o controle das pragas e doenças que surgem nos cultivos.

PARA REFLETIR

A chamada revolução verde desencadeou um grande aumento na produtividade agrícola, mas também sérios problemas como erosão, desequilíbrios ambientais, problemas na saúde humana, endividamentos do agricultor e êxodo rural.

AGORA É A SUA VEZ

1. O que você entende por agricultura sustentável?
2. Como a biotecnologia pode contribuir para a sustentabilidade da agricultura?
3. Qual o impacto da revolução verde na atual diversidade de plantas cultivadas?

>> Melhoramento vegetal e sustentabilidade da agricultura

O melhoramento vegetal é empregado para a obtenção de novas variedades de plantas e tem como grande objetivo o aumento da produtividade. As plantas melhoradas passam a produzir muito mais em relação às suas antepassadas, as **variedades crioulas**.

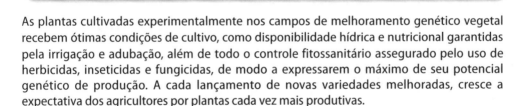

> **Variedades crioulas** são obtidas pelo trabalho integrado de seleção feito pela natureza e pelo próprio agricultor. As plantas de variedades crioulas são mais adaptadas ao ambiente e as sementes são, geralmente, produzidas na própria propriedade rural ou trocadas entre os agricultores.

As plantas cultivadas experimentalmente nos campos de melhoramento genético vegetal recebem ótimas condições de cultivo, como disponibilidade hídrica e nutricional garantidas pela irrigação e adubação, além de todo o controle fitossanitário assegurado pelo uso de herbicidas, inseticidas e fungicidas, de modo a expressarem o máximo de seu potencial genético de produção. A cada lançamento de novas variedades melhoradas, cresce a expectativa dos agricultores por plantas cada vez mais produtivas.

Nas lavouras, essas variedades produzem mais, desde que bem adubadas, irrigadas e protegidas contra pragas, doenças e plantas infestantes. O conjunto de insumos e técnicas que envolvem as sementes melhoradas, os fertilizantes, os agrotóxicos e o manejo para garantir o máximo de produtividade da lavoura é considerado um "pacote tecnológico". No entanto, quando esse pacote tecnológico não é integralmente comprado pelo agricultor, as plantas melhoradas não respondem satisfatoriamente, produzindo até mesmo menos que as variedades crioulas.

Neste período de revolução verde, a produção agrícola vem aumentando, graças ao incremento de produtividade dos cultivos pelos pacotes tecnológicos e pela expansão das áreas agrícolas. Entretanto, vários são os impactos negativos deste processo no meio ambiente e na vida das pessoas do campo e da cidade e, por fim, na sustentabilidade do planeta. A grande diversidade de variedades de plantas está sendo substituída cada vez mais por poucas cultivares de plantas altamente produtivas. Muitos genes que estavam presentes no genoma de plantas crioulas entraram em extinção quando estas deixaram de ser cultivadas, e seus bancos de sementes desapareceram para sempre.

Uma biodiversidade de seres comporta uma grande diversidade de genes. Quando a biodiversidade se limita apenas ao que é interessante em um determinado momento, genes de grande interesse e que ainda estavam desconhecidos podem ser perdidos. Graças à erosão genética, alguns genes de resistência podem desaparecer para sempre, sem ao menos serem descobertos. Da mesma forma, muitos genes responsáveis pela síntese de compostos com potencial farmacêutico e medicinal já se extinguiram, tanto de variedades crioulas de plantas cultivadas quanto de plantas de florestas e de campos nativos que foram destruídos para implantação de lavouras ou pastagens.

PARA REFLETIR

Quantas novas pragas ou doenças poderiam ser evitadas com genes de resistência que possam ter existido no genoma de plantas crioulas e que, com a erosão genética, não mais existem?

Um novo conceito de melhoramento vegetal é primordial para continuarmos produzindo alimentos em quantidades que atendam à demanda da sociedade e, ao mesmo tempo, garantirmos a preservação do meio ambiente e a qualidade de vida dos habitantes do planeta. Nesse contexto, a biotecnologia é uma grande aliada. Além da busca por plantas mais produtivas, outras características vegetais precisam estar associadas nos processos de melhoramento vegetal, entre as quais se destacam:

- a resistência a pragas, doenças e condições ambientais adversas (p.ex., excesso ou falta de umidade);
- os mecanismos de atração de inimigos naturais de insetos-praga ou fungos patogênicos;
- a competitividade com as plantas infestantes por água, luz e nutrientes;
- o aumento da capacidade de interações com microrganismos promotores de crescimento vegetal.

>> As plantas transgênicas e a agricultura sustentável

Quando se ouve falar em biotecnologia na agricultura, geralmente se pensa em plantas transgênicas. As plantas transgênicas têm trazido praticidade para a agricultura empresarial, interferindo no melhoramento vegetal natural.

A **soja**, por exemplo, inicialmente recebeu o gene de uma bactéria que garantia resistência ao herbicida glifosato, considerado um dessecante sistêmico, ou seja, quando aplicado na lavoura, mata todas as plantas com as quais entra em contato. Essa tecnologia permitiu uma simplificação do manejo da lavoura de soja e, aliada ao preço desse grão, impulsionou o avanço da soja por todo o Brasil. Recentemente, variedades de milho contendo tal gene também estão sendo lançadas no mercado.

Outro exemplo de planta transgênica muito conhecida no meio agrícola e que têm recebido muita aceitação pelos agricultores é o **milho resistente a insetos**. Variedades de milho híbrido receberam o gene de uma bactéria (*Bacillus thuringiensis*) que garante uma resistência às lagartas. Essas variedades são conhecidas como milho *Bt*, em razão do nome da bactéria doadora do gene. Após contrariedade por parte dos ambientalistas, o cultivo de milho *Bt* foi liberado no Brasil, e a demanda por sementes de variedades transgênicas cresceu muito nos últimos anos.

Um dos principais problemas do cultivo do milho é o ataque pela lagarta-do-cartucho (*Spodoptera frugiperda*), que raspa e perfura as folhas, diminuindo a capacidade fotossintética e a produtividade da planta. Com a tecnologia *Bt*, as variedades de milho não são atacadas por essa lagarta, pois a proteína *Cry* produzida a partir da expressão dos genes do *B. thuringiensis* é tóxica para essa espécie.

Embora esses exemplos de tecnologias empregando transgenia tenham cumprido seu objetivo, muitas consequências nos levam a discutir a forma como a biotecnologia está sendo empregada na agricultura. Algumas espécies de plantas, especialmente as espontâneas, chamadas geralmente de invasoras ou daninhas, podem desenvolver resistência ao glifosato. Este é o caso da buva (*Conyza* spp.), que se tornou uma grande competidora com a soja transgênica, levando o agricultor a utilizar outros herbicidas além do glifosato (MOREIRA et al., 2010). Há relatos na literatura de outras plantas resistentes a glifosato, como o azevém (*Lolium multiflorum*) (VARGAS et al., 2011) e a corriola (*Ipomoea grandifolia*) (MONQUERO et al., 2004). Outro problema decorrente do uso de plantas resistente a herbicidas está relacionado à rotação de culturas com essas plantas, pois sementes de soja ou milho transgênicas germinam, tornando-se infestantes na lavoura sucessora cultivada com plantas não transgênicas como feijão, trigo ou canola.

A falha na tecnologia também pode ocorrer no controle de insetos, como o evidenciado em ataque de *Diatraea saccharalis* (broca-da-cana-de-açúcar) em lavouras de milho, onde lagartas mostraram-se resistentes à toxina *Cry* , (ZHANG et al., 2013). Em casos como este, o emprego do transgênico pode levar o agricultor a usar novamente inseticidas químicos.

No caso do milho, uma planta **alógama**, há riscos de haver contaminação de variedades crioulas com pólen contendo transgenes. Trata-se de uma ameaça aos bancos de germoplasma de milho crioulo, como as áreas cultivadas com milho pelos guardiões de sementes crioulas de Ibarama, no Rio Grande do Sul. Bancos de germoplasma, neste caso, consistem em cultivos de variedades crioulas, separadas umas das outras, de modo a perpetuar as características genéticas inerentes, entre sucessivas gerações. Além disso, há relatos de mortalidade de inimigos naturais de insetos-praga, como a tesourinha do milho (*Doru luteipes*), que se alimenta de ovos da lagarta-do-cartucho (SANTOS et al., 2010).

Planta **alógama** é aquela com taxa superior a 95% de fecundação cruzada. Este tipo de fecundação ocorre quando o pólen de uma planta fertiliza as flores de outra planta.

Existe também a discussão sobre o risco de mortalidade de polinizadores (p. ex., abelhas e vespas) pelo contato com pólen de plantas transgênicas, gerando problemas para a sustentabilidade do planeta, uma vez que a grande maioria das plantas produtoras de alimentos dependem da polinização por insetos. Entretanto, ainda são raros estudos científicos que comprovem esse problema ambiental. Neste contexto, a biotecnologia deverá se fazer presente com suas técnicas específicas.

>> A biotecnologia e os biofertilizantes

A base da agricultura é o solo, e, para que haja sustentabilidade na agricultura, a saúde do solo é fundamental. Essa saúde está diretamente relacionada com a diversidade e a abundância de organismos como bactérias, fungos, microartrópodes, minhocas, insetos e plantas. A agregação das partículas do solo, fundamental para a aeração e infiltração de água, depende dos exsudatos radiculares e microbianos e do crescimento de hifas dos fungos do solo. O entendimento de toda a dinâmica envolvendo biologia, química e física do solo é facilitado pelas técnicas de biotecnologia.

Em uma pastagem nativa, a produção de biomassa vegetal é garantida sem o uso de fertilizantes e defensivos. Já em uma pastagem cultivada, em que temos apenas uma ou poucas cultivares de **forrageiras**, é praticamente impossível produzir pasto sem uso de adubos e algum tipo de agrotóxico.

Plantas **forrageiras** são aquelas destinadas à alimentação animal. Podem ser as próprias pastagens, das quais o animal se alimenta diretamente, ou plantas que são cortadas e armazenadas para posterior fornecimento aos animais, como o feno e a silagem.

A pastagem nativa provê um equilíbrio biológico mais estável entre todos os indivíduos do ecossistema, pois as plantas que a compõe foram melhoradas por um processo evolutivo de milhares de anos. Nessa evolução, as interações com microrganismos foram fomentadas pela natureza para que essas plantas conseguissem sobreviver e produzir em solos de baixa fertilidade e em situações de ataque de pragas ou falta de umidade no solo. Desse modo, ao utilizarmos a biotecnologia para obtermos plantas mais adaptadas, produtivas e resistentes, precisamos ter especial atenção aos microrganismos que com elas estabelecem relações, pois a maioria dessas relações ainda é completamente desconhecida.

Ao longo de milhares de anos, a natureza aprimorou as relações entre plantas e microrganismos, processo pelo qual vegetais, bactérias, fungos e outros organismos foram beneficiados. Um exemplo bastante comum são as associações entre as raízes das plantas e as hifas de alguns fungos, em que a planta beneficia o fungo com os açúcares oriundos da fotossíntese e o fungo beneficia a planta oferecendo a ela os nutrientes que ele absorve de locais onde suas raízes não conseguiriam alcançar. Graças a essas associações, conhecidas como **micorrizas** (Fig. 8.1), muitas plantas conseguem crescer em solos pobres de nutrientes, sendo até mesmo possível restabelecer vegetações em áreas degradadas.

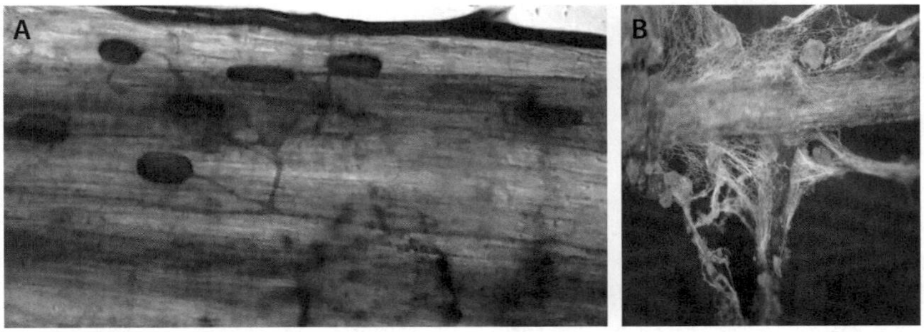

Figura 8.1 >> (A) Vesículas de fungos micorrízicos no interior de raízes de soja. (B) Hifas de fungos micorrízicos envolvendo raízes de angico vermelho submetido.

Créditos: Gerusa Pauli Kist Steffen e Ricardo Bemfica Steffen.

A fim de melhor estudar os casos de promoção microbiana de crescimento vegetal, as interações são agrupadas em seus diferentes mecanismos, como fixação biológica de nitrogênio, solubilização biológica de fosfatos, aumento na capacidade de absorção de nutrientes, produção de hormônios vegetais, melhoria na qualidade do solo e biocontrole de pragas.

>> Bactérias fixadoras de nitrogênio

Um caso muito estudado nas ciências agrárias e bem conhecido pelos agricultores é a simbiose entre bactérias conhecidas como rizóbios e raízes de plantas da família das leguminosas. Essas bactérias conseguem fixar o nitrogênio atmosférico (N_2), cuja forma gasosa é indisponível para as plantas, e transformá-lo em moléculas assimiláveis de amônia (NH_3).

Esse processo, conhecido como fixação biológica de nitrogênio (FBN), é realizado pelos rizóbios quando estão protegidos em estruturas chamadas de nódulos, nas raízes das leguminosas (Fig. 8.2). A planta oferece açúcares às bactérias e, em troca, recebe dos rizóbios a amônia com o nitrogênio fixado. Esse processo permite o cultivo de leguminosas, como a soja e o feijão, sem a necessidade de adubos nitrogenados, garantindo uma produção mais barata e menos poluente, desde que as plantas sejam inoculadas com essas bactérias.

Figura 8.2 >> Nódulos, pela colonização de rizóbios em raízes de leguminosa.
Fonte: Siari (2012).

Além dos rizóbios, há outras bactérias, chamadas de **diazotróficas**, que também têm a capacidade de fixar nitrogênio. Essas bactérias não formam nódulos nas raízes das plantas, mas fixam o nitrogênio livremente ou associadas de forma **endofítica** com plantas. Como exemplo, destacam-se as bactérias *Azospirillum amazonense*, *Gluconacetobacter diazotrophicus*, *Herbaspirillum seropedicae*, *H. rubrisubalbicans*e e *Burkholderia tropica*, que, quando inoculadas em áreas com cana-de-açúcar e outros cultivos, permitem a diminuição ou supressão na aplicação de adubos nitrogenados (REIS et al., 2009).

A associação **endofítica** de microrganismos ocorre quando estes penetram nos órgãos da planta, podendo colonizar o interior da folha, do caule ou da raiz, alojar-se nos espaços intercelulares e trafegar pelos feixes vasculares da planta.

Estudos sobre esses processos são extremamente necessários para a sustentabilidade da agricultura, pois a demanda por nitrogênio é elevada nos cultivos agrícolas, e os adubos nitrogenados são sintetizados a partir da queima de derivados de petróleo. Como o petróleo é um recurso natural não renovável, as bactérias diazotróficas serão essenciais para a agricultura no futuro. Mais uma vez, a biotecnologia será uma aliada, permitindo o desenvolvimento de eficientes inoculantes à base de bactérias fixadoras de nitrogênio, adequados aos diferentes sistemas de produção agrícola.

>> Outros casos de promoção microbiana de crescimento vegetal

Há inúmeros outros casos de interações entre plantas e microrganismos que trazem grandes benefícios para a produção agrícola. A biotecnologia fornece diversas ferramentas para identificar a forma como o microrganismo atua na planta.

A transferência de genes marcadores para os microrganismos promotores de crescimento tem sido utilizada para mapear a invasão e a colonização desses seres em plantas. Os principais genes inseridos em microrganismos com essa finalidade são o **gene da proteína fluorescente** (gfp) e o **sistema marcador GUS** (β-glucuronidase). O primeiro marcador torna a célula microbiana verde fluorescente (Fig. 8.3), enquanto o segundo a torna azul (Fig. 8.4) quando em contato com o reagente X-gluc (5-bromo-4-chloro-3-indolyl glucuronide).

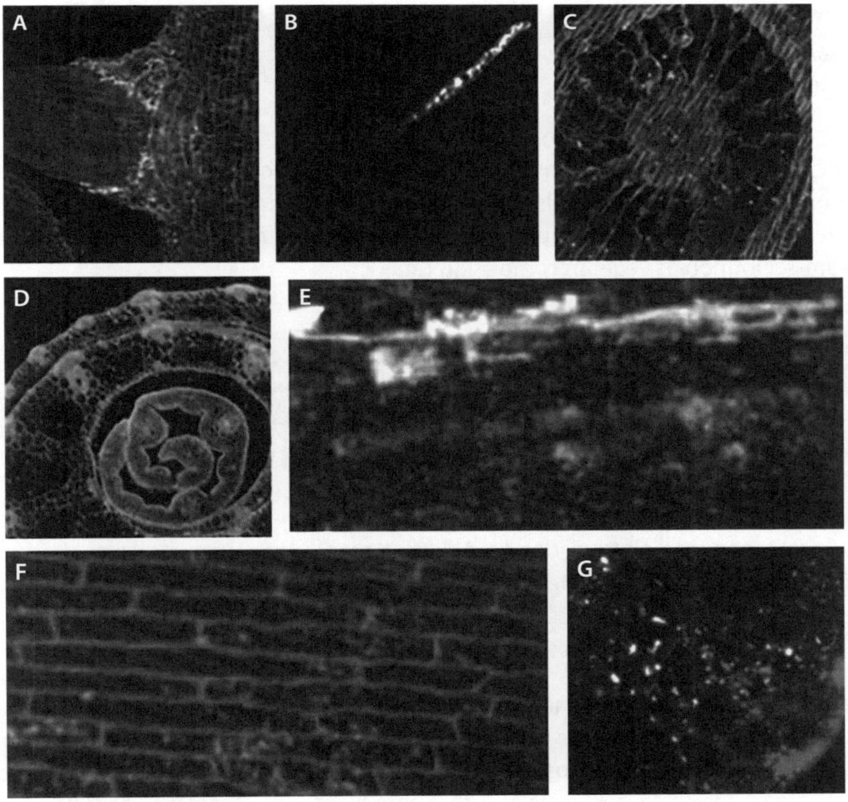

Figura 8.3 >> Microfotografias com varredura a *laser* mostrando células do *rizóbio Sinorhizobium meliloti* 1021 marcadas com o gene gfp colonizando tecidos de arroz. (A) Raízes laterais emergindo. (B) Pelos radiculares. (C) Corte transversal da raiz. (D e G) Cortes da bainha foliar. (E e F) Cortes do tecido foliar.

Fonte: Chi et al. (2005).

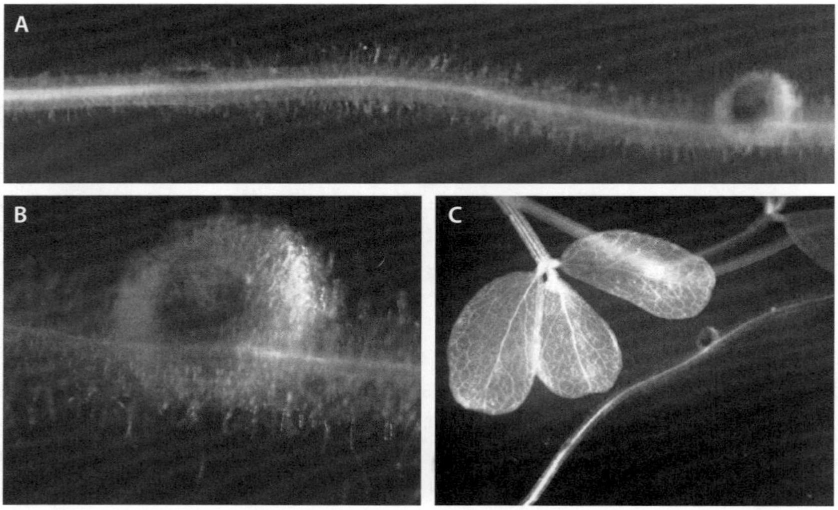

Figura 8.4 >> Colonização de *Mesorhizobium amorphae* UFRGS-Lg111 marcado com GUS em plantas de *Lotus corniculatus*. (A) Raiz contendo nódulo e primórdio nodais. (B) Detalhe de nódulo. (C) Raízes e folhas.

Créditos: Benjamin Dias Osorio Filho.

Por meio de genes que deixam as células microbianas coloridas, diversos pesquisadores provaram que muitos microrganismos penetram nos tecidos vegetais, onde conseguem sintetizar substâncias que estimulam o crescimento vegetal. Dentre essas substâncias, destacam-se hormônios vegetais como as **auxinas**.

Auxinas são fito-hormônios que, em doses adequadas, estimulam a divisão celular, promovendo um maior enraizamento das plantas e um aumento de sua capacidade fotossintética.

A auxina mais estudada quanto à sua biossíntese em microrganismos é o **ácido indol acético** (AIA). Cada organismo sintetizador de AIA, seja planta ou microrganismo, produz esse hormônio por distintas rotas metabólicas, usando o aminoácido triptofano como precursor. Para estudar essas rotas, é necessário o conhecimento de técnicas biotecnológicas, a fim de identificar as diferentes enzimas envolvidas.

Os mesmos rizóbios que fixam nitrogênio quando associados com leguminosas também podem produzir AIA e estimular o enraizamento dessas plantas ou de plantas de outras famílias. Em não leguminosas, os rizóbios penetram por aberturas radiculares e podem ascender até caules e folhas. É o que acontece com plantas de algumas variedades de arroz, que são colonizadas com determinadas estirpes de rizóbios e, graças a essa parceria, têm seu crescimento estimulado.

Em um estudo com arroz cultivado às margens do Rio Nilo, no Egito, pesquisadores descobriram que rizóbios da espécie *Rhizobium leguminosarum* nodulam plantas de trevo forrageiro (*Trifolium alexandrinum*), fixando nitrogênio nesta leguminosa, e também colonizam o arroz que é cultivado em rotação com o trevo (YANNI; DAZZO, 2010). Tais descobertas só foram possíveis com o emprego de técnicas de biologia molecular e biotecnologia.

Os pesquisadores das ciências agrárias têm muitos desafios a serem enfrentados na busca por uma agricultura mais sustentável. Um desses desafios diz respeito ao **fósforo**, nutriente essencial para o crescimento e desenvolvimento das plantas que é disponibilizado para as raízes pela degradação das rochas e por adubos à base de fosfatos de rochas moídos e solubilizados industrialmente.

O problema é que as reservas de fosfatos estão se esgotando pelas intensas extrações para a produção de adubos. Além disso, ao entrar em contato com o solo, o fosfato adsorve-se fortemente aos óxidos de ferro nas partículas do solo, o que impede que ele fique disponível para as raízes, tornando necessárias adubações periódicas com esse elemento. Dessa forma, chegará um tempo em que os fertilizantes fosfatados serão escassos e caríssimos, e outras alternativas deverão ser pensadas por meio da biotecnologia.

Existem microrganismos capazes de solubilizar fosfatos e, associados com raízes de plantas, disponibilizar para a absorção os fosfatos que estão precipitados e insolúveis no solo. Entretanto, mais estudos envolvendo outros seres com essa capacidade ainda são necessários.

AGORA É A SUA VEZ

Pensando no esgotamento futuro das reservas de fósforo e petróleo, como os microrganismos poderão viabilizar a agricultura para as próximas gerações?

>> Controle biológico das pragas agrícolas

O controle biológico é um fenômeno natural que consiste na regulação do número de indivíduos por seus inimigos naturais, causadores de mortalidade biótica. Os agentes de controle são capazes de manter a densidade de suas presas em um nível mais baixo do que aquele que normalmente ocorreria. Essa forma de controle é uma das estratégias adotadas em programas de Manejo Integrado de Pragas (MIP) e assume um papel fundamental dentre as ferramentas biotecnológicas a serviço da agricultura.

>> Agentes de controle biológico

Agentes de controle biológico são organismos que, para sua sobrevivência e perpetuidade, consomem parte ou totalidade de outros, levando-os à morte. Tais organismos são conhecidos como inimigos naturais, pois atuam como agentes de controle biológico de outras espécies. Os biocontroladores de insetos podem ser:

- entomófagos (parasitoides e predadores);
- entomopatógenos (microrganismos causadores de doenças).

Os insetos predadores possuem vida livre, são geralmente maiores do que as suas presas e requerem um grande número delas para completarem o seu ciclo de vida. O comportamento predatório pode ocorrer durante apenas uma fase da vida, como no caso dos sirfídeos, em que apenas a larva é predadora. Em outros grupos, como o dos coccinelídeos (vulgarmente conhecidos como "joaninhas"), a predação é evidenciada tanto no estágio imaturo (Fig. 8.5A) como no adulto (Fig. 8.5B).

Figura 8.5 >> Larva (A) e adulto (B) de coccinelídeos predando afídeo.
Fonte: (A) Wikimedia Commons (2006) e (B) Cirrus Image (c2016).

Diversas ordens e famílias de insetos abrigam representantes com hábito predador, sendo as principais delas Coleoptera (Coccinellidae, Carabidae, Staphylinidae), Diptera (Syrphidae, Asilidae), Hemiptera (Anthocoridae, Pentatomidae, Reduviidae, Nabidae, Miridae), Neuroptera (Chrysopidae), Hymenoptera (Vespidae e Formicidae), Dermaptera (Forficulidae, Labiduridae) (Fig. 8.6). Outros artrópodes, como ácaros fitoseídeos e aranhas, também são exímios predadores de insetos.

Figura 8.6 >> Grupos de insetos predadores. (A) Coleoptera - *Lebia grandis* (Carabidae) predando ovos. (B) Diptera - larva de Syrphidae predando pulgões. (C) Hemiptera - *Arilus cristatus* (Reduviidae) predando coleóptero. (D) Neuroptera - larva consumindo pulgão. (E) Dermaptera - *Forficula auricularia*.

Fonte: (A) Hermione's Garden (2011), (B) Wikimedia Commons (2008), (C) Illinois Natural History Survey (2011), (D) Ladybug Indoor Gardens (c2016), (E) Natural History Museum (c2016).

Os predadores são organismos importantes em uma cadeia alimentar por consumirem muitos indivíduos ao longo da vida e, com isso, evitarem o crescimento populacional de **fitófagos** com potencial para tornarem-se praga em um cultivo. Em razão disso, pesquisa-se a possibilidade de adicionar predadores no ambiente mediante sua multiplicação e liberação no campo.

Fitófagos são organismos que se alimentam de plantas.

A multiplicação de predadores conhecidamente eficientes, como a tesourinha *D. luteipes* e o percevejo *Orius insidiosus*, ainda é bastante restrita no Brasil e vinculada apenas a laboratórios de pesquisas. Assim, o controle biológico pela liberação de insetos predadores, apesar de promissor, ainda é pouco utilizado em nossos sistemas.

Os insetos **parasitoides** (Fig. 8.7) têm vida livre quando adultos e se alimentam de néctar e substâncias açucaradas. Enquanto imaturos, desenvolvem-se ao longo de todo o ciclo dentro de um mesmo hospedeiro, levando-o à morte ou impedindo sua perpetuidade, característica que os diferencia dos parasitas. Os mais importantes parasitoides pertencem à ordem Hymenoptera, com espécies representativas no controle biológico principalmente nas famílias Braconidae, Ichneumonidae, Eulophidae, Pteromalidae, Trichogrammatidae, Aphelinidae, Encyrtidae.

Parasitoides são insetos que necessitam obrigatoriamente de um hospedeiro para completarem o seu ciclo de vida.

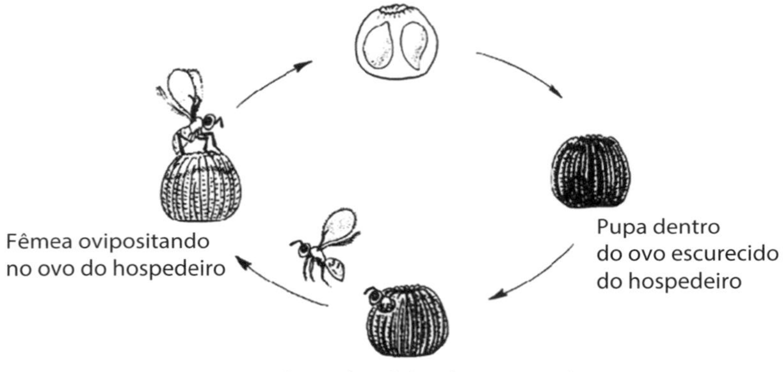

Figura 8.7 >> Ciclo de vida do parasitoide de ovos *Trichogramma* sp. em ovos de Lepidoptera.
Fonte: Sound Horticulture (c2016).

Uma das principais peculiaridades dos parasitoides é sua especificidade na escolha do grupo e da fase do hospedeiro no qual fará sua postura. Dessa forma, são registradas espécies restritas ao parasitismo de ovos (Fig. 8.8), de larvas, de pupas e de adultos.

Figura 8.8 >> Fêmea de *Trichogramma platneri* em ovos de *Trichoplusia ni* (Lepidoptera: Noctuidae).
Fonte: Bug in the News (c2016).

Também é possível realizar o controle biológico com a utilização de **entomopatógenos**, o que é chamado de controle microbiano.

Entomopatógenos são microrganismos distribuídos entre fungos, vírus, bactérias e nematoides. Entre suas principais características destacam-se especificidade a determinados insetos, alta capacidade de multiplicação e de dispersão e permanência no ambiente.

Dentre os microrganismos patogênicos mais estudados e explorados por indústrias para formulações comerciais estão os fungos *Metarhizium anisopliae* , *Nomuraea rileyi* e *Beauveria bassiana*, bactérias do gênero *Bacillus*, e os vírus *Bacullovirus* spp. Os fungos foram os primeiros patógenos a serem utilizados como biocontroladores e ainda hoje são os principais agentes etiológicos causadores de doenças em insetos.

Apesar de todos seus benefícios, a utilização de produtos à base de microrganismos ainda é restrita se comparada à dos químicos, em razão de aspectos como ação mais lenta, tempo de armazenamento limitado e necessidade de condições abióticas favoráveis para atuação eficiente.

Por serem compatíveis com outros métodos de controle, os entomopatógenos podem ser empregados em qualquer programa de manejo integrado de pragas. Eles são inseridos no sistema agrícola por diversas vias, como:

- introdução de insetos contaminados;
- produtos comerciais a base de microrganismos;
- conservação dos microrganismos pela manipulação do ambiente;
- uso em conjunto com atrativos;
- plantas transgênicas.

>> Formas de controle biológico

Controle biológico natural ou conservativo: O agroecossistema é manejado de forma a facilitar o aumento da diversidade, a permanência e a multiplicação dos inimigos naturais já existentes no ambiente. Tais medidas incluem utilização de produtos fitossanitários seletivos, preservação de fontes de alimento, abrigo aos inimigos naturais e boas práticas agrícolas que proporcionem o equilíbrio do meio. Esse tipo de controle traz bons resultados sem um custo muito elevado.

Controle biológico clássico ou inoculativo: Visa controlar a praga pela introdução de um inimigo natural exótico proveniente do local de origem da espécie-praga, que deverá se estabelecer e reduzir a população desta em longo prazo. Esse tipo de controle biológico é utilizado principalmente em **culturas perenes** (p.ex., citros) e **semiperenes** (p.ex., cana-de-açúcar).

Culturas perenes são aquelas que possuem um ciclo de vida longo e produzem por muitas safras, podendo atingir mais de 10 anos. **Culturas semiperenes** têm durabilidade menor, de 2 a 10 anos. Há ainda as culturas anuais, que completam seu ciclo em um ano.

O caso mais antigo de sucesso do controle biológico clássico foi relatado na Califórnia em 1888. O coccinelídeo predador *Rodolia cardinalis* (Mulsant) foi importado da Austrália para controlar a cochonilha branca dos citros *Icerya purchasi* (PARRA et al., 2002).

Controle biológico aplicado ou aumentativo: Em um sistema agrícola, mesmo com a ação do controle biológico natural, muitas espécies ainda tornam-se pragas. Nesses casos, o controle biológico aplicado representa uma forma importante de oferecer ao ambiente uma quantidade maior de inimigos naturais para a redução de pragas potenciais. Na biotecnologia, esta é a forma de controle em foco, pois envolve uma maior manipulação dos organismos visando à redução populacional de algumas espécies que tendem a atingir o nível de dano.

O controle aplicado é empregado como uma medida mais imediata de controle. Nesse caso, o inimigo natural é produzido em grande escala em biofábricas e liberado no campo periodicamente. Quando a ocorrência da praga é sazonal, ele é reaplicado seguindo o ciclo do inseto e visando o controle de várias gerações da praga. Quando o cultivo é perene, muitas vezes é obtido o estabelecimento do inimigo natural no local.

O controle biológico aplicado é um importante componente de programas de manejo de pragas. Essa prática tornou-se mais expressiva a partir da década de 1960, com o desenvolvimento de técnicas de criação de inimigos naturais. No Brasil, somente na década de 1980 foram demonstrados resultados eficientes em culturas de cana-de-açúcar, soja, tomate e plantios florestais. Esta forma de controle começou a ser utilizada inicialmente para a supressão de espécies que se tornaram resistente a agrotóxicos, mas atualmente é considerada uma alternativa viável para o controle de diversas pragas, por sua eficácia e por seus custos reduzidos em relação aos produtos convencionais. No entanto, no Brasil, essa prática é ainda pouco expressiva, em razão da falta de informação dos agricultores e da pouca disponibilidade de organismos biocontroladores no mercado. O Quadro 8.1 apresenta casos de sucesso do controle biológico aplicado no Brasil.

Quadro 8.1 >> Casos de sucesso do controle biológico aplicado no Brasil com uso de parasitoides

Cultivo	Período	Espécie alvo	Inimigo natural
Tomateiro	Década de 90	*Tuta absoluta* (Lepidoptera: Gelechiidae)	*Trichogramma pretiosum* (Hymenoptera: Trichogrammatidae)
Soja	Décadas de 80 e 90	Percevejos da soja (Hemiptera: Pentatomidae)	*Trissolcus basalis* (Hymenoptera: Platygastridae)
Cana-de-açúcar	1970 até o presente	*Diatraea saccharalis* (Lepidoptera: Crambidae)	*Cotesia flavipes* (Hymenoptera: Braconidae)
Cana-de-açúcar	1980 até o presente	*Diatraea saccharalis* (Lepidoptera: Crambidae)	*Trichogramma galloi* (Hymenoptera: Trichogrammatidae)

Fonte: Parra, Costa e Pinto (2011).

Estima-se que cerca de 230 espécies de invertebrados são avaliadas para o controle biológico aumentativo de pragas no mundo todo (LENTEREN, 2012).

Na seção **Leituras Recomendadas**, é possível aprofundar seu conhecimento sobre controle biológico aplicado.

>> Controle comportamental de insetos-praga

O método de controle comportamental é outro aliado da agricultura sustentável e baseia-se no estudo da fisiologia e do comportamento dos insetos para a supressão de populações de espécies-praga. Uma área muito explorada é a da comunicação química entre os insetos, que é realizada por intermédio de substâncias chamadas de semioquímicos, sendo os mais conhecidos e utilizados os **feromônios.**

Feromônio é uma substância secretada e liberada por um indivíduo e percebida por um segundo indivíduo da mesma espécie, desencadeando neste uma reação específica.

Para a utilização dos feromônios no campo, eles precisam ser extraídos da espécie-alvo, identificados quanto aos componentes estruturais, sintetizados quimicamente e impregnados em um dispersor. No manejo de pragas, os feromônios sintéticos são empregados tanto no **monitoramento** populacional, trazendo informações sobre o momento propício para a intervenção de algum método de controle, quanto no **controle** propriamente dito.

O controle comportamental de insetos como bicudo-do-algodoeiro, mariposas em plantas frutíferas e, mais recentemente, percevejos que causam danos à soja são exemplos do emprego bem-sucedido dessa ferramenta nos diferentes setores da agricultura. Esse tipo de controle pode ser realizado de diversas formas. A seguir, descrevemos algumas delas.

Coleta massiva: Diversas armadilhas contendo um dispersor feromonal são distribuídas no cultivo para a atração e retenção dos insetos, com o objetivo de retirar o maior número possível de indivíduos do campo.

Atrai-mata: Este tipo de controle é semelhante ao da coleta massiva, porém é combinado com inseticidas químicos ou biológicos para causar a morte mais rapidamente.

Confusão sexual ou interrupção de acasalamento: Diversos dispersores são colocados no campo com o objetivo de desorientar os machos e impedir o encontro destes com as fêmeas para a cópula. Para tanto, dispersores feromonais de inúmeros formatos e composições são utilizados no campo e disponíveis no mercado por diversas empresas (Fig. 8.9).

Figura 8.9 >> Exemplos de liberadores de feromônio sexual sintético disponíveis no mercado mundial. (A) Liberador da marca Isomate®. (B) Cetro®. (C) Biolita®. (D) Cidetrak®. (E) CheckMate®. (F) CheckMate Puffer®. (G) Ecodian®. (H) Splat®.

Fonte: Arioli et al. (2013).

Para saber mais sobre a relação de insetos-praga brasileiros já estudados no âmbito da pesquisa com semioquímicos, acesse o site do Grupo A (loja.grupoa.com.br).

Outra forma de controle que explora a manipulação comportamental do inseto-praga é a **Técnica do Inseto Estéril** (TIE), também chamada de método autocida. A TIE consiste na criação e liberação, em grande escala, do inseto-praga que se deseja controlar. Os insetos estéreis copulam com os selvagens, mas não geram descendentes, resultando na redução populacional da geração seguinte.

A esterilização dos insetos é realizada utilizando-se principalmente radiação gama. A técnica é empregada somente em insetos que possuam reprodução sexuada, facilidade de criação em laboratório, baixa frequência de acasalamentos e capacidade de competição com os insetos selvagens após serem submetidos ao processo. Além disso, mesmo cumprindo tais quesitos, a população do campo deve estar em densidade menor que a dos irradiados, para não comprometer o resultado.

Essa técnica já foi empregada na supressão de algumas espécies de moscas-das-frutas como *Ceratitis capitata*, *Bactrocera dorsalis*, *Bactrocera curcubitae* e *Anastrepha ludens*. No Brasil, foi utilizada com sucesso para a mosca-do-mediterrâneo, *C. capitata*, em cultivos de plantas frutíferas no Vale do São Francisco. Neste local foi implantada uma biofábrica para produção massiva de machos estéreis de *C. capitata*.

AGORA É A SUA VEZ

De que forma os insetos-praga podem ser controlados sem o uso de agrotóxicos?

>> Considerações finais

Considerando as formas de controle abordadas e todas as interações entre plantas e microrganismos, está clara a importância da biotecnologia nos estudos agronômicos que buscam uma agricultura sustentável, ou seja, a produção de alimentos com o mínimo de impacto ambiental e com segurança alimentar, tanto para a geração atual como para as gerações futuras.

O artigo "Impacto da biotecnologia na diversidade", publicado na Revista *Biotecnologia Ciência e Desenvolvimento*, está disponível no site do Grupo A, loja.grupoa.com.br.

>> REFERÊNCIAS

ARIOLI, C.J. et al. *Feromônios sexuais no manejo de insetos-praga na fruticultura de clima temperado*. Florianópolis: Epagri, 2013. (Boletim Técnico, 159).

BUG IN THE NEWS. *Trichogramma platneri Nagarkatti*. [S. l.: s. n., c2016]. Disponível em: < http://www.bugsinthenews.com/Trichogramma%20platneri.htm>. Acesso em: 19 jul. 2016.

CHI, F. et al. Ascending migration of endophytic rhizobia, from roots to leaves, inside rice plants and assessment of benefits to rice growth physiology. *Applied and Environmental Microbiology*, v. 71, n. 11, p. 7271–7278, 2005.

CIRRUS IMAGE. *Ladybug Beetles*: Coleoptera family Coccinellidae. [S. l.: s. n., c2016). Disponível em: < http://www.cirrusimage.com/beetles_ladybug.htm>. Acesso em: 19 jul. 2016.

HERMIONE'S GARDEN. *What I'm up against*. [S. l.: s. n], 2011. Disponível em: < http://hermionesgarden.blogspot.com.br/2011/04/what-im-up-against.html>. Acesso em: 18 ago. 2016.

ILLINOIS NATURAL HISTORY SURVEY. *Reduviidae (Heteroptera: Cimicomorpha)* – Pictures. University of Illinois, 2011. Disponível em: <http://wwn.inhs.illinois.edu/~sjtaylor/reduviidae/ReduviidPics.html>. Acesso em: 18 ago. 2016.

LADYBUG INDOOR GARDENS. [Green lacewing larvae]. [S.l.: s. n., c2016]. Disponível em: < http://www.ladybugindoorgardens.com/image/tnail/green_lacewing_larvae.jpg>. Acesso em: 18 ago. 2016.

LENTEREN, J.C.V. The state of commercial augmentative biological control: plenty of natural enemies, but a frustrating lack of uptake. *BioControl*, v. 57, p. 1-20, 2012.

MONQUERO, P. A. et al. Absorção, translocação e metabolismo do glyphosate por plantas tolerantes e suscetíveis a este herbicida. *Planta Daninha*, v. 22, n. 3, p. 445-451, 2004.

MOREIRA, M. S. et al. Crescimento diferencial de biótipos de Conyza spp. resistente e suscetível ao herbicida glifosato. *Bragantia*, v. 69, n. 3, p. 591-598, 2010.

NATURAL HISTORY MUSEUM. *Entomology collections*. London: Natural History Museum, [c2016]. Disponível em: <http://www.nhm.ac.uk/our-science/collections/entomology-collections.html>. Acesso em: 18 ago. 2016.

PARRA, J. R. P. et al. (Ed.). *Controle biológico no Brasil*: parasitóides e predadores. São Paulo: Manole, 2002.

PARRA, J. R. P.; COSTA, V. A.; PINTO, A. S. Insetos parasitoides. *Ciência e Ambiente*, v. 43, p. 19-36, 2011.

REIS, V. M.; BALDANI, J. I.; URQUIAGA, S. *Recomendação de uma mistura de estirpes de cinco bactérias fixadoras de nitrogênio parainoculação de cana-de-açúcar:Gluconacetobacter diazotrophicus (BR 11281), Herbaspirillum seropedicae (BR 11335), Herbaspirillum rubrisubalbicans (BR 11504), Azospirillum amazonense (BR 11145) e Burkholderia tropica (BR 11366)*. Seropédica: Embrapa Agrobiologia, 2009. (Circular Técnica, 30).

SANTOS, F. A. et al. Efeito do milho Bt expressando a toxina Cry 1 A(b) sobre a biologia de Doru luteipes (Scudder, 1876) (Dermaptera: Forficulidae). In: CONGRESSO NACIONAL DE MILHO E SORGO, 28., 2010. Goiânia, Anais... Goiânia: Associação Brasileira de Milho e Sorgo, 2010.

SIARI, C. N. *Fijación biológica de nitrógeno*. [S. l.: s. n.], 2012. Disponível em: < http://fisiolvegetal.blogspot.com.br/2012/10/fijacion-biologica-de-nitrogeno.html>. Acesso em: 18 ago. 2016.SOUND HORTICULTURE. [Trichogramma]. [S. l.: s. n., c2016]. Disponível em: < http://soundhorticulture.com/cms/wp-content/uploads/Trichogramma.gif>. Acesso em: 19 jul. 2016.

VARGAS, L.; GAZZIERO, D. L. P.; KARAM, D. *Azevém resistente ao glifosato*: características, manejo e controle. Passo Fundo: Embrapa Trigo, 2011. (Comunicado Técnico Online, 298). Disponível em: <http://www.cnpt.embrapa.br/biblio/co/p_co298.htm>. Acesso em: 18 jul. 2016.

WIKIMEDIA COMMONS. *Sa lady-beetle-larva.jpg*. Wikimedia; 2006. Disponível em: < https://commons.wikimedia.org/wiki/File:Sa_lady-beetle-larva.jpg>. Acesso em: 19 jul. 2016.

WIKIMEDIA COMMONS. *Syrphid. maggot3554.5.13.08cw.jpg*. Wikimedia; 2008. Disponível : < https://commons.wikimedia.org/wiki/File:Syrphid.maggot3554.5.13.08cw.jpg>. Acesso em: 18 ago. 2016.

YANNI, Y. G.; DAZZO, F. B. Enhancement of rice production using endophytic strains of Rhizobium leguminosarum bv. trifolii in extensive field inoculation trials within the Egypt Nile Delta. *Plant and Soil*, v. 336. p. 129-142, 2010.

ZHANG, L. et al. Susceptibility of Cry1Ab maize-resistant and -susceptible strains of sugarcane borer (Lepidoptera: Crambidae) to four individual Cry proteins. *Journal of Invertebrate Pathology*, v. 112, n. 3, p. 267–272, 2013.

>> LEITURAS RECOMENDADAS

ALTIERE, M. A. *Agroecologia: bases científicas para uma agricultura sustentável*. São Paulo: Expressão Popular, 2013.

ALVES, S. B. *Controle microbiano de insetos*. Piracicaba: ESALQ/USP,1998.

Paulo Artur Konzen Xavier de Mello e Silva

Juliana Schmitt de Nonohay

Diego Hepp

CAPÍTULO 9

Heranças genéticas

Ao observarmos diferentes espécies de organismos, percebemos semelhanças entre os pais e seus descendentes. Em alguns casos, certas características dos pais são encontradas em todos os seus descendentes, enquanto outras estão presentes apenas em parte destes. No estudo das heranças genéticas compreendemos como as características são transmitidas entre as gerações, conhecimento de grande interesse para a biologia. Neste capítulo, serão abordados, de forma simples e didática, os diferentes aspectos das heranças genéticas, tais como as características que podem ser determinadas por um ou mais genes, a existência de um ou muitos alelos em um gene, as interações entre o produto dos alelos do mesmo ou de diferentes genes e a influência do ambiente na determinação dos fenótipos dos indivíduos.

OBJETIVOS DE APRENDIZAGEM

- Compreender os padrões de heranças genéticas.
- Reconhecer os tipos de heranças monogênicas por meio da análise de heredogramas.
- Diferenciar a herança envolvida na determinação dos grupos sanguíneos.
- Entender ligação e mapeamento gênico.
- Identificar as interações entre os genes e a influência do ambiente na determinação das características fenotípicas.

>> Herança monogênica

A herança monogênica (um gene) ocorre quando uma característica é resultante da interação dos produtos de apenas um par de alelos. Esse tipo de herança foi analisado por Gregor Mendel em seus estudos, resultando na sua primeira Lei.

Para saber mais sobre Gregor Mendel e sua importância para a genética, leia o Capítulo 6 do livro *Biotecnologia I*.

Os tipos de heranças genéticas abordados neste capítulo ocorrem em eucariotos diploides com reprodução sexuada, que correspondem à maioria das espécies biológicas. Os organismos diploides se caracterizam por terem cromossomos aos pares, denominados homólogos, herdados um de cada genitor. Assim, os indivíduos apresentam dois alelos para cada gene, estando um em cada cromossomo. Quand o os dois alelos são iguais, o indivíduo é denominado **homozigoto**; quando os alelos são diferentes, o indivíduo é **heterozigoto**.

>> Com dominância completa

A dominância é uma forma de interação entre alelos de um gene, em que a presença de apenas um alelo, tanto em homozigose quanto em heterozigose, determina a manifestação do fenótipo correspondente (tipo dominante). O fenótipo determinado pelo alelo recessivo só ocorre quando esse estiver em homozigose.

Por exemplo, em ervilheiras, a cor amarela das sementes é dominante sobre a cor verde. Logo, se cruzarmos um indivíduo heterozigoto com uma planta que apresenta ervilhas verdes, o resultado será metade da prole com ervilhas amarelas e a outra metade com ervilhas verdes. Para entender o resultado desse cruzamento, utilizamos o quadrado das probabilidades de Punnett (Quadro 9.1), no qual é possível visualizar com mais clareza a segregação dos alelos nos gametas parentais e os genótipos e fenótipos dos descendentes. O quadro demonstra a segregação dos alelos nos gametas em um cruzamento entre um heterozigoto (Vv) e um homozigoto (vv) e a porcentagem dos genótipos e fenótipos na prole.

Quadro 9.1 >> Quadro de Punnett

	V	v
v	Vv	vv
v	Vv	vv

Resultado:

50% Vv = ervilhas amarelas

50% vv = ervilhas verdes

O zoólogo britânico Reginald Crundall Punnett viveu entre 1875 e 1967 e, em parceria com William Bateson, fundou o *Journal of Genetics*. Juntamente com Bateson e Edith Saunders, ele desvendou a ocorrência da ligação gênica por meio de experimentos com frangos e ervilheiras. Em 1910, tornou-se professor de biologia na Universidade de Cambridge e estabeleceu o início de uma nova ciência, a Genética. Apesar de ganhar diversos prêmios durante sua vida acadêmica, Punnett é provavelmente mais lembrado como o criador do Quadro de Punnett, ferramenta utilizada por pesquisadores para prever a probabilidade de possíveis genótipos de uma prole.

>> Com dominância incompleta ou codominância

Muitas vezes ocorrem situações em que as relações entre as proporções genotípicas e fenotípicas são diferentes das previstas quando há dominância. Nesses casos, quando não há predomínio da expressão de um alelo sobre o outro, ocorre um fenótipo intermediário, existindo assim três fenótipos possíveis.

Por exemplo, um pesquisador da genética vegetal realizou cruzamentos entre plantas da espécie *Mirabilis jalapa* com flores brancas e plantas com flores vermelhas. A prole obtida (F_1) apresentou plantas com flores rosa, fenótipo que não estava presente nos parentais. A partir do cruzamento entre indivíduos com flores rosa (heterozigotos da F_1), foram obtidas plantas brancas e vermelhas na F_2 e também plantas com flores rosa. A quantidade de plantas com flores rosa foi de aproximadamente metade da prole, enquanto as plantas com flores brancas e vermelhas formam cada uma aproximadamente 25% do total.

Essa situação é denominada **dominância incompleta**, quando características são controladas por genes contendo dois alelos nos quais, além dos fenótipos dos dois homozigotos, é possível identificar um terceiro fenótipo intermediário ocorrendo nos heterozigotos. Nesses casos, a proporção dos fenótipos da prole obtida nos cruzamentos entre os indivíduos heterozigotos será de 1:2:1. Uma explicação para essa condição consiste na ocorrência de mutação de perda de função no alelo recessivo e, dessa forma, a cópia do alelo normal presente no heterozigoto não é capaz de produzir o mesmo fenótipo do homozigoto.

O mecanismo da dominância incompleta entre alelos de um gene pode ser ilustrado da seguinte maneira: o homozigoto para o alelo dominante produz 100 unidades de proteína (quantidade do produto do gene), pois possui duas cópias do alelo dominante, enquanto o heterozigoto produz 50 unidades (50%), por ter apenas uma cópia alelo dominante e uma cópia do alelo recessivo que é inativa. O homozigoto recessivo não produz a proteína (0%) por ter dois alelos recessivos. É o que ocorre, por exemplo, na citrulinemia em bovinos.

Citrulinemia é uma doença recessiva resultante de um defeito na ação da enzima arginina sucinato sintetase (ASS) que bloqueia o ciclo da ureia e resulta no acúmulo de amônia nos tecidos e consequentemente na morte de indivíduos.

A **codominância**, por sua vez, é uma forma de interação entre alelos de um gene na qual cada um dos três genótipos possíveis possui uma manifestação fenotípica própria. Muitas vezes a codominância ocorre em razão de cada alelo produzir uma versão diferente da proteína codificada pelo gene, resultando no fenótipo da ação combinada das duas.

A distinção entre a dominância incompleta e a codominância não é clara nos heterozigotos. Como ambas produzem as mesmas proporções na relação entre genótipos e fenótipos em cruzamentos, muitas vezes são referidas como sinônimos. A caracterização dos genes em nível molecular tem levado ao entendimento dos genótipos, das formas de determinação dos fenótipos e das interações entre os alelos de um gene.

ex

Um exemplo de como a herança genética pode apresentar diferentes formas é a anemia falciforme. Anemia falciforme é uma doença genética provocada pela substituição do aminoácido ácido glutâmico por uma valina no sexto códon (códon CTT pelo códon CAT; Glu6Val) do gene da β-hemoglobina. Essa modificação afeta a estrutura e função da proteína, resultando na perda da capacidade de transporte do oxigênio e no formato de foice das hemácias. Indivíduos homozigotos para o alelo falciforme apresentam sintomas graves, enquanto os heterozigotos, que possuem os dois tipos de hemoglobina, em geral são assintomáticos. Desta forma, são observados três fenótipos distintos: "normal" (AA), com traço falcêmico (AS) e com anemia falciforme (SS).

>> Alelos letais

Durante o estudo de características genéticas, algumas vezes observam-se alterações em relação aos valores esperados nas proporções genotípicas das proles obtidas nos cruzamentos, sendo encontrados apenas os homozigotos dominantes e os heterozigotos.

Um exemplo é a **doença renal policística** ou PKD (do inglês, *polycystic kidney disease*), que ocorre em altas frequências em algumas raças de gatos, como a persa. Estudos genéticos identificaram nos animais afetados por essa doença uma mutação da base nitrogenada citosina (C) para uma timina (T) em nucleotídeo localizado no éxon 29 do gene que codifica para a proteína PKD1. Essa mutação resulta em um códon de terminação precoce (mutação sem sentido, ver Capítulo 6 do livro *Biotecnologia I*) e na tradução de uma proteína defeituosa, a qual irá acumular-se nos rins e provocar a doença PKD. Análises de cruzamentos entre heterozigotos portadores do alelo alterado da PKD1 encontraram apenas descendentes homozigotos normais e heterozigotos, não tendo sido observados homozigotos com mutação nos dois alelos.

A **doença renal policística** é uma condição caracterizada pela formação de cistos nos rins dos animais afetados, que podem resultar em graves danos à saúde.

Para situações como essa, foi proposta a explicação de que o alelo alterado permite a formação e a sobrevivência do indivíduo heterozigoto, porém, quando em homozigose, resulta na morte dos embriões com esse genótipo antes do nascimento, sendo o alelo chamado de **alelo letal**. O alelo mutado na PKD1 é dominante em relação ao alelo normal, mas a proporção obtida na prole do cruzamento entre heterozigotos é de 2:1 heterozigotos em relação aos homozigotos normais. Diversos outros casos de alelos letais já foram descritos em várias espécies, apresentando manifestações variáveis, sendo que, em algumas situações, o homozigoto pode nascer, mas sua sobrevivência é bastante limitada em relação ao heterozigoto.

Com a descoberta da mutação causadora da PKD em felinos, foi desenvolvido um teste de diagnóstico genético-molecular para a identificação dos animais portadores do alelo afetado. Dessa forma, é possível realizar o acompanhamento veterinário da evolução da doença e a adequação da dieta dos animais a fim de reduzir a manifestação dos sintomas. A utilização do teste também possibilita que os criadores não utilizem indivíduos portadores do alelo mutado em cruzamentos, evitando a transmissão da doença para as proles.

Estão disponíveis outros exemplos de alelos letais no site do Grupo A, loja.grupoa.com.br.

>> Alelos múltiplos (polialelismo) e o grupo sanguíneo ABO

Os alelos de um gene surgem pelo processo de **mutação**, sendo um gene considerado **polimórfico** (com várias formas ou no caso alelos) se o(s) alelo(s) menos comum(ns) tem(têm) frequência de pelo menos 1%. Dessa forma, apesar de cada indivíduo diploide apresentar somente dois alelos, poderão existir muitos alelos para um gene; essa condição é denominada **polialelismo**.

Você encontra mais informações sobre o processo de mutação no Capítulo 6 do livro *Biotecnologia I*.

Um exemplo clássico de polialelismo ocorre no gene do grupo sanguíneo **ABO**, situado no cromossomo 9 de humanos. Existem três alelos para esse gene, geralmente representados por I^A ou *A*, I^B ou *B* e *i* ou O. Destaca-se que o grupo sanguíneo ABO é estudado na genética tanto pelo exemplo de polialelismo como pela dominância dos alelos I^A e I^B em relação ao alelo recessivo *i* e pela codominância entre os alelos I^A e I^B. Além disso, o conhecimento do grupo sanguíneo ABO é muito importante na realização de transfusões sanguíneas e nos transplantes de órgãos e células.

Os alelos do gene do grupo sanguíneo ABO codificam uma enzima que adiciona um açúcar à proteína H, encontrada na superfície de hemácias ou eritrócitos. A enzima produzida pelo alelo I^A adiciona o açúcar N-acetilgalactosamina, enquanto a enzima codificada pelo alelo I^B liga o açúcar D-galactose à proteína H, formando respectivamente os antígenos A e os antígenos B. Esses antígenos também estão presentes na superfície das hemácias, juntamente com a proteína H. O alelo *i*, por sua vez, não produz proteína que adiciona açúcar, resultando em indivíduos que apresentam somente a proteína H na superfície dos eritrócitos.

Em relação aos fenótipos, indivíduos que apresentam os antígenos A nas hemácias são caracterizados como do grupo sanguíneo **A**, os antígenos B são ditos do grupo sanguíneo **B**, os antígenos A e B do grupo sanguíneo **AB**, e os que não apresentam os antígenos A e B são do grupo sanguíneo **O**. Além disso, acredita-se que o contato com bactérias com porções de proteínas com estrutura semelhante aos antígenos A e B induz a formação dos anticorpos naturais do grupo sanguíneo ABO. Na Tabela 9.1 estão resumidas as principais informações sobre o grupo sanguíneo ABO.

Para saber mais sobre antígenos e reações cruzadas, leia o Capítulo 9 do livro *Biotecnologia I*.

Tabela 9.1 >> Principais informações sobre os quatro tipos sanguíneos ABO

Tipo sanguíneo Fenótipo	Genótipo (alelos)	Sangue: hemácias e plasma	Representação dos antígenos nas hemácias e nos anticorpos no soro
A	I^AI^A, AA ou I^Ai, AO	Antígenos A nas hemácias e anticorpos anti-B no plasma	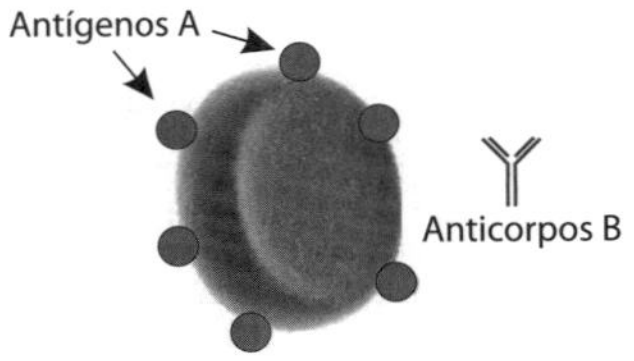
B	I^BI^B, BB ou I^Bi, BO	Antígenos B nas hemácias e anticorpos anti-A no plasma	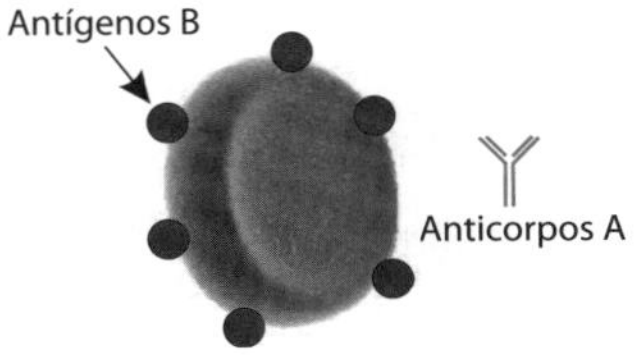
AB	I^AI^B ou AB	Antígenos A e B nas hemácias	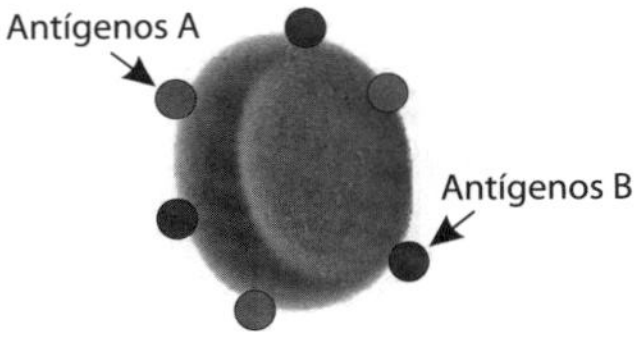

Fonte: Os autores.

Tipo sanguíneo Fenótipo	Genótipo (alelos)	Sangue: hemácias e plasma	Representação dos antígenos nas hemácias e nos anticorpos no soro
O	ii ou OO	Anticorpos anti-A e anti-B no plasma	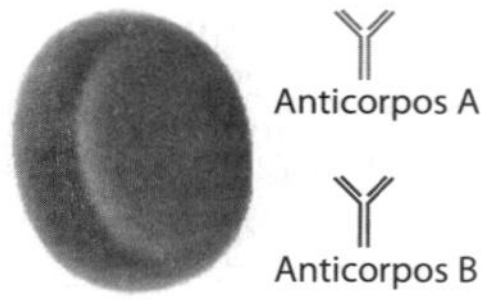

Fonte: Os autores.

Nas transfusões de sangue e transplantes, deve-se saber o tipo sanguíneo ABO dos indivíduos, uma vez que os anticorpos anti-A reagem contra os antígenos A e os anticorpos anti-B contra os antígenos B, causando aglutinação das hemácias (Fig. 9.1). Por esse motivo, os anticorpos anti-A e anti-B são também denominados de **aglutininas**, e os antígenos A e B, de **aglutinogênios**.

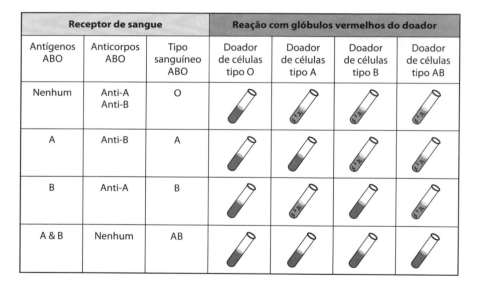

Receptor de sangue			Reação com glóbulos vermelhos do doador			
Antígenos ABO	Anticorpos ABO	Tipo sanguíneo ABO	Doador de células tipo O	Doador de células tipo A	Doador de células tipo B	Doador de células tipo AB
Nenhum	Anti-A Anti-B	O				
A	Anti-B	A				
B	Anti-A	B				
A & B	Nenhum	AB				

 Compatível

 Incompatível

Figura 9.1 >> Reações compatíveis (sem aglutinação) e incompatíveis (com aglutinação) entre tipos sanguíneos ABO.

Fonte: Best (c2016).

Na Figura 9.2, podemos observar um esquema geral de compatibilidade entre os indivíduos em relação ao grupo sanguíneo ABO, considerando-se os aglutinogênios e as aglutininas presentes nas hemácias e no plasma descritos anteriormente.

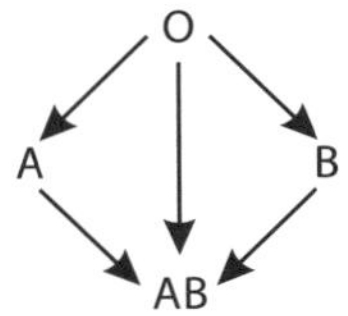

Figura 9.2 >> Esquema de compatibilidade entre indivíduos quanto ao grupo sanguíneo ABO.
Fonte: Os autores.

Os indivíduos homozigotos recessivos (*hh*) para o gene da proteína H não produzem essas proteínas nas hemácias. Assim, as enzimas produzidas pelos alelos I^A e I^B do gene ABO não têm onde atuar, por não existir a proteína H para adicionarem os seus respectivos açúcares. Essas pessoas, mesmo apresentando os genótipos I^AI^A, I^Ai, I^BI^B, I^Bi ou I^AI^B, apresentam fenótipo de grupo sanguíneo O, sendo designados de "falso O".

O fenótipo "falso O" também é denominado de fenótipo Bombaim, por ter sido caracterizado pela primeira vez em um indivíduo da cidade de Bombaim (atual Mumbaim), na Índia. Nesse país, a frequência de indivíduos homozigotos *hh* é maior do que em outras regiões do planeta.

Polialelismo no gene tirosinase

O gene tirosinase (loco C) codifica a enzima tirosinase, responsável pela síntese de melanina. Algumas espécies de animais apresentam diferentes alelos, chamados de selvagem (C), chinchila (c^{ch}), himalaia (c^h) e albino (c). A relação de dominância entre os diferentes alelos resulta em fenótipos distintos. A ordem de dominância é C $>c^{ch}>c^h>$ c. A Figura 9.3 apresenta a relação entre os genótipos do lócus C e o fenótipo em coelhos.

Genótipo	Fenótipo
CC, Cc^{ch}, Cc^h ou Cc	Selvagem
$c^{ch}c^{ch}$, $c^{ch}c^h$ ou $c^{ch}c$	Chinchila
c^hc^h, ou c^hc	Himalaia
Cc	Albino

Figura 9.3 >> Relação entre os genótipos do gene da tirosinase e os fenótipos em coelhos.
Fonte: Klug et al. (2010).

O alelo chinchila (c^{ch}) é provocado por uma mutação que reduz a ação da enzima, resultando em uma coloração diluída em relação à original (selvagem – C). O alelo Himalaia (c^h) consiste em uma versão da enzima sensível à temperatura, sendo capaz de produzir pigmentos apenas nas extremidades do corpo. O alelo albino (c) produz uma tirosinase inativa, impedindo a síntese de melanina no corpo, uma condição recessiva existente em diversas espécies, chamada de albinismo.

>> Grupos sanguíneos Rh e MN

Além do grupo sanguíneo ABO, o grupo sanguíneo Rh também apresenta grande importância em transfusões sanguíneas e transplantes de células, tecidos e órgãos, por determinar fortes reações imunológicas que resultam na destruição de hemácias. Além disso, o grupo sanguíneo Rh tem importância na **doença hemolítica fetal** ou do recém-nascido, também denominada eritroblastose fetal.

Em 1939, Philip Levine e colaboradores observaram, após uma transfusão, que o soro sanguíneo de uma mulher aglutinava as hemácias de seu marido, mesmo sendo eles compatíveis em relação ao grupo sanguíneo ABO. No ano seguinte, Karl Landsteiner e colaboradores descreveram um tipo de anticorpo obtido por meio da imunização de cobaias (*Cavia porcellus*) e coelhos com hemácias do macaco *Rhesus*. O grupo de pesquisadores observou que esse anticorpo aglutinava também aproximadamente 85% das hemácias humanas, indicando a presença do que foi denominado **fator Rh** (iniciais da espécie do macaco) nessas células.

Gestantes Rh negativo com feto Rh positivo podem produzir anticorpos anti-Rh pelo contato com o sangue da criança durante o parto. Na gestação seguinte, se a criança for Rh positivo, poderá ocorrer a doença hemolítica fetal, pois os anticorpos anti-Rh da mãe atravessam a barreira placentária e atacam as hemácias da criança. Nesses casos, a profilaxia com anticorpos anti-Rh é administrada para evitar a sensibilização da mãe Rh negativo.

A doença hemolítica fetal tem como principal causa a incompatibilidade entre tipos sanguíneos Rh positivo e negativo, o que torna importante a determinação do tipo sanguíneo dos pais.

Desde a identificação dos antígenos do grupo sanguíneo Rh, havia o indício de que um gene determina a produção de vários antígenos ou de que esses antígenos são codificados por mais de um gene, com indicação que sejam três genes intimamente ligados e herdados em bloco. Destaca-se que já foram identificados cerca de 50 tipos de antígenos do Rh, sendo o principal o D.

Os indivíduos são classificados como **Rh positivos** quando apresentam antígenos Rh na superfície dos glóbulos vermelhos, e como **Rh negativos** quando não apresentam esses antígenos. Diferentemente do grupo sanguíneo ABO, em que os anticorpos são naturais, os anticorpos anti-Rh somente são produzidos quando indivíduos Rh negativo entram em contato com as hemácias de indivíduos Rh positivo. Na Tabela 9.2, estão representadas as principais informações sobre o grupo sanguíneo Rh.

Tabela 9.2 >> O grupo sanguíneo Rh

Tipo sanguíneo (fenótipo)	Genótipo (alelos)	Sangue: hemácias e plasma	Representação dos antígenos Rh
Rh positivo (Rh+)	DD e Dd ou RR e Rr	antígenos Rh nas hemácias	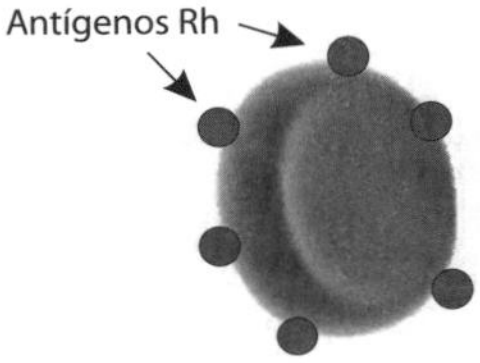
Rh negativo (Rh-)	dd ou rr	anticorpos anti-Rh (anti-D) no plasma *(produção somente quando em contato)*	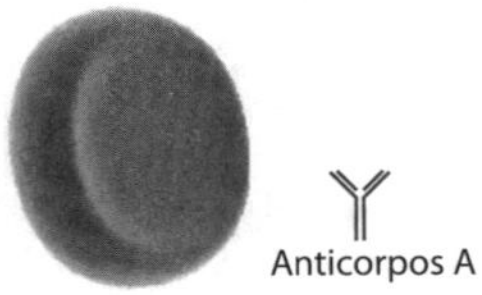

Fonte: Os autores.

Considerando os grupos sanguíneos ABO e Rh na determinação de compatibilidade entre tipos sanguíneos, o tipo sanguíneo AB positivo é o receptor universal, e o tipo sanguíneo O negativo, o doador universal.

Além dos grupos sanguíneos ABO e Rh, que são capazes de produzir intensa reposta antigênica, existem outros, como os grupos sanguíneos MN, S, secretor, Lewis, Duffy, Kidd e Xg, todos caracterizados pela presença de proteínas na superfície dos glóbulos vermelhos. Entre esses grupos, um dos mais estudados em genética é o grupo sanguíneo MN, que possui codominância entre os alelos M e N nos eritrócitos. Os indivíduos do grupo sanguíneo M (genótipo MM) e do grupo sanguíneo N (genótipo NN) têm, respectivamente, os antígenos M e os antígenos N. Os indivíduos do grupo sanguíneo MN (genótipo MN) ambos os antígenos M e N.

> Até alguns anos atrás, antes das análises de DNA, os grupos sanguíneos eram utilizados em testes de paternidade. Esses testes por grupos sanguíneos são de exclusão de paternidade por meio da determinação dos fenótipos, dos possíveis genótipos e assim a herança dos alelos do pai para o filho. Quanto mais grupos sanguíneos são avaliados, maior a possibilidade de exclusão de supostos pais no auxílio da determinação de paternidade.

AGORA É A SUA VEZ

Teste seus conhecimentos resolvendo o seguinte exercício sobre grupos sanguíneos.

Em um hospital, três indivíduos (1, 2 e 3) necessitam de transfusão de sangue e três indivíduos (4, 5 e 6) ofereceram-se como doadores. Para a realização das transfusões, os profissionais fizeram testes de aglutinação de antígeno (aglutinogênio) por anticorpo (aglutinina), para determinar os grupos sanguíneos ABO e Rh destas pessoas. A partir dos resultados obtidos, mostrados na tabela abaixo, responda as seguintes questões:

a) Quais são os fenótipos e possíveis genótipos dos indivíduos analisados?

b) Quais doadores poderão doar para quais receptores?

Anticorpos (aglutininas)	Receptores			Doadores		
	1	2	3	4	5	6
Anti-A	+	-	+	-	+	-
Anti-B	+	+	-	-	-	+
Anti-D (Rh)	+	+	-	+	-	-

(+) com reação de aglutinação; (-) sem reação de aglutinação

>> Herança ligada ao sexo e herança holândrica

Nas espécies que apresentam os cromossomos sexuais XY, como mamíferos e a mosca da fruta, os genes situados no cromossomo X determinam um tipo de herança denominada **herança ligada ao X** ou **herança ligada ao sexo**. Nos indivíduos XX, geralmente fêmeas, os alelos comportam-se de maneira semelhante a dos cromossomos não sexuais, os autossomos, podendo ocorrer em homozigose ou heterozigose. Os indivíduos XY, geralmente machos, são **hemizigotos** para os genes situados no cromossomo X, por apresentarem somente um cromossomo X e, portanto, somente um alelo para cada loco.

Em mamíferos, um dos cromossomos X das fêmeas é inativado no início do desenvolvimento, fenômeno denominado **compensação de dose** ou **Hipótese de Lyon**. Essa inativação ocorre de forma aleatória em cada célula, independentemente da origem paterna ou materna do cromossomo, mas as células derivadas após a inativação apresentam o mesmo X inativo. Esta compensação de dose faz com que as proteínas codificadas pelos genes do cromossomo X não ocorram em maior quantidade nas fêmeas. Na mosca da fruta, por sua vez, os alelos presentes no único cromossomo X dos machos produzem o dobro do produto gênico do que os alelos de cada um dos cromossomos X das fêmeas.

Em 1949, o pesquisador inglês Murray Barr foi quem primeiro observou em células interfásicas das fêmeas de mamíferos uma região de cromatina mais densa e intensamente corada que foi denominada **corpúsculo de Barr**. Posteriormente, a pesquisadora inglesa Mary Lyon propôs a hipótese de que o corpúsculo de Barr é um cromossomo X inativo, também assim chamado de **cromatina sexual**. Segundo a Hipótese de Lyon, essa inativação corresponde a uma **compensação de dose,** para evitar que as proteínas produzidas a partir do cromossomo X não existam em dobro nas fêmeas. A cromatina sexual permite identificar o sexo de um indivíduo em células em interfase.

No site loja.grupoa.com.br você encontra uma prática simples para a identificação do corpúsculo de Barr em células da mucosa bucal.

Entre as características determinadas por genes situados no cromossomo X, podem ser citadas as seguintes:

- cor do olho vermelha ou branca na mosca da fruta;
- daltonismo em humanos (dificuldade de diferenciar cores como verde, amarelo e vermelho);
- hemofilia clássica ou tipo A em humanos (deficiência de produção do fator 8 associado com coagulação do sangue);
- hipofosfatemia ou raquitismo resistente à vitamina D em humanos (doença dominante ligada ao X caracterizada pelo retardo do crescimento e raquitismo grave).

A **herança ligada ao Y** ou **herança holândrica**, também conhecida como herança restrita ao sexo, refere-se às características genéticas determinadas por genes localizados no cromossomo Y. A transmissão dos alelos ocorre de pai para filho, e a herança pode ser monogênica ou não.

Em humanos, o cromossomo Y apresenta poucos genes, entre eles os relacionados com a determinação do sexo masculino e os que influenciam a estatura e fertilidade, sendo a maior parte desse cromossomo constituído por heterocromatina. No cromossomo Y, situa-se o gene *SRY* (**R**egião de determinação do **S**exo no cromossomo **Y**), que induz o desenvolvimento dos testículos no embrião. A proteína SRY inibe a expressão do gene *DAX1*, situado no cromossomo X, que determina a formação dos ovários.

Mutações nos genes *SRY* e *DAX1* são responsáveis por casos de hermafroditismo. Um indivíduo XY que não produz a proteína SRY apresenta genitália feminina, por não ocorrer inibição da expressão do gene *DAX1*, responsável pelo desenvolvimento dos ovários.

Existem ainda heranças denominadas **herança influenciada pelo sexo** e **herança limitada ao sexo**. Os genes que determinam essas heranças estão localizados nos cromossomos autossomos, entretanto a sua expressão tem influência dos hormônios sexuais. Na herança influenciada pelo sexo, a ocorrência da característica é mais frequente em um dos sexos, como a quantidade de pelos no corpo e a calvície em humanos. A herança limitada ao sexo refere-se, por exemplo, a características sexuais secundárias, como seios, barba e distribuição de pelos no corpo, também em humanos.

>> Heredogramas

O heredograma, também conhecido como árvore genealógica, é um tipo de gráfico utilizado em genética para representar a genealogia de uma família ou o *pedigree* de um indivíduo. A construção desse gráfico consiste em representar, por meio de símbolos, as relações de parentesco entre os indivíduos de uma família (Fig. 9.4). Essa representação gráfica auxilia no estudo de características herdáveis, principalmente em famílias que apresentam indivíduos com distúrbios ou doenças de origem genética.

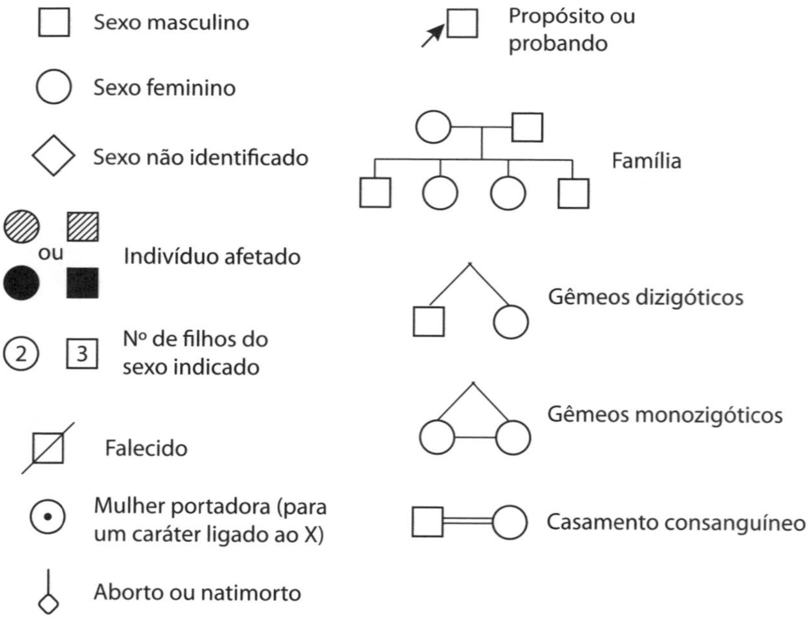

Figura 9.4 >> **Simbologia adotada para construção de heredogramas.**
Fonte: Blog do Enem (2016).

Propósito ou **probando** é o indivíduo que deu início à construção da genealogia.

Casamento consanguíneo é o casamento entre parentes.

O estudo da herança genética por análise de heredogramas ou genealogias geralmente é realizado em espécies em que não é possível a realização de séries de cruzamentos, como Mendel fez com as ervilhas. A característica analisada por heredograma tem herança monogênica, podendo ser autossômica ou ligada ao sexo, dominante ou recessiva.

A construção de um heredograma segue algumas normas simples:

- o homem normalmente é representado à esquerda quando forma um casal;
- os filhos de um casal devem ser colocados por ordem de nascimento, da esquerda para a direita;
- as gerações são sequencialmente indicadas por números romanos;
- os indivíduos da mesma geração devem estar em linha e representados por números arábicos, da esquerda para direita;
- se as gerações não forem indicadas, uma forma alternativa de designação de todos dos indivíduos do heredograma é colocar números arábicos, sequencialmente, da esquerda para direita e de cima para baixo.

AGORA É A SUA VEZ

Um casal de cobaias (indivíduos 1 e 2) possui pelos no corpo de cor amarela (genótipo Mm), enquanto suas filhas possuem fenótipos diferentes, uma com cor de pelo marrom e a outra com cor de pelo amarela.

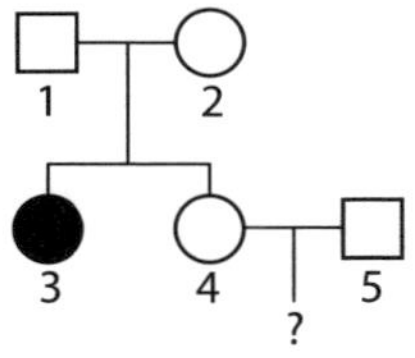

1. Qual cruzamento poderia ser feito para descobrir o genótipo dos pais?
2. Quais são os genótipos dos indivíduos 3 e 4?
3. Considerando que o indivíduo 4 seja homozigoto dominante (MM) e o indivíduo 5, heterozigoto (Mm) para a característica, quais fenótipos e genótipos apresentarão os seus descendentes?

O **aconselhamento genético** é o estudo da probabilidade da ocorrência de doenças genéticas em uma família. Com o conhecimento do tipo de herança, a construção de heredogramas auxilia na determinação dos riscos e na orientação às famílias sobre as decisões a serem tomadas. Existem critérios para a identificação dos diferentes tipos de herança por meio de heredogramas.

>> Herança autossômica dominante

Os critérios para a identificação da herança autossômica dominante por meio de heredogramas (Fig. 9.5) são os seguintes:

- a característica ocorre em frequência semelhante em homens e mulheres;
- indivíduos com a característica são frequentemente filhos de casais em que pelo menos um dos cônjuges apresenta a característica, ou seja, um casal sem a característica somente produz filhos com o mesmo fenótipo (a não ser que haja mutação ou **penetrância incompleta**);
- a característica geralmente ocorre em todas as gerações, não havendo saltos.

Penetrância incompleta ou reduzida de um gene é a ausência de sua manifestação no fenótipo apesar de estar presente no genótipo em análise.

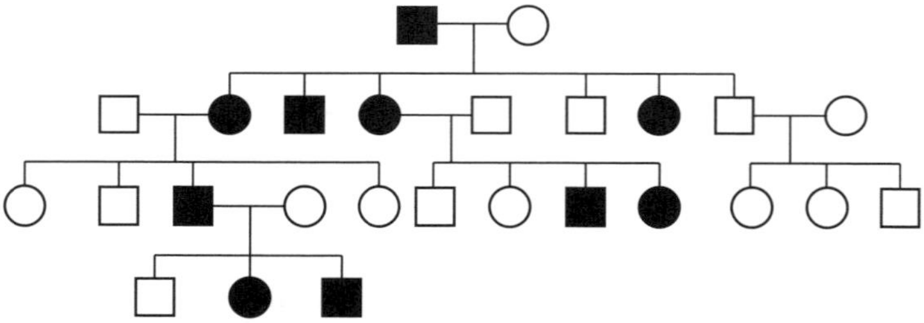

Figura 9.5 >> Genealogia de família com característica com herança autossômica dominante.
Fonte: Os autores.

São exemplos de herança autossômica dominante a acondroplasia (tipo mais comum de nanismo) e a doença de Huntington (doença neurodegenerativa fatal caracterizada por movimentos involuntários e demência progressiva, que está associada à elevação de repetições de nucleotídeos no gene que a determina, situado no cromossomo 4 humano).

Saiba mais sobre acondroplasia acessando o site do Grupo A, loja.grupoa.com.br.

>> Herança autossômica recessiva

Os critérios para a identificação da herança autossômica recessiva por meio de heredogramas (Fig. 9.6) são os seguintes:

- a característica aparece nos dois sexos em proporção semelhante;
- geralmente, os indivíduos com a característica resultam de cruzamentos consanguíneos;
- a característica aparece tipicamente entre irmãos, mas não em seus pais, descendentes ou outros parentes;
- em média, 25% dos irmãos do indivíduo com a característica apresentam o mesmo fenótipo.

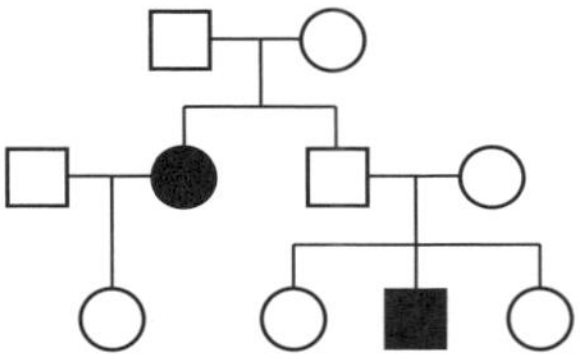

Figura 9.6 >> Genealogia de família com característica com herança autossômica recessiva.
Fonte: Os autores.

São exemplos de herança autossômica recessiva doenças como a fibrose cística, o albinismo e a fenilcetonúria. Esta última faz parte de um grupo de doenças chamadas de **erros inatos do metabolismo**. Tais condições são provocadas por deficiências de enzimas responsáveis pela metabolização de substratos, resultando no acúmulo destes no organismo (p.ex., doença do xarope de bordo (MSUD), homocistinúria, citrulinemia, deficiência do transporte de carnitina, acidemiaglutárica tipo I).

Encontre mais informações sobre os erros inatos do metabolismo e outras doenças autossômicas recessivas no site do Grupo A, loja.grupoa.com.br.

O albinismo é a doença genética recessiva na qual não ocorre a produção do pigmento melanina na pele, cabelos e olhos. Embora existam diferentes tipos de albinismo, em geral os indivíduos afetados apresentem alelos defeituosos do gene da enzima tirosinase, principal responsável pela produção do pigmento.

Os indivíduos ruivos sintetizam apenas um tipo de melanina chamada de feomelanina, resultando na tonalidade amarelo-avermelhada nos cabelos e na pele. Esse fenótipo é causado por alelos recessivos do gene do *receptor da melanocortina-1* (*MC1R*), responsável pela ativação da produção do pigmento.

WWW

O artigo *O gene MC1R e a pigmentação dos animais* traz mais informações sobre a atuação do gene *MC1R* e está disponível no site do Grupo A, loja.grupoa.com.br.

>> Herança dominante ligada ao sexo

Os critérios para a identificação da herança dominante ligada ao sexo por meio de heredogramas (Fig. 9.7) são os seguintes:

- os homens que possuem a característica a transmitem para todas as suas filhas e nenhum de seus filhos;
- as mulheres heterozigotas que possuem a característica a transmitem para a metade de seus filhos de ambos os sexos;
- as mulheres homozigotas que possuem a característica a transmitem para toda a sua prole.

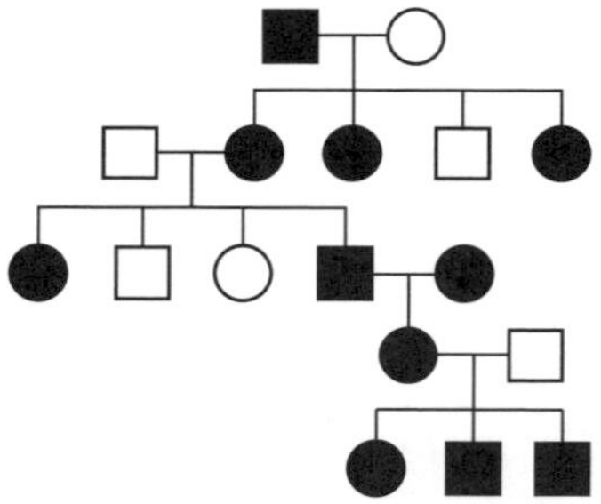

Figura 9.7 >> Genealogia de família com característica com herança ligada ao sexo dominante.
Fonte: Os autores.

A herança dominante ligada ao X não pode ser distinguida da herança autossômica dominante pela prole das mulheres afetadas, mas somente pela prole dos homens afetados. Um exemplo desse tipo de herança é a hipofosfatemia.

Saiba mais sobre a hipofosfatemia acessando o site do Grupo A, loja.grupoa.com.br.

>> Herança recessiva ligada ao sexo

Os critérios para a identificação da herança recessiva ligada ao sexo por meio de heredogramas (Fig. 9.8) são os seguintes:

- a incidência é mais alta nos homens (sexo heterogamético XY) do que nas mulheres (sexo homogamético XX);
- o homem que possui a característica a transmite, através de todas as suas filhas, para metade dos filhos delas;
- a característica nunca é transmitida diretamente de pai para filho.

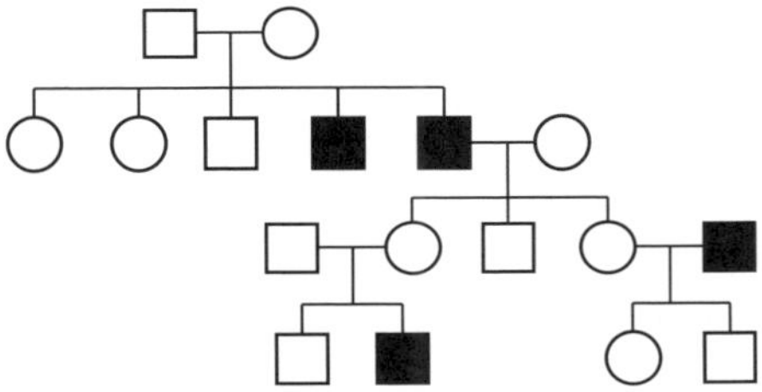

Figura 9.8 >> Genealogia de família com característica com herança ligada ao sexo recessiva.
Fonte: Os autores.

São exemplos de herança recessiva ligada ao sexo doenças como o daltonismo, a hemofilia e a adrenoleucodistrofia. Esta última consiste no acúmulo de um tipo específico de ácidos graxos levando à destruição da bainha de mielina dos axônios neuronais. O daltonismo, por sua vez, é uma condição genética recessiva na qual os indivíduos homozigotos não possuem a capacidade de diferenciar determinadas cores. Alterações no gene *OPN1MW* (do inglês *opsin 1 - cone pigments medium-wave-sensitive*), localizado no cromossomo X, foram associadas a um dos tipos de daltonismo.

A adrenoleucodistrofia é retratada no filme *O Óleo de Lorenzo* (*Lorenzo's Oil*), de 1992, baseado em fatos reais.

Saiba mais sobre a hemofilia e outras doenças recessivas ligadas ao sexo acessando o site do Grupo A, loja.grupoa.com.br.

Na herança recessiva ligada ao sexo, uma mutação no X se expressa fenotipicamente em todos os homens que a recebem, mas apenas nas mulheres que são homozigotas para a mutação. Entretanto, mulheres heterozigotas podem expressar o fenótipo, de acordo com o fenômeno de compensação de dose ou Hipótese de Lyon, já explicado anteriormente.

AGORA É A SUA VEZ

De acordo com os critérios de reconhecimento, qual herança é a mais provável de estar representada no heredograma a seguir?

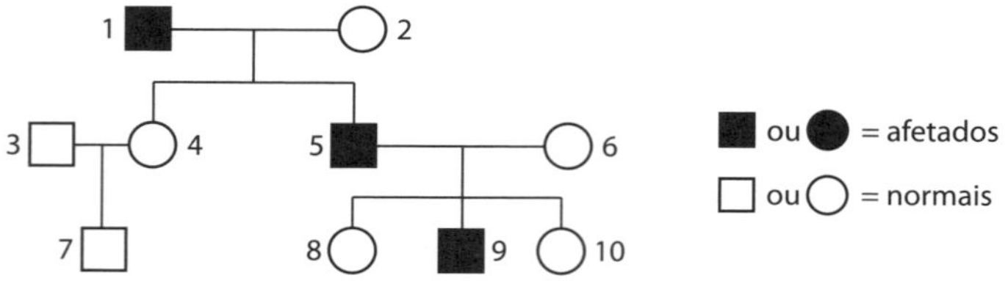

>> Di-hibridismo

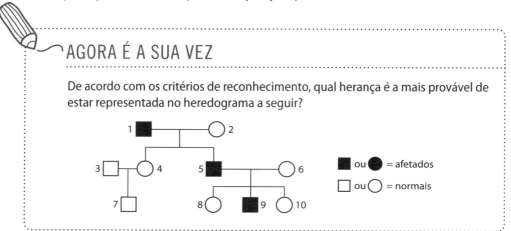

Na seção sobre herança monogênica, analisamos as maneiras como os alelos de um gene interagem para a produção do fenótipo. Entretanto, os organismos são formados por diversos genes que se manifestam ao mesmo tempo, resultando na grande complexidade de fenótipos.

Para entender como diferentes genes interagem, pode-se estudar a segregação de duas características ao mesmo tempo em uma espécie. Essa situação foi estudada por Mendel nos cruzamentos entre ervilhas di-híbridas e permitiu o estabelecimento da Lei da Segregação Independente dos Fatores ou Segunda Lei de Mendel, que postula que os alelos de diferentes características segregam de maneira independente. Hoje se sabe que essa condição ocorre quando os genes responsáveis pelas duas características estão situados em cromossomos diferentes ou quando a porcentagem de recombinação entre esses genes em um mesmo cromossomo for superior a 50%.

O entendimento do di-hibridismo é importante para abordar como os genes interagem na determinação dos fenótipos. Geralmente considera-se um cruzamento entre linhagens com genótipo conhecido para os dois genes, por exemplo, entre duplos heterozigotos para genes *A* e *B*. Em razão das características da meiose, todas as combinações dos alelos dos dois genes são possíveis nos gametas: *AB*, *Ab*, *aB* e *ab*.

As proporções genotípicas da prole podem ser estimadas por meio do quadro de Punnet. O resultado esperado das proporções fenotípicas para dois genes, dependendo da relação de dominância, é mostrado na Tabela 9.3. A ausência de dominância nos dois genes resulta na equivalência entre as proporções fenotípicas e genotípicas na prole.

Tabela 9.3 >> Proporções fenotípicas esperadas para cruzamentos entre duplos heterozigotos considerando-se dois genes, dependendo da relação de dominância entre os alelos nos dois genes

Gene 1	Gene 2	Fenótipo
Dominância	Dominância	9:3:3:1
Dominância	Codominância	6:3:3:2:1:1
Codominância	Codominância	4:2:2:2:2:1:1:1:1

Fonte: Os autores.

>> ATENÇÃO

Regra do "OU" e do "E"

"Quando se analisa duas características e quer se determinar a probabilidade de ocorrência de determinados genótipos ou fenótipos, para facilitar, é utilizada a regra do "ou" ou "e". A probabilidade de ocorrência de dois eventos mutuamente exclusivos, isto é, ocorrência de um evento OU outro, é dada pela soma das probabilidades isoladas". Por exemplo, a probabilidade de, ao jogarmos um dado, sair a face 3 OU 4 é dada pelo resultado da soma da probabilidade de sair 3 com a probabilidade de sair 4. Logo,

$$\frac{1}{6} + \frac{1}{6} = \frac{1}{3}$$

"A probabilidade da ocorrência simultânea de dois eventos independentes, isto é, a probabilidade da ocorrência de um **E** outro, é obtida pelo produto das probabilidades isoladas". Por exemplo, a probabilidade de, ao jogarmos uma moeda e um dado, sair ao mesmo tempo cara **E** a face 4 é dada pela multiplicação da probabilidade de sair cara e a probabilidade de sair 4. Logo,

$$\frac{1}{2} \times \frac{1}{6} = \frac{1}{12}$$

AGORA É A SUA VEZ

Uma ervilheira com sementes amarelas e lisas, heterozigota para essas duas características, sofre autofecundação.

1. Qual é a probabilidade de a prole apresentar sementes com cor verde ou sementes com rugosidade?
2. Qual é a probabilidade de a prole ter sementes verdes e rugosas?

>> Ligação gênica

O princípio mendeliano de transmissão independente aplica-se tanto aos genes como aos cromossomos. Entretanto, o número de genes de um organismo excede o número de cromossomos, uma vez que cada cromossomo contém muitos genes. Em consequência disso, os genes de um mesmo cromossomo não são transmitidos independentemente, a não ser que estejam muito afastados um do outro. Assim, a Segunda Lei de Mendel ou Lei da Segregação Independente é válida apenas para genes localizados em cromossomos não homólogos (Fig. 9.9) ou quando a porcentagem de recombinação entre esses genes em um mesmo cromossomo for superior a 50%.

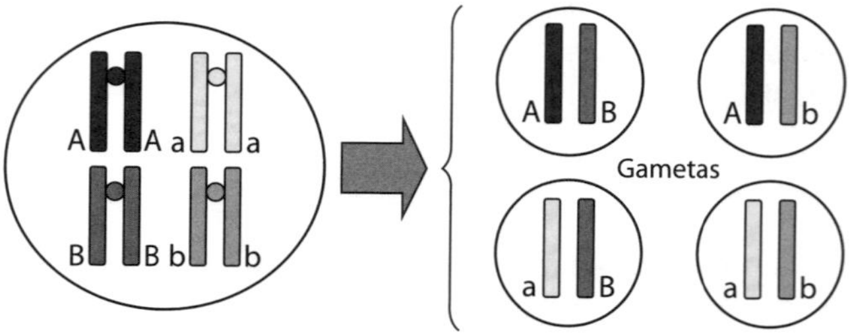

Figura 9.9 >> Segregação independente dos alelos na formação de gametas em célula di-híbrida (AaBb) com genes não ligados.
Fonte: Os autores.

Quando dois ou mais pares de alelos se localizam no mesmo par de cromossomos homólogos, diz-se então que existe uma **ligação** (*linkage*) entre eles ou que estão ligados ou vinculados. Nesse caso, haverá um desvio nas proporções mendelianas esperadas para o di-hibridismo. Grandes desvios na proporção dos fenótipos da descendência de retrocruzamentos de um di-híbrido podem ser usados como evidência para a existência de ligação gênica. Todavia, nem sempre genes ligados permanecem juntos, pois, durante a meiose, pode ocorrer **permuta**.

Permuta (*crossing-over*) é um processo no qual cromátides de cromossomos homólogos trocam pedaços entre si durante a meiose.

A ligação gênica pode ser de dois tipos (Fig. 9.10):

Total ou completa: Não ocorre permuta durante a meiose e os genes, por estarem muito próximos, são segregados como **haplótipos** (em bloco). Os gametas formados são iguais aos parentais.

Parcial ou incompleta: Ocorre permuta e formação de novas combinações gênicas. Os gametas formados podem ser de dois tipos: **parentais ou recombinantes**.

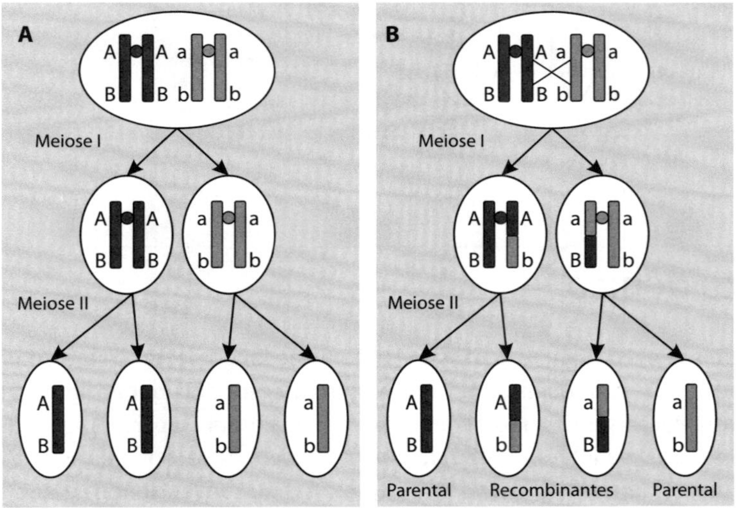

Figura 9.10
>> Processo de meiose e formação de gametas, apresentando a segregação dos cromossomos e alelos. (A) Ligação total ou completa. (B) Ligação parcial ou incompleta.
Fonte: Os autores.

O processo de meiose está descrito no Capítulo 6 do livro *Biotecnologia I*.

Quando existe ligação gênica, os genes ligados tendem a ser herdados juntos, a menos que ocorra permuta entre eles, separando-os. A frequência de cada tipo de gameta e de cada classe fenotípica da descendência depende da frequência de permuta. Portanto, um desvio na frequência esperada de fenótipos para o di-hibridismo pode ser devido a alelos ligados. Conforme a frequência dos alelos nos gametas, é possível calcular a distância entre eles. Por exemplo, se ocorrer 20% de recombinação entre dois *loci*, espera-se a formação de 20% de gametas do tipo recombinantes e 80% do tipo parentais (Fig. 9.11).

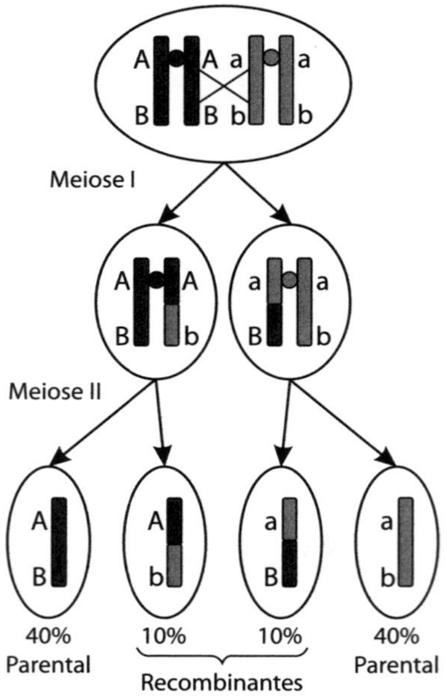

Figura 9.11 >> Meiose com permuta entre cromossomos homólogos em uma célula: frequências dos gametas do tipo parental e recombinante.
Fonte: Os autores.

>> Mapeamento gênico

Considerando que genes se encontram dispostos linearmente ao longo de um cromossomo eucariótico, constatou-se que a frequência de recombinação entre dois genes ligados é constante. Logo, quanto mais distantes dois genes estiverem, maior será a percentagem de recombinação entre esses. Os geneticistas utilizam a percentagem de recombinação entre dois genes como medida da distância relativa entre esses. Assim, convencionou-se que a ocorrência de 1% de recombinação, ou seja, 1% de gametas com recombinação, indica a distância de uma unidade de mapa ou **morganídeo** entre os genes.

<<

Thomas Hunt Morgan era zoólogo e geneticista. Em decorrência de seu trabalho, a mosca das frutas (*Drosophila melanogaster*) tornou-se um dos principais modelos animais na área da genética. Morgan recebeu o prêmio Nobel de fisiologia e medicina de 1933 por provar que os cromossomos são portadores de genes. Ele e os seus estudantes contaram as características de milhares de moscas da fruta e estudaram as suas heranças. Analisando a recombinação de cromossomos, determinaram um mapa das localizações dos genes nos cromossomos. Por sua contribuição nessas análises, denominaram a medida de distância entre genes de **morganídeo**.

No exemplo da Figura 9.11, existem 20% de gametas recombinantes após a meiose, portanto, os genes encontram-se separados por uma distância de 20 unidades de mapa ou 20 centimorgans (Fig. 9.12).

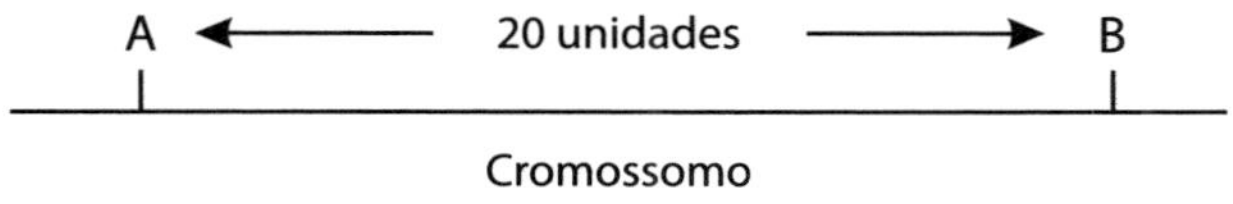

Figura 9.12 >> Representação esquemática da posição dos dois genes no cromossomo e a distância entre eles.

A notação de genes ligados pode ser representada graficamente de muitas formas, tais como:

$$\frac{AB}{\overline{ab}} \qquad \frac{AB}{ab} \qquad \left[\frac{AB}{ab}\right] \qquad AB/ab$$

Além disso, conforme a disposição dos genes no cromossomo, eles podem assumir duas formas distintas, denominadas:

- acoplamento, associação ou heterozigoto CIS:

$$\frac{AB}{ab} \text{ ou } AB/ab$$

- repulsão ou heterozigoto TRANS:

$$\frac{Ab}{aB} \text{ ou } Ab/aB$$

>> Teste de três pontos

A análise da descendência de cruzamentos envolvendo dois pares de genes tende a subestimar as distâncias calculadas, já que a ocorrência de duas permutas recompõe o genótipo parental. Dessa forma, para estabelecer a distância real de diferentes genes nos cromossomos, devem-se usar preferencialmente três genes ligados, realizando-se o denominado **teste de três pontos**.

O teste dos três pontos considera o cruzamento de um triplo heterozigoto que teoricamente produz oito tipos de gametas, em proporções desiguais (Fig. 9.13), sendo:

- os tipos parentais, produzidos em maior número, pois não sofrem permutação;
- os menos frequentes, aqueles que sofrem dupla permuta (dois *crossing-overs*);
- os gametas de frequência intermediária, aqueles decorrentes de permuta simples (um *crossing-over*).

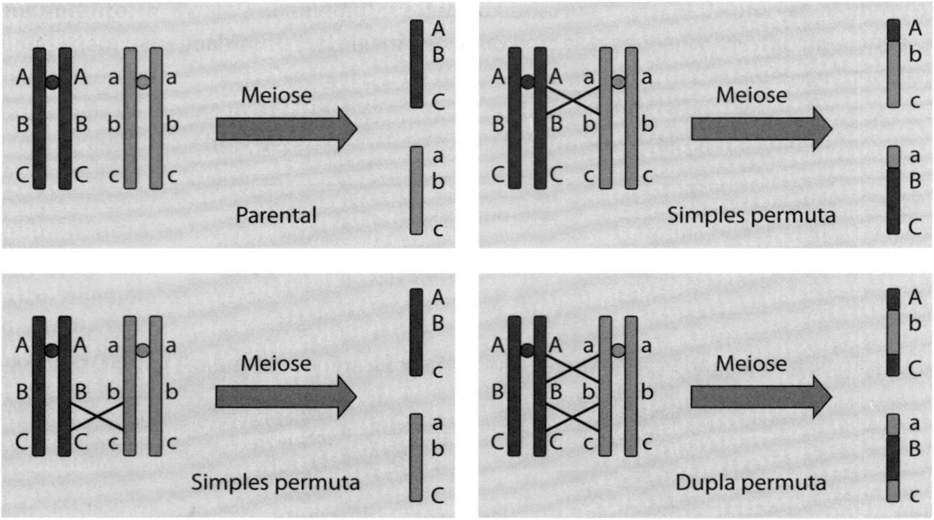

Figura 9.13 >> Ligação entre três genes: oito tipos de gametas possíveis e os quatro tipos combinações que podem ocorrer na meiose.
Fonte: Os autores.

>> EXEMPLO

Dados os oito tipos de gametas produzidos por um triplo heterozigoto, descubra as distâncias entre os genes no mapa genético e a ordem em que estão colocados no cromossomo.

Gametas	**Número**
A B C	414
a b c	386
a B c	28
A b C	20
A b c	70
a B C	80
a b C	1
A B c	1
Total	1000

Resolução

Para resolver esta questão, devem-se seguir as seguintes etapas:

1. Primeiro, localizar os gametas com os cromossomos originais (parentais): os de maior frequência (**A B C**/ **a b c**).

2. Analisar os gametas que mostraram recombinação em comparação com os parentais, dois a dois.

Loci A e B

a B c	28
A b C	20
A b c	70
a B C	80
Total	198

Loci A e C

A b c	70
a B C	80
a b C	1
A B c	1
Total	152

Loci B e C

a B c	28
A b C	20
a b C	1
A B c	1
Total	50

3. Estimar a distância entre os genes, sendo que o valor calculado para os genes mais afastados inclui o efeito da interferência (descrito mais adiante neste capítulo).

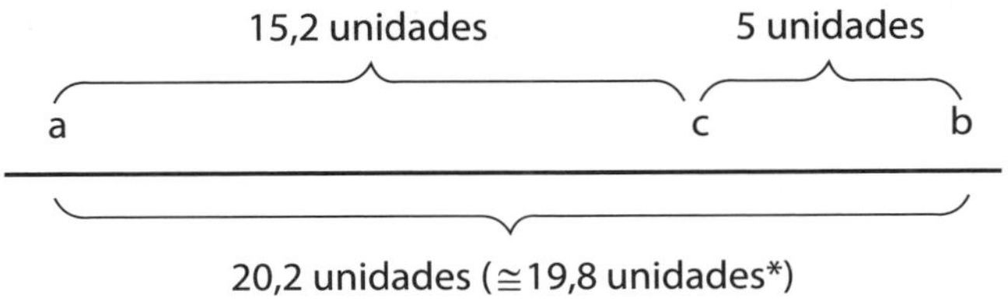

**Valor estimado com efeito da interferência.*

4. Determinar a ordem dos genes no cromossomo.

Existem duas maneiras possíveis de encontrar a ordem correta dos genes nos cromossomos:

- Após a análise da frequência de recombinação entre os locos, descobrem-se quais genes estão mais distantes e quais estão mais próximos.

Resultado do exercício anterior

Distância entre A e B = 19,8 unidades

Distância entre A e C = 15,2 unidades

Distância entre B e C = 5 unidades

Logo:

- Por meio da comparação dos gametas mais frequentes (parentais) com os menos frequentes (duplo-recombinantes).

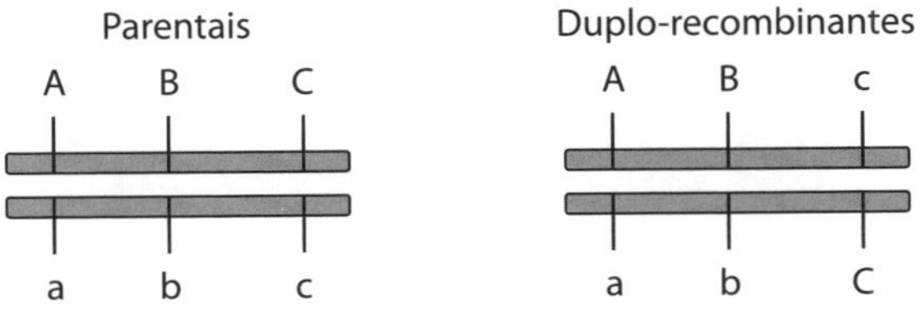

Como os duplo-recombinantes fazem duas quebras, alteram apenas o gene do meio em relação aos parentais. Portanto, torna-se fácil identificar a ordem correta dos genes no cromossomo. No exemplo dado, o gene que trocou de lugar foi o "C", logo a ordem correta dos genes é:

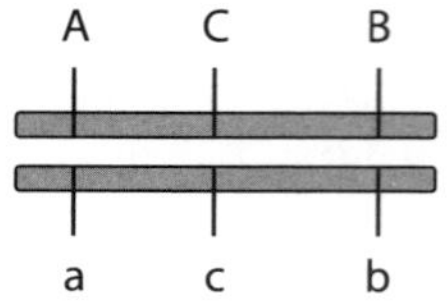

>> Interferência e coincidência

A ocorrência de uma permuta reduz a probabilidade de que ocorra outra permuta em uma região próxima, caracterizando uma **interferência**.

Cálculo do coeficiente de coincidência:

$$\text{Coeficiente de coincidência} = \frac{\text{Frequência observada de duplo } \textit{crossing-over}}{\text{Frequência esperada de duplo } \textit{crossing-over}}$$

O coeficiente de coincidência é o complemento da interferência.

Logo:

$$\text{Interferência} = 1 - \text{C.C.}$$

Utilizando os dados do exercício comentado temos:

$$\text{C.C.} = \frac{2/1000}{0{,}152 \times 0{,}05} \quad 0{,}26 \times 100 = 26\%$$

Observe que a probabilidade de acontecer uma permuta entre os locos A e C é de 15,2% e entre C e B é de 5%. Logo, a ocorrência simultânea dos dois eventos é o produto das probabilidades isoladas.

$$\text{Interferência} = 1 - 26 = 74\%$$

Desse modo, ocorreram apenas 26% das duplas permutas esperadas. A interferência impediu 74% dessas permutações, sugerindo que os locos analisados estão muito próximos.

>> Interação gênica

muitas vezes, as proporções fenotípicas observadas em cruzamentos considerando-se duas características de segregação independente podem ser diferentes das esperadas para o di-hibridismo mendeliano. isso ocorre em razão do tipo de interação entre os genes que determinam o fenótipo. entre as interações não alélicas, destacam-se a epistasia e os alelos complementares.

>> Epistasia

Neste tipo de interação, um alelo de um gene impede a manifestação dos alelos de outro gene, alterando a proporção fenotípica em cruzamentos di-híbridos. A epistasia pode ocorrer de maneira **dominante**, quando a presença de apenas um alelo no gene epistático é suficiente para inibir a manifestação do segundo gene (hipostático), ou **recessiva**, que ocorrerá apenas nos indivíduos homozigotos para o gene epistático.

O Quadro 9.2 apresenta as diferentes formas de interação epistática entre os alelos de dois genes e as proporções fenotípicas esperadas em cada um dos tipos de interações.

Quadro 9.2 >> Tipos de interação entre genes (A e B) com as respectivas proporções fenotípicas esperadas na prole, tipo de efeito e descrição da forma de interação

Tipo de interação	Proporção fenotípica (F_2)	Efeito	Descrição
Di-hibridismo	9:3:3:1	alelos dominantes nos dois genes	A segregação independente dos alelos determina os fenótipos
Epistasia recessiva	9:4:3	aa epistático sobre B_ e bb	O homozigoto recessivo em um gene oculta o efeito fenotípico do outro gene
Epistasia dupla recessiva	9:7	aa e bb epistático sobre B_ e bb ou A_ e aa	Os homozigotos em qualquer um dos genes ocultam o fenótipo do outro gene
Epistasia dominante	12:3:1	A_ epistático sobre B_ e bb	O alelo dominante de um gene oculta o fenótipo do outro gene
Epistasia dupla dominante	15:1	A_ e B_ epistático sobre bb e aa	Um alelo dominante em qualquer dos genes oculta o fenótipo do outro gene
Epistasia dominante e recessiva	13:3	A_ ou bb epistático sobre B_, bb ou A_, aa	Um alelo dominante ou o genótipo homozigoto recessivo oculta o fenótipo do outro gene
Interação de efeito duplo	9:6:1	Efeito cumulativo	A presença dos alelos em um dos genes afeta o fenótipo de maneira cumulativa

Fonte: Os autores.

O entendimento do tipo de herança da característica e da relação entre os alelos permite determinar as proporções das proles obtidas nos diferentes cruzamentos. Alguns exemplos de interações epistáticas incluem:

- o formato da crista em galinhas;
- a cor da pelagem em camundongos, cavalos e cachorros;
- a cor das penas das galinhas;
- a cor das pétalas das flores em ervilheiras;
- o formato do fruto de abóboras;
- a cor da pelagem em cavalos.

Para saber mais sobre interações epistáticas, acesse o site do Grupo A, loja.grupoa.com.br.

No site do Grupo A, loja.grupoa.com.br, estão disponíveis exercícios sobre epistasia.

>> Alelos complementares

Os alelos que determinam os fenótipos de uma característica podem ser versões diferentes de um único gene ou pertencer a diferentes genes envolvidos na manifestação da mesma característica. Para entender estas situações é preciso diferenciar essas possibilidades por meio de um **teste de alelos complementares**.

O **teste de alelos complementares** consiste na realização de cruzamentos entre indivíduos homozigotos recessivos para cada um dos alelos, observando-se as proporções fenotípicas obtidas nas proles.

Caso os dois alelos sejam do mesmo gene, os heterozigotos apresentarão o fenótipo alterado para a característica, pois o indivíduo possui duas cópias modificadas do mesmo gene. Caso os heterozigotos apresentem o fenótipo normal (selvagem), determina-se que as mutações nos alelos envolvem genes diferentes que, portanto, se complementam para a produção do fenótipo devido à presença de uma cópia normal de cada um.

>> EXEMPLO

A complementação entre alelos de diferentes genes é comum em características que envolvem rotas ou vias metabólicas compostas por diversas proteínas. Nestas rotas uma enzima modifica um substrato inicial, gerando um produto intermediário que servirá de substrato para uma segunda enzima e assim, através de uma série de reações sucessivas será formado o produto final, responsável pela manifestação do fenótipo.

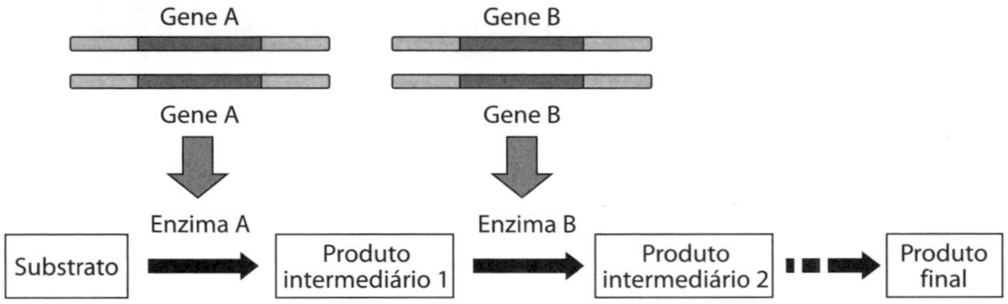

Fonte: Os autores.

Mutações em qualquer um dos genes envolvidos em uma mesma rota pode afetar a obtenção do produto final, pois a ausência da atividade de uma enzima impede a realização das demais reações. Nos casos em que os dois alelos mutados (p.ex., a^1 e a^2) ocorrem no mesmo gene apenas a versão defeituosa desta enzima é produzida, não sendo possível realizar as demais reações da rota e o produto final não é gerado, modificando o fenótipo.

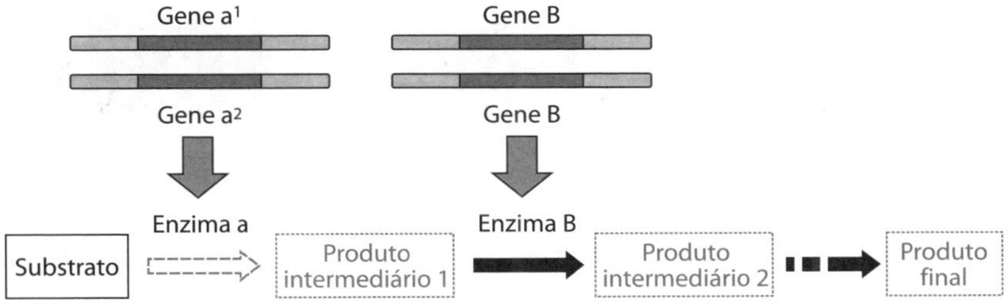

Fonte: Os autores.

Quando os alelos mutados ocorrem em genes diferentes os heterozigotos formados no teste de complementação, possuem uma versão normal de cada proteína, permitindo a realização das reações.

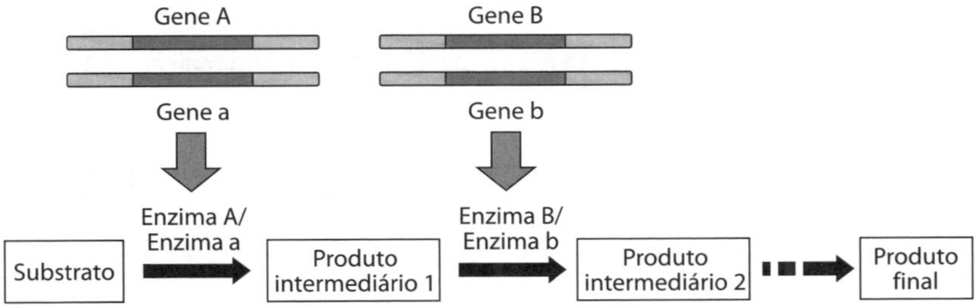

Fonte: Os autores.

O artigo *O gene yellow das drosófilas*, disponível no site do Grupo A, apresenta exemplos de variações fenotípicas provocadas por diferentes genes da mesma rota metabólica.

Conheça detalhes sobre diversas doenças e outras características genéticas conhecidas no banco de dados Online Mendelian Inheritance in Man (OMIM), disponível no site loja.grupoa.com.br.

>> Herança quantitativa

As características dos organismos podem ser divididas entre as que apresentam fenótipos claramente distintos em categorias ou seja, possuem um padrão de herança mendeliano e aquelas com variação contínua denominadas quantitativas. Aspectos como altura, força, resistência a doenças, entre outros, ocorrem nos indivíduos em fenótipos em faixas de valores com amplitudes variadas.

Uma **característica quantitativa ou poligênica** é aquela resultante da ação de vários genes com efeitos aditivos sobre o fenótipo. Geralmente cada gene apresenta um pequeno efeito sobre o fenótipo.

Enquanto é possível definir mais facilmente os genótipos responsáveis pelos fenótipos das características de herança simples, nas características de variação contínua os genes envolvidos normalmente não são conhecidos. As características com herança quantitativa podem envolver um grande **número de genes** com poucos alelos ou um número pequeno de genes com muitos alelos.

PARA REFLETIR

Toda variação entre os indivíduos é provocada pela sua composição genética?

As características que apresentam interação entre diversos genes e fatores ambientais são consideradas **multifatoriais**. Em humanos, exemplos de características multifatoriais incluem altura, inteligência, personalidade, peso e pressão arterial. Diversas doenças apresentam um padrão de herança multifatorial, como diabetes, doenças cardíacas e esquizofrenia, sendo determinadas por mutações nos genes e pelo efeito do ambiente.

A parte da variação fenotípica que é passada dos pais para os descendentes é conhecida como **herdabilidade**. A herdabilidade corresponde à fração da variação fenotípica com correlação entre os valores dos progenitores e dos descendentes, fazendo com que, por exemplo, filhos de indivíduos altos também sejam altos em comparação com a média da população. Quanto maior o grau de herdabilidade de uma característica, maior será o efeito genético sobre a sua variação. A fim de estimar a herdabilidade, podem-se realizar cruzamentos entre linhagens puras, observando-se os valores da característica na prole, ou realizar a análise da correlação entre parentes próximos.

Nas espécies de animais e plantas domesticados, a determinação da herdabilidade possibilita a realização da seleção artificial, na qual os reprodutores são escolhidos com base no seu fenótipo visando melhorar uma característica desejada.

Herança extranuclear

Além da herança controlada pelos genes localizados nos cromossomos nucleares, os eucariotos também possuem características determinadas por genes situados em outras organelas, sendo estes o **DNA mitocondrial (DNAmt)** e o **DNA cloroplastidial (DNAcp)**. Na maioria das espécies, as características definidas pelos genes extranucleares apresentam **herança materna,** ou seja, somente as fêmeas transmitem para os descendentes. Isso ocorre porque os gametas masculinos não contribuem com mitocôndrias (e cloroplastos) para a formação do zigoto.

Algumas mutações nos genes mitocondriais estão envolvidas em doenças humanas, geralmente afetando genes que codificam para proteínas estruturais das mitocôndrias, enzimas respiratórias, proteínas de transporte ou de sinalização. Entre as doenças de herança mitocondrial incluem-se a diabetes mellitus não dependente de insulina, tipos de surdez, doença de Alzheimer, neuropatia ótica hereditária de Leber, síndrome de Kearns-Sayre (SKS) e outras.

A síndrome de Kearns-Sayre (SKS) é uma doença neuromuscular causada por diferentes alterações em genes no DNA mitocondrial envolvidos na fosforilação oxidativa, processo que ocorre nas mitocôndrias, e consequentemente afetam a produção de energia.

Conheça os diferentes aspectos do papel das mitocôndrias na saúde humana lendo o artigo Doenças mitocondriais, de Ribeiro e Vasconcelos, disponível no site do Grupo A, loja.grupoa.com.br.

>> Herança e ambiente

O fenótipo é o resultado da interação entre o genótipo e o ambiente. Enquanto uma porção da variação fenotípica é determinada pelas diferenças genotípicas (variabilidade genética), outra parte é consequência do componente ambiental. As variáveis ambientais, como alimentação, saúde e clima, podem interferir no desempenho dos indivíduos, tornando os fenótipos mais variados e complexos.

O ambiente pode interagir com os organismos por meio de fatores químicos ou físicos. As abelhas, por exemplo, alimentam poucas larvas com geleia real (agente químico), e o resultado é a metamorfose de uma abelha com abdômen bem maior e sistema reprodutivo desenvolvido, podendo, potencialmente, se tornar uma rainha (única abelha de uma colmeia que põe ovos).

Outros exemplos que ilustram essa interação: a raça siamês de coelhos de pelagem branca, que possui as extremidades escuras em razão da temperatura mais baixa (agente físico) da pele nessas regiões e o pH do solo como fator de interferência sobre o genótipo e, consequentemente, sobre o fenótipo de plantas. Hortência plantada em solo ácido apresenta flores de coloração azul e plantada em solo básico apresenta flores de coloração rosa.

A **plasticidade fenotípica** em determinados organismos pode ser ampla e gradual, conforme a intensidade do estímulo ambiental. Essa capacidade do genótipo de produzir diferentes fenótipos em resposta ao ambiente é denominada **norma de reação**. Modificações fenotípicas sazonais, chamadas de **polifenismo**, também servem de estratégia adaptativa às alterações ambientais para determinadas espécies.

Plasticidade fenotípica é a habilidade de um único genótipo expressar formas alternativas de morfologia, estado fisiológico ou comportamental em relação às características variáveis do ambiente.

O Tarumã (*Vitex megapotamica* Spreng) é uma planta típica do Rio Grande do Sul que possui uma grande plasticidade fenotípica. Quando encontrado na floresta, é uma árvore de porte médio, na vegetação de restinga é rasteiro e no ambiente intermediário (entre as duas formações vegetais - ecótone), é encontrado na forma de arbusto. Isso revela que a planta possui ampla norma de reação.

>> REFERÊNCIAS

BEST, M. A. Type and screen. In: ENCYCLOPEDIA OF SURGERY [S. l.: s. n, c2016]. Disponível em: < http://www.surgeryencyclopedia.com/St-Wr/Type-and-Screen.html>. Acesso em: 18 jul. 2016.

BLOG DO ENEM. *Biologia – Genética*: entenda árvores genealógicas com o heredograma. [S.l.: VC Sistemas Educacionais], 2016. Disponível em: < http://blog-doenem.com.br/biologia-genetica-heredograma>. Acesso em: 2 set. 2016.

KRUG, W. S. et al. *Conceitos de genética*. 9. ed. Porto Alegre: Artmed, 2010.

NOBEL PRIZE. *Blood groups, blood typing and blood transfusions*. [S. l.]: Nobel Media, 2001. Disponível em: <http://www.nobelprize.org/educational/medicine/landsteiner/readmore.html>. Acesso em: 18 jul. 2016.

>> LEITURAS RECOMENDADAS

BORGES-OSÓRIO, M.R.; ROBINSON, W.M. *Genética humana*. 3. ed. Porto Alegre: Artmed, 2013.

GRIFFITHS, A. J. F. et al. *Introdução à genética*. 10. ed. Rio de Janeiro: Guanabara Koogan, 2013.

NARDOZZA, L. M. M. et al. Bases moleculares do sistema Rh e suas aplicações em obstetrícia e medicina transfusional. *Revista da Associação Médica Brasileira*, v. 56, n. 6, p. 724-728, 2010.

SADAVA, D. et al. *Vida:* a ciência da biologia. 8. ed. Porto Alegre: Artmed, 2009.

SANDERS, M. F.; BOWMAN, J. L. *Genetic analysis*: an integrated approach. New York: Pearson, 2011.

IMPRESSÃO:

GRÁFICA EDITORA
Pallotti
IMAGEM DE QUALIDADE

Santa Maria - RS - Fone/Fax: (55) 3220.4500
www.pallotti.com.br